作 者 简 介

张东杰，朝鲜族，黑龙江省友谊县人。吉林大学工学博士，现任黑龙江八一农垦大学食品学院院长、教授、博士研究生导师，国务院政府特殊津贴获得者，黑龙江省"十一五"食品安全科技领域首席专家、黑龙江省高等学校科技创新团队"农产品加工与质量安全创新团队"负责人和水稻加工体系主任专家。主要从事农产品加工与食品安全领域的科技创新工作，自"十五"以来，主持完成了国家食品安全重大科技专项等项目 4 项、省重大研发和自然科学基金（重点）等项目 10 余项；获得发明专利等自有知识产权 20 余项，出版专著 4 部，发表论文 120 余篇。主持获得了黑龙江省科技进步奖一等奖 2 项、全国农牧渔业丰收奖二等奖 1 项，创新形成并推广了"北大荒食品安全综合示范模式"，创造了较大的经济、社会和生态效益。主要社会职务：中国农学会农产品贮藏加工分会常务理事，中国农业工程学会农产品加工及贮藏工程分会常务理事，黑龙江省食品科学技术学会副理事长，中国食品学会会刊《食品与机械》副主任编委等。

钱丽丽，黑龙江省齐齐哈尔市人，博士，硕士研究生导师。现为黑龙江八一农垦大学副教授。近年来主要从事食品质量安全与检测的研究和教学工作。主持完成了黑龙江省青年基金项目，参加了"十二五"国家科技支撑计划项目、国家自然科学基金项目和黑龙江省科技支撑计划项目等，目前主持黑龙江省教育厅项目 1 项和黑龙江省农垦总局项目 1 项，参加黑龙江省重点研发计划项目"水稻原产地保护数字追溯体系建立研究"、教育厅项目"近红外光谱漫反射测量法对小米产地保护研究"、农垦总局项目"近红外光谱法对大米产地保护研究"和黑龙江省高校创新团队项目等课题的研究工作。获得专利 4 项，编写教材 4 部，发表论文 20 余篇。获得黑龙江省科技进步奖二等奖 1 项、三等奖 2 项，获得大庆市科技进步奖二等奖 1 项。主要社会职务：中国粮油学会理事，《食品工业科技》审稿人。

左锋，黑龙江省木兰县人，博士，硕士研究生导师。现为黑龙江八一农垦大学副教授。先后主持了国家自然科学基金项目"基于微压诱导豆乳蛋白粒子形成机制及其结构表征"等国家级、省部级课题2项，参与完成国家科技支撑计划项目"高值化大豆食品现代加工关键技术集成与产业化"、国家重点产品研发科技项目"低值蛋白资源生物转化及精制关键技术研究与开发"等多项国家级、省部级科研工作，在专业领域取得了有一定学术价值的研究成果，并在国家各类期刊发表论文20余篇，其中SCI收录2篇，EI收录3篇，获得国家发明专利3项。获得大庆市科技进步奖一等奖1项、二等奖1项。 主要社会职务：中国粮油学会食品分会理事，中国农业技术推广协会高新技术专业委员会理事。

马莺，黑龙江省哈尔滨市人，现任哈尔滨工业大学食品科学与工程研究院教授、博士研究生导师。主要从事食品化学、食品安全、淀粉与植物蛋白改性技术、农产品贮藏与加工技术研究。主持国家自然科学基金项目2项、科技部农业科技成果转化基金项目1项、黑龙江省自然科学基金项目2项，主持国家和省市重大或者重点项目20余项；主持制定14项黑龙江省地方标准；获科研鉴定成果20项；获省（部）级科技进步奖三等奖3项；授权发明专利23项；发表SCI、EI收录论文160余篇。主编和参编著作22部，出版英文著作6部（参编）。主要社会职务：黑龙江省科学经济顾问委员会成员，中国畜产品加工研究会常务理事，《食品与机械》编委。

大米生物指纹图谱溯源技术研究

张东杰 钱丽丽 左 锋 马 莺 著

科学出版社

北 京

内 容 简 介

本书主要介绍了利用近红外光谱指纹分析技术、电子鼻指纹分析技术、矿物元素指纹分析技术和 DNA 指纹图谱技术对黑龙江省大米的地理标志产品产地溯源和品种保护研究等一系列成果。全书共分六篇，第一篇综述了指纹图谱产地溯源技术建立的背景、意义、技术原理和研究进展；第二篇至第六篇为利用近红外产地溯源、电子鼻产地溯源、矿物元素产地溯源和 DNA 指纹图谱技术对大米产地溯源、品种保护的分析结果、讨论及相关结论，并提出进一步的研究设想。

本书可供从事农产品食品安全研究的科研人员、监管人员及大专院校相关专业的本科生和研究生使用。

图书在版编目（CIP）数据

大米生物指纹图谱溯源技术研究/张东杰等著. —北京：科学出版社，2017.12
    ISBN 978-7-03-053688-4

Ⅰ. ①大⋯   Ⅱ. ①张⋯   Ⅲ. ①大米–产地–鉴别–研究   Ⅳ. ①S511

中国版本图书馆 CIP 数据核字(2017)第 138033 号

责任编辑：张会格 / 责任校对：张凤琴
责任印制：张　伟 / 封面设计：王　浩

科学出版社 出版
北京东黄城根北街 16 号
邮政编码：100717
http://www.sciencep.com

北京京华虎彩印刷有限公司 印刷
科学出版社发行   各地新华书店经销
*
2017 年 12 月第 一 版   开本：B5 (720×1000)
2017 年 12 月第一次印刷   印张：19 1/8   插页：1
字数：370 000
定价：138.00 元
(如有印装质量问题，我社负责调换)

前　　言

　　水稻是我国的重要粮食之一，播种面积逐年增加，国家统计局数据表明，2016年我国稻谷产量达 20 825 万 t，增产 0.8%。全国约有 19 个省市以稻米为主食，生产的水稻中 85%作为口粮消费，因此水稻在我国具有很重要的地位。黑龙江水稻生产目前进入了一个优质、高效、科学的新时期。由于出产的大米产量稳定、米质优良、商品率高，黑龙江已成为我国重要的优质粳米生产基地。稻米的营养品质、加工品质和利用价值不仅与品种有关，还受当地气候、土壤等地理因素的影响。

　　截至 2017 年 4 月，经国家质量监督检验检疫总局批准，黑龙江大米类国家地理标志产品有 5 种，包括五常大米、方正大米、响水大米、珍宝岛大米、建三江大米等，其中五常大米、方正大米已申请注册可保护原产地名称的证明商标。地理标志作为识别产品产地和身份的标记，可以被视为一种品牌，对地理标志的认知就是对一种特有品牌的认知。根据《地理标志产品保护规定》，经核准使用五常大米地理标志产品专用标志的企业达 92 家，其产品因品质好、口感佳，在国内各地区间流动性较大，且销售价格占有一定优势。随着市场需求量的逐年增加，稻米行业市场鱼龙混杂，良莠不齐，普遍存在地理标志产品、绿色食品和有机食品错误标识，以及假冒黑龙江省产地品牌大米销售现象，使消费者权益受到严重损害。例如，2010 年报道的五常大米"掺假门"，在对五常市的十多家大米加工厂进行调查后发现，从五常市卖到外地的大米中，很少有纯正的五常大米或者纯正的五常'稻花香'。五常市的许多大米加工厂常用比'稻花香'便宜的'639'或者并非五常产的普通长粒米冒充'稻花香'。此次制售假冒五常大米事件被媒体曝光，给五常的稻米产业带来了沉重打击。全面分析其原因，主要是由于：一是企业规模小、品牌多、市场竞争力不足；二是企业资源尚未集中、形成合力，竞争优势不显著；三是稻米企业管理体系不完善，法规标准有待更新；四是政府对地理标志产品的品牌保护监管力度需进一步加强；五是急需开发优质稻米的原产地保护技术。

　　粮食质量安全指纹图谱溯源体系是一套覆盖食品生产加工各个环节，并追踪粮食运输过程及销售途径，保障粮食生产产业链安全的制度。该制度由政府推进，通过网络实现资源信息共享，消费者可以在互联网上查询产品生产的全过程。当粮食产品出现问题、需要召回时，通过扫描食品溯源码就可对食品进行"身份确认"，查询问题食品的生产企业、追溯食品的原产地，甚至可以追究事故方法律责任。该制度对保障粮食安全具有重大的意义。我国政府和消费者迫切需要了解大米品牌产地的真实性，并越来越重视从初级产品到终端市场消费的各个环节的信息透明度。建立农产品质量安全追溯体系是重建公众消费信心的重要举措，从管理上保护了地区品牌和特色产品。为规范农产品地理标志的使用，保证地理标志农产品的品质和特色，提升农产品市场竞争力，各国政府纷纷出台相关法律和政策，对优质特色产品实施保护。欧洲共同体第 510/2006 号条令要求对农产品和食品的地理标志及原产地名称实施保护；欧盟 178/2002 法规要求，从 2005 年起，在欧盟范围内销售的所有食品都能够进行跟踪与追溯，否则不允许上市销售；2006 年欧盟开始实行食品品质保证体系［指定原产地保护（PDO）、地理标志保护（PGI）、传统特色保护（TSG）］。同时美国、日本等发达国家和地区，也要求对出口到当地的食品必须能够进行跟踪和追溯，这也成为国际贸易中的壁垒措施。美国《2009 年食品安全加强法案》要求所有加工食品须附有标签，显示完成最后加工工序的国家名称；所有非加工食品须附有标签，标明原产地；《中华人民共和国食品安全法》明确要求中国建立食品召回制度，要求进口的预包装食品需标明食品的原产地；中国农业部也发布了《农产品地理标志管理办法》。这些体系的建立有利于打击假冒产品，确保公平竞争，提高生产者积极性，保护消费者合法权益，并在农产品安全出现问题时能有效召回产品。

粮食质量追溯体系是近年来发展起来的一类技术，它能够为地理标志产品、地区名优特产品的追溯和确证提供技术理论依据。保证食品质量安全是增强消费者对食品安全信心的基本原则之一，食品的原产地保护是其非常重要的组成部分，它不仅有利于实施产地溯源，确保公平竞争，而且在食品安全事件发生时能及时找到源头，并采取相应的措施。从 20 世纪 80 年代开始，有关食品产地溯源技术的研究相继展开。目前可用于大米原产地保护的技术正在研究探索中，尚未成熟，其中研究的技术有电子标签技术、同位素指纹溯源技术、DNA 溯源技术、近红外光谱技术、矿物元素产地溯源技术、电子鼻技术等，技术的核心问题围绕探寻能够表征大米原产地来源的有效生物信息展开，以解决目前大米行业原产地保护标准尚未建立、无法满足市场需求的问题。

本书集中反映了笔者多年来在大米生物指纹图谱溯源方面研究的最新成果和数据。第一篇简要介绍了我国粮食安全情况，黑龙江省水稻品牌保护现状、问题及解决措施。详细介绍了指纹图谱技术的定义、原理、分类和应用，包括产地溯源技术的分类情况，溯源技术的理论基础、应用进展和发展趋势，尤其是对矿物元素产地溯源技术的影响因素展开了阐述。第二篇主要介绍黑龙江不同地域、品种稻米外观品质和理化指标差异特征，对不同品种及地域的稻米中直链淀粉含量与糊化特性进行研究，并以理化指标为溯源指标进行了产地溯源研究。第三篇运用近红外指纹图谱分析选择 Fisher 判别法和 PLS-DA 法进行黑龙江水稻产地判别研究。通过预处理研究和主成分分析及判别分析建立模型。第四篇主要介绍采用电子鼻指纹图谱对黑龙江主产区（查哈阳、建三江和五常）的水稻样品进行分类识别，通过电子鼻对大米样品数据采集参数进行研究。建立生米和熟米的电子鼻指纹图谱库，应用主成分分析（PCA）法和线性判别分析（LDA）法对大米样品进行产地鉴别，建立判别模型。第五篇是基于矿物元素产地溯源技术研究，以无机元素为研究对象，运用电感耦合等离子体质谱仪进行分析测试，讨论矿物元素产地溯源技术的可行性；研究地域、品种和加工精度对水稻中无机元素含量和组成的影响，筛选与地域直接相关的矿物元素，建立判别模型。第六篇采用 AFLP 和 SSR 分子标记技术构建粳米指纹图谱库，依据 DNA 指纹数据，对粳米品种进行遗传相似性分析。建立了一套基于 SSR 标记技术和 AFLP 标记技术的适合北方粳稻品种鉴别的分析体系，构建北方粳米的 DNA 指纹数据库，进而建立一种快速、准确、高效的大米品种鉴定方法。从而为实现粮食原产地及品种保护提供理论和实践依据。

　　本专著的研究成果得益于本课题组主持实施的黑龙江省应用技术研究与开发计划项目"水稻原产地保护数字追溯体系建立研究"和"十二五"农村领域国家科技支撑计划课题"粳米地理标志产品品质鉴别技术"，还得益于黑龙江省高等学校科技创新团队"农产品加工与质量安全创新团队""黑龙江省水稻现代农业产业技术协同创新体系——加工技术攻关实验室"和黑龙江省农垦总局"十三五"重点科技攻关项目"黑龙江省食品安全数据中心之溯源分中心关键技术集成与示范"等的强大支撑。全书由黑龙江八一农垦大学张东杰、钱丽丽、左锋和哈尔滨工业大学马莺合著而成。其中第 1～13 章由张东杰撰写，第 14～22 章由钱丽丽撰写，前言、第 23～29 章由左锋撰写，第 30～33 章由马莺撰写。全书由张东杰、钱丽丽统稿整理。科学出版社为本书的出版做了大量的工作，谨在此表示感谢。

　　参与试验过程的人员有黑龙江八一农垦大学的张爱武、鹿保鑫、曹冬梅、王长远、迟晓星、翟爱华、李志江、史蕊、吕海峰、乔治、宋春蕾、沈琰、杨义杰、付磊、易伟民等，哈尔滨工业大学的崔杰、李溪盛、刘泓等，另外在本书整理与校对过程中赵雅楠、陈羽红、宋雪健、于果、周义和于金池等付出了自己大量的宝贵时间，在此表示感谢！

　　本书是在导师张东杰教授和马莺教授的精心指导下认真修改而成，是对张东杰教授和我们历经多年获得的相关研究结果的总结和升华。本书对其他农产品原产地保护数字追溯体系的建立具有借鉴作用。由于作者水平有限，不足之处在所难免，恳请各位读者不吝赐教！

著　者

2017 年 4 月

目　　录

第一篇　大米指纹图谱产地溯源技术概述

第1章　指纹图谱的背景与应用进展 ···3
　1.1　指纹图谱的概念及特点 ···3
　1.2　指纹图谱构建的应用 ···4

第2章　大米可追溯体系概述与应用现状 ···7
　2.1　可追溯性的定义 ···7
　2.2　大米质量安全追溯体系的意义 ···7
　2.3　大米品牌保护不足原因分析及应对措施 ····································10
　2.4　地理标志大米产品保护现状 ··13
　2.5　大米可追溯体系的应用现状 ··14

第3章　电子信息编码技术的基本原理及应用进展 ·····························16
　3.1　条形码技术 ··16
　3.2　RFID 技术 ··16

第4章　有机成分指纹溯源技术的理论依据与研究进展 ·························18
　4.1　有机成分指纹溯源技术的理论依据 ···18
　4.2　有机成分指纹溯源技术的研究进展 ···18

第5章　稳定性同位素溯源技术的理论依据与研究进展 ·························20
　5.1　稳定性同位素溯源技术的理论依据 ···20
　5.2　稳定性同位素溯源技术的研究进展 ···21

第6章　近红外产地溯源技术的理论依据与研究进展 ···························24
　6.1　近红外产地溯源技术的理论依据 ···24
　6.2　近红外光谱技术的分析过程 ··24
　6.3　近红外产地溯源技术的研究进展 ···24
　6.4　近红外光谱技术的发展趋势 ··26

第7章　电子鼻产地溯源技术的理论依据与研究进展 ···························27
　7.1　电子鼻产地溯源技术的理论依据 ···27
　7.2　电子鼻技术在农产品分类鉴别中的应用 ····································27
　7.3　电子鼻技术在食品溯源研究中的发展趋势 ·································28

第 8 章　矿物元素指纹产地溯源技术的理论依据与研究进展 ················· 29
　8.1　矿物元素指纹产地溯源技术的理论依据 ·························· 29
　8.2　矿物元素指纹产地溯源技术的特点 ····························· 29
　8.3　矿物元素指纹产地溯源技术的方法 ····························· 30
　8.4　矿物元素指纹分析技术在农产品产地溯源中的应用 ················ 32
　8.5　矿物元素指纹分析技术在农产品产地溯源中的影响因素 ············ 34
第 9 章　化学计量学方法的分类及其在产地溯源中的应用 ··············· 42
　9.1　主成分分析 ··· 42
　9.2　系统聚类分析 ··· 43
　9.3　判别分析方法 ··· 43
　9.4　相似分类法 ··· 44
　9.5　人工神经网络 ··· 44
参考文献 ··· 46

第二篇　稻米外观品质分析及产地溯源研究

第 10 章　稻米理化指标和外观指标差异分析 ························· 59
　10.1　引言 ··· 59
　10.2　研究内容 ··· 61
　10.3　试验材料和仪器 ·· 61
　10.4　技术路线 ··· 62
　10.5　试验方法 ··· 63
　10.6　黑龙江不同产地稻米理化、外观指标的差异分析 ················· 63
　10.7　黑龙江稻米和盘锦稻米理化、外观指标的差异分析 ··············· 64
　10.8　五常稻米和非五常稻米理化、外观指标的差异分析 ··············· 65
　10.9　不同地域同一品种稻米理化、外观指标的差异分析 ··············· 66
　10.10　同一地域不同品种稻米理化、外观指标的差异分析 ·············· 66
　10.11　小结 ·· 67
第 11 章　黑龙江大米直链淀粉含量与糊化特性的研究 ················· 68
　11.1　试验仪器与材料 ·· 69
　11.2　试验方法 ··· 70
　11.3　大米淀粉糊化特征值和直链淀粉含量及多重比较结果 ············· 71
　11.4　讨论 ··· 75
　11.5　小结 ··· 75
第 12 章　黑龙江大米品质的主成分分析和聚类分析 ··················· 76

12.1　试验材料与方法 ···77
12.2　大米品质性状相关性分析和主成分分析 ···79
12.3　大米品质性状聚类分析研究 ··82
12.4　大米品质评价研究结果 ··83
12.5　结果与讨论 ··84

第13章　产地因素对大米外观指标的影响分析 ···85
13.1　试验材料与方法 ···85
13.2　不同地域大米外观特征差异分析研究 ···85
13.3　大米外观特征指纹图谱对大米产地的判别分析 ···································86
13.4　影响大米外观特征的因素 ··87
13.5　讨论 ···88
13.6　小结 ···89

第14章　产地因素对大米理化指标的影响分析 ···90
14.1　试验材料与方法 ···90
14.2　不同产地大米理化指标含量差异比较 ···90
14.3　理化指标对大米产地的判别分析 ··91
14.4　不同产地大米理化指标直观分析 ··93
14.5　讨论 ···94
14.6　小结 ···94

第15章　本篇结论 ···95
15.1　产地因素对大米外观指标的影响分析 ···95
15.2　产地因素对大米理化指标的影响分析 ···95
15.3　存在的问题和不足 ··96

参考文献 ···97

第三篇　近红外漫反射光谱法对黑龙江大米产地溯源研究

第16章　近红外漫反射光谱法产地溯源技术研究概述 ·······························105
16.1　引言 ···105
16.2　光谱技术研究现状 ··106
16.3　近红外光谱产地溯源技术研究现状 ···108
16.4　本篇研究目的及主要内容 ··111

第17章　大米近红外光谱库的建立 ···114
17.1　试验样品、材料及仪器 ··114
17.2　试验样品收集与制备 ···114

17.3 近红外光谱仪测试条件 ⋯⋯⋯⋯⋯⋯⋯⋯⋯⋯⋯⋯⋯⋯ 115

17.4 试验样品近红外光谱的采集 ⋯⋯⋯⋯⋯⋯⋯⋯⋯⋯⋯⋯ 116

17.5 近红外光谱仪参数的选择 ⋯⋯⋯⋯⋯⋯⋯⋯⋯⋯⋯⋯⋯ 116

17.6 近红外光谱库的建立 ⋯⋯⋯⋯⋯⋯⋯⋯⋯⋯⋯⋯⋯⋯⋯ 117

17.7 近红外光谱的预处理方法 ⋯⋯⋯⋯⋯⋯⋯⋯⋯⋯⋯⋯⋯ 118

17.8 小结 ⋯⋯⋯⋯⋯⋯⋯⋯⋯⋯⋯⋯⋯⋯⋯⋯⋯⋯⋯⋯⋯⋯ 120

第18章 基于 Fisher 判别法的黑龙江大米产地溯源模型的建立 ⋯ 122

18.1 引言 ⋯⋯⋯⋯⋯⋯⋯⋯⋯⋯⋯⋯⋯⋯⋯⋯⋯⋯⋯⋯⋯⋯ 122

18.2 Fisher 判别法的原理 ⋯⋯⋯⋯⋯⋯⋯⋯⋯⋯⋯⋯⋯⋯⋯ 122

18.3 Fisher 判别模型的建立 ⋯⋯⋯⋯⋯⋯⋯⋯⋯⋯⋯⋯⋯⋯ 123

18.4 小结 ⋯⋯⋯⋯⋯⋯⋯⋯⋯⋯⋯⋯⋯⋯⋯⋯⋯⋯⋯⋯⋯⋯ 132

第19章 基于 PLS-DA 法的黑龙江大米产地溯源模型的建立 ⋯⋯ 133

19.1 引言 ⋯⋯⋯⋯⋯⋯⋯⋯⋯⋯⋯⋯⋯⋯⋯⋯⋯⋯⋯⋯⋯⋯ 133

19.2 试验方法与结果分析 ⋯⋯⋯⋯⋯⋯⋯⋯⋯⋯⋯⋯⋯⋯⋯ 133

19.3 小结 ⋯⋯⋯⋯⋯⋯⋯⋯⋯⋯⋯⋯⋯⋯⋯⋯⋯⋯⋯⋯⋯⋯ 142

参考文献 ⋯⋯⋯⋯⋯⋯⋯⋯⋯⋯⋯⋯⋯⋯⋯⋯⋯⋯⋯⋯⋯⋯⋯⋯⋯ 143

第四篇 大米挥发性物质指纹图谱产地溯源技术的研究

第20章 挥发性指纹图谱技术研究概述 ⋯⋯⋯⋯⋯⋯⋯⋯⋯⋯⋯ 151

20.1 电子鼻技术在农产品分类识别中的研究进展 ⋯⋯⋯⋯⋯ 151

20.2 本篇研究目的及主要内容 ⋯⋯⋯⋯⋯⋯⋯⋯⋯⋯⋯⋯⋯ 152

第21章 大米挥发性物质的检测和数据处理方法 ⋯⋯⋯⋯⋯⋯⋯ 154

21.1 研究对象与试验方案 ⋯⋯⋯⋯⋯⋯⋯⋯⋯⋯⋯⋯⋯⋯⋯ 154

21.2 大米的电子鼻技术检测原理 ⋯⋯⋯⋯⋯⋯⋯⋯⋯⋯⋯⋯ 155

21.3 PEN3 便携式电子鼻 ⋯⋯⋯⋯⋯⋯⋯⋯⋯⋯⋯⋯⋯⋯⋯ 156

21.4 数据处理方法 ⋯⋯⋯⋯⋯⋯⋯⋯⋯⋯⋯⋯⋯⋯⋯⋯⋯⋯ 159

21.5 小结 ⋯⋯⋯⋯⋯⋯⋯⋯⋯⋯⋯⋯⋯⋯⋯⋯⋯⋯⋯⋯⋯⋯ 159

第22章 精米样品气味指纹图谱采集及溯源模型建立 ⋯⋯⋯⋯⋯ 160

22.1 精米传感器响应特性及其影响因素 ⋯⋯⋯⋯⋯⋯⋯⋯⋯ 160

22.2 样品检测与图谱构建 ⋯⋯⋯⋯⋯⋯⋯⋯⋯⋯⋯⋯⋯⋯⋯ 171

22.3 不同地域精米样品的特征提取与选择 ⋯⋯⋯⋯⋯⋯⋯⋯ 173

22.4 基于线性判别分析的精米样品分类鉴别 ⋯⋯⋯⋯⋯⋯⋯ 174

22.5 模型建立与验证 ⋯⋯⋯⋯⋯⋯⋯⋯⋯⋯⋯⋯⋯⋯⋯⋯⋯ 176

22.6 小结 ⋯⋯⋯⋯⋯⋯⋯⋯⋯⋯⋯⋯⋯⋯⋯⋯⋯⋯⋯⋯⋯⋯ 176

第 23 章　米饭样品气味指纹图谱采集及溯源模型建立 ······························178
　23.1　米饭传感器响应特性及其影响因素 ···································178
　23.2　样品检测与图谱构建 ··190
　23.3　不同地域米饭样品的特征提取与选择 ·································191
　23.4　基于线性判别分析的米饭样品分类鉴别 ·······························192
　23.5　模型建立与验证 ··194
　23.6　小结 ···194

第 24 章　本篇结论 ··196

参考文献 ··197

第五篇　地理标志大米矿物元素产地溯源技术

第 25 章　地理标志大米原产地保护概述 ··205
　25.1　研究目的与意义 ··205
　25.2　研究主要内容 ··206

第 26 章　粳米矿物元素产地溯源技术可行性分析 ·····························207
　26.1　试验材料与主要仪器 ··207
　26.2　试验方案 ···207
　26.3　样本预处理方法 ··208
　26.4　不同地域粳米中矿物元素含量的差异分析 ·······························209
　26.5　粳米中矿物元素含量相关性分析 ·······································213
　26.6　粳米样品中矿物元素含量主成分分析 ···································220
　26.7　不同地域粳米中矿物元素含量判别分析 ·································223
　26.8　小结 ···225

第 27 章　地域、品种和加工精度对粳米矿物元素指纹信息的影响 ···············227
　27.1　水稻田间试验模型的构建 ··227
　27.2　样品的采集与预处理 ··227
　27.3　样品的制备及指标的测定 ··228
　27.4　不同加工精度粳米中矿物元素指纹信息特征分析 ·······················228
　27.5　不同品种粳米中矿物元素指纹信息特征分析 ···························231
　27.6　品种和加工对粳米中矿物元素含量变异的影响 ·························235
　27.7　粳米样品矿物元素含量的地域特征分析 ·································237
　27.8　小结 ···238

第 28 章　黑龙江稻米和土壤矿物元素产区特征的研究 ·························239
　28.1　试验仪器与材料 ··239

28.2 试验预处理方法 ··· 240

28.3 大米中矿物元素含量特征分析 ································· 241

28.4 土壤中矿物元素含量特征分析 ································· 243

28.5 大米与土壤中矿物元素相关性研究 ··························· 250

28.6 与母质土壤直接相关的矿物元素主成分分析 ················· 255

28.7 与母质土壤直接相关的矿物元素判别分析 ··················· 257

28.8 小结 ·· 258

第 29 章 不同地域粳米中与地域密切相关元素验证分析 ·········· 260

29.1 不同地域粳米中与地域密切相关元素的主成分分析 ··········· 260

29.2 不同地域粳米样品中与地域密切相关的矿物元素含量的判别分析 ····· 261

29.3 小结 ·· 262

参考文献 ·· 263

第六篇 北方粳米指纹图谱的构建及品种识别技术研究

第 30 章 水稻种质资源的遗传多样性 ··························· 267

30.1 遗传多样性及影响因素 ······································· 267

30.2 遗传多样性的研究现状 ······································· 267

30.3 水稻种质资源的遗传多样性 ··································· 267

第 31 章 指纹图谱技术 ··· 270

31.1 化学指纹图谱 ··· 270

31.2 生物指纹图谱 ··· 272

第 32 章 稻米指纹图谱技术 ····································· 274

32.1 限制性片段长度多态性（RFLP 标记） ························ 275

32.2 简单重复序列（SSR 标记） ·································· 276

32.3 扩增片段长度多态性（AFLP）标记 ·························· 278

32.4 单核苷酸多态性（SNP 标记） ······························ 279

32.5 随机扩增多态性 DNA（RAPD 标记） ························· 280

第 33 章 北方粳稻指纹图谱数据库的构建 ······················· 281

33.1 基于 AFLP 标记技术的粳米 DNA 指纹图谱构建与遗传多样性
分析 ·· 282

33.2 基于 SSR 标记技术的粳米 DNA 指纹图谱构建与遗传多样性分析····· 285

参考文献 ·· 291

第一篇　大米指纹图谱产地溯源技术概述

第 1 章　指纹图谱的背景与应用进展

1.1　指纹图谱的概念及特点

1.1.1　指纹图谱的概念

现代"指纹"鉴定这种技术起源于 19 世纪末 20 世纪初的犯罪学和法医学。近年来随着基因学的发展，指纹分析的概念和生物技术的应用相结合，并延伸至 DNA 指纹图谱分析，应用范围从犯罪学发展到医药学和生命科学等领域。指纹图谱技术应用在食品上是指通过对食品中各个成分的共性和个性分析，样品经适当处理后再经一定的分析，得到能够包含其主要成分的提取物，再依据不同的成分表达不同的特征谱学（包括光谱、色谱、质谱和其他谱等），通过测定食品的图谱特征，从而能够很好地表示其化学成分组成和特性。结合化学计量学方法，就能更加客观、全面地评价食品间的差异和品质特征。食品指纹图谱是指食品原料或加工产品经过适当处理后，采用一定的分析测试技术，得到的可以标志该原料或产品特征共有峰的色谱或光谱图谱。光谱技术进行的是全试样轮廓分析，而色谱或电泳技术由于采用分离技术而使采集的数据信息量更大，通过提取包含在复杂化学样品内的信息来揭示单个化合物及它们潜在的信息。

1.1.2　指纹图谱的特点

指纹图谱的研究目的是从基础物质角度的研究出发，充分把握基础物质的信息，从而明确样本特征，为研究基础物质和食品的感官、风味、营养价值之间的关系，以及质量稳定性的控制等方面提供方法和思路，然后用于实际农业生产、产品流通、储藏和产品开发研究中。一般来说，指纹图谱具有以下特点。

（1）全面性：能够显示食品中整体的物质群或特征组分群的构成方式。

（2）整体性：指纹图谱所提供的信息应该能够从整体上反映食品组分群之间的协同作用关系。

（3）层次性：指纹图谱应该在物质层次方面揭示化学组分之间的主次关系，对食品的基础理论研究和开发利用起指导作用。

（4）关联性：表达多维的指纹图谱会需要多种来源的样品、多维的检测数据、多种指标的图谱信息，从而需要多种来源的样品之间关联、多维数据的一致化和数据融合处理技术、多指标模型的构建来展示食品的化学成分层次之间的关联性特点。采用多维分析手段来检测食品基础物质体系,尽可能全面地了解内在的物质基础,并且应用到质量控制、评价和新产品开发的物质信息表征手段方面。

1.2 指纹图谱构建的应用

1.2.1 在中药上的应用

1.2.1.1 对中药材进行质量控制及来源鉴定

多年以来中药材质量控制基本上是以传统的性状鉴别和显微鉴别来确定真伪,以理化鉴别来评价优劣。而现行中药材质量控制标准则主要是测定一两种"有效成分"或"指标成分"的含量,由于不同中药材可能含有相同的有效成分,测定该成分往往无助于中药材的鉴别,也无法说明不同中药材的用药特点。因此,虽然现行的中药材质量标准比过去有了很大进步,但其仍难以真正控制中药的质量。中药指纹图谱的不断发展为规范中药材质量评价体系提供了科学技术平台。向增旭等建立了采用高效液相层析(HPLC)指纹图谱区别金银花道地和非道地药材的方法,结果表明,道地药材有 18 个共有峰,非道地产区药材仅有 9 个共有峰,HPLC 指纹图谱能很好地区分道地和非道地金银花药材,为更好地控制金银花药材内在质量提供了科学依据。此外,由于复杂的自然环境造成了中药材在应用方面的复杂性,即使是同一种中药材,由于产地不同、采收季节和生长年限不同也会存在差别。这使得不同来源的同种中药材其化学组成有可能相同,也有可能不同,这就必然影响到中医的临床疗效和中药的试验研究,并影响以其为原料生产出的中成药的化学组成,从而影响其质量和疗效。采用中药指纹图谱可评价药材的产地、采收季节等因素对药材所含化学组分的影响,可有效地解决这一问题。Jiang 等(2008)采用高效液相层析-光电二极管阵列检测器(HPLC-DAD)法建立了中药羌活水提物的指纹图谱,共获得 10 个共有峰,通过对 15 批次不同样品的检测发现,产地及采收时间与羌活的次生代谢产物密切相关。

1.2.1.2 对中药制剂及其中间体进行质量控制

中药制剂一般由多味中药组成,其化学成分相当复杂。中药指纹图谱质控技术是中药现代化的重要突破口,它引入了先进的现代分析和检测技术及中医药整体宏观的思想,灵活地运用了全面质量观的理念,对中药复杂体系的特性做出了科学化、标准化的表达,提高了中药质量控制水平,是中药质量控制手段的重要补充。目前,在绝大多数中药材及其成品的有效部位还没有正式确定的情况下,要实现中药质量标准的现代化,采用国际社会一致认可的指纹图谱技术,将非常有利于中药及其产品迈出国门、打入国际市场，从而加快实现中药现代化的步伐。杨荣平等（2007）采用高效液相层析-光电二极管阵列检测器方法对复方补骨脂缓释片的药材、中间体、制剂进行系统的指纹图谱研究，发现葛根及其中间体与复方补骨脂缓释片共有 5 个共有峰，补骨脂及其中间体与复方补骨脂缓释片共有 9 个共有峰，从药材到中间体到制剂，各主要成分相关性良好，归属性强，可全面控制制剂的质量。

1.2.1.3　监控中药材炮制过程、评价中药生产工艺

中药指纹图谱除全面控制中药材、中间体、中药制剂的质量的主要应用外，还可用于监控中药材的炮制过程、评价中药生产工艺。研究发现，采用傅里叶变换红外光谱（FTIR）、二阶导数光谱、二维相关红外光谱分析技术（2D-IR）监测中药地黄的炮制过程（黄酒煎煮），通过炮制过程中不同类型 IR 光谱的变化确定炮制终点及炮制过程中所发生的主要变化，该方法可有效监测中药的炮制过程。王冬梅等（2006）采用高效液相色谱-紫外-质谱（HPLC-UV-MS）法，建立了贯叶连翘提取物（含金丝桃素类和黄酮类化合物的提取物）的指纹图谱分析方法，并对主要色谱峰进行定性定量分析，然后选取提取物中的 10 个主要成分色谱峰作指标，考察了提取工艺对有效成分的富集程度、工艺的批内和批间稳定性的影响，结果表明，该指纹图谱分析方法可为提取物的质量控制及制备工艺的评价提供依据。

1.2.2　白酒指纹图谱的应用

白酒指纹图谱的应用非常广泛，在白酒勾兑调味工艺、真伪白酒识别等方面可以直接通过指纹图谱比对，根据出峰数量、峰形大小对图谱进行定性识别。此外，对于未知白酒的归类、白酒质量控制等方面往往会涉及指纹图谱的相似度计算，对指纹图谱进行定量识别。

1.2.2.1　白酒勾兑工艺及真伪识别

白酒的勾兑调味工艺是指在生产酿造过程中，通过半成品酒之间的相互混合，得到质量比较稳定，并在主要质量指标上达到成品酒标准的基础酒，然后在基础酒中添加少量特殊工艺酿造的调味酒。这项工艺技术过去一直是由勾兑师凭借敏锐的感官品尝和丰富的勾兑调味经验进行操作，使得技术难以推广，并且存在很大的操作误差。通过白酒指纹图谱分析就可以使这个技术更加科学化、规范化。在白酒的勾兑中，首先，建立基础酒、调味酒及本厂优质酒的指纹图谱，其次，以优质酒的指纹图谱为目标，按照缺什么补什么的原则选取基础酒及调味酒进行多次组合，将组合后的酒样图谱与目标酒样指纹图谱进行比较，找出差异，然后

进行组合,再比对,直到两张图谱的差异在研究者所接受的范围内。通过白酒指纹图谱使白酒勾兑技术得到更好的推广和普及。白酒质量的差异性主要是通过酒中微量物质表现出来的,对于纯粮酿造的白酒,其指纹图谱中有很多峰未定性,无法人为添加,而低档酒、伪制酒的峰数量却少得多,尤其是高温部分峰存在很大区别,同时峰形也要小得多,所以,对于优质高档白酒,根据图谱基本上可以判别其真伪。

1.2.2.2 白酒质量控制及未知酒的归类

在实际应用中,检测白酒质量是否合格、对未知酒的归类等问题,会涉及指纹图谱的相似度计算。指纹图谱的相似度计算一般采用夹角余弦法或相关系数法。由于方法复杂,而且色谱分析数据量大,用 Excel 进行谱峰的匹配和计算也是一项繁杂的工作。指纹图谱相似度计算软件很好地解决了这个问题,它是专用于对各种图谱进行综合峰面积比较的计算软件,其工作原理是利用色谱流出曲线中保留时间对色谱峰进行匹配,然后对匹配峰面积进行比值计算,综合计算出图谱之间的相似度,从而实现对样品差异程度的评价。

相似度计算软件可以对白酒产品批次间稳定性、产品之间的差异性进行评价,具有直观、全面的优点,同时可以避免数据校正计算的误差,因此将它应用于白酒质量控制及未知酒的归类是可行的。在分析时往往选取一个标准样品用作参比,作为相似度计算的基准;或将参与比较的所有样品利用软件进行平均,得出其共有模式,作为基准,其他样品通过与之相对计算,计算出相似度。相似度为 0.9～1.0 表示样品间具有较好的相似性,即品质一致性。利用指纹图谱相似度计算软件,也可以实现对分析数据稳定性、重复性的评价。

第2章 大米可追溯体系概述与应用现状

2.1 可追溯性的定义

粮食可追溯查询在食品产业链管理中的应用属于较新的观念和做法。"可追溯性"是建设食品追溯制度的基础性概念，但到目前为止，食品"可追溯性"的定义在各个国家和不同国际组织仍存在争议。国际标准化组织 ISO（8042：1994）把可追溯性定义为"通过记录的标志来追溯某个实体的历史、用途或位置的能力"。其中实体具体到一个机构、一项活动、一个产品或一个人。对于产品而言，"可追溯性"是追溯到原料的产地来源、产品的加工环节、成品的配送流通。2004 年，食品法典委员会（CAC）召开大会，给出了食品安全的可追溯性基础定义。追溯能力（traceability）/产品追踪（product tracing）是指"追溯食品生产、加工和流通过程中任何指定阶段的能力"。欧洲和美国在定义的讨论过程中持有不同的观点。欧洲将其定义为追溯能力；美国将其定义为产品追踪。最终，食品法典委员会将其定义为追溯能力/产品追踪。欧盟食品基本法（欧盟委员会法规No.178/2002）将追溯定义为："食品在生产、加工及销售的整个过程中，跟踪和追溯食品流通中各个环节的能力为追溯"。美国食品药品监督管理局（FDA）将追溯定义为"全面系统地记录产品生产的时间、地点，以及产品流通的各个环节"。日本农林水产指导手册中，将食品追溯系统定义为"追踪食品生产、加工、处理、流通及销售整个过程的相关信息"。

2.2 大米质量安全追溯体系的意义

水稻是我国的重要粮食之一，稻谷播种面积逐年增加，2011 年我国水稻播种面积已突破 3000 万 hm^2，水稻产量实现连续十连增。国家统计局数据表明，2012年我国稻谷产量达 20 423.59 万 t。全国约有 19 个省市以稻米为主食，生产的水稻中 85%作为口粮消费，因此水稻在我国具有很重要的地位。黑龙江水稻生产目前进入了一个优质、高效、专业的新时期。黑龙江省地处我国最北边的稻作区，具有光照充足、昼夜温差大、土质肥沃、水质优、污染少等条件，有利于发展水稻生产。由于出产的大米产量稳定、米质优良、商品率高，黑龙江已成为我国重要的优质粳米生产基地，产品远销全国各地。2012 年，黑龙江省水稻种植面积占全国水稻种植面积的 17.0%，占东北三省水稻种植面积的 69.25%，是东北最大的水稻种植省份。黑龙江省水稻产量占全国水稻产量的 16.3%，占东北三省水稻产量的 67.6%，在稻米市场上具有重要的地位和作用。2009 年，我国有稻米加工企业 7687 家，日加工能力在 1000t 以上的约有 38 家。稻米的营养品质、加工品质和利用价值不仅与品种有关，还受当地气候、土壤等地理因素的影响。

地理标志产品是指产自特定地域，所具有的质量、声誉或其他特性本质上取决于该产地的自然因素和人文因素，经审核批准以地理名称进行命名的产品。地理标志和原产地命名制度在国外已经有 100 多年的历史。法国是这一制度的发源地之一。经过 100 多年的发展完善，地理标志已经成为一项国际公认的知识产权而受到保护，逐渐引起世界各国的高度重视，成为当今世界普遍关注的一大热点。目前，经国家质量监督检验检疫总局批准，黑龙江大米类国家地理标志产品有 5 种，包括五常大米、方正大米、响水大米、珍宝岛大米、建三江大米等（具体情况见表 2-1 和表 2-2），其中五常大米、方正大米已申请注册可保护原产地名称的证明商标。地理标志作为识别产品产地和身份的标记，可被看作一种品牌，对地理标志的认知就是对一种特有品牌的认知。截止到 2014 年 5 月，根据《地理标志产品保护规定》，经核准使用五常大米地理标志产品专用标志的企业达 92 家。

粮食质量安全溯源体系是一套覆盖食品生产加工各个环节，并追踪粮食运输过程及销售途径，保障粮食生产产业链安全的制度。该制度由政府推进，通过网络实现资源信息共享，消费者可以在互联网上查询产品生产的全过程。当粮食产品出现问题需要召回时，通过扫描食品溯源码就可对食品进行"身份确认"，查询问题食品的生产企业、追溯食品的原产地，甚至可以追究事故方法律责任。该制度对保障食品安全具有重大的意义。

表 2-1　黑龙江大米国家地理标志产品及其原产地地域范围

批准文号	批准时间	地理标志产品	保护范围
2003 年第 44 号	2003 年 5 月 10 日	五常大米	黑龙江省五常市现辖行政区域
2005 年第 50 号	2005 年 4 月 6 日	方正大米	黑龙江省方正县现辖行政区域
2007 年第 15 号	2007 年 1 月 18 日	响水大米	黑龙江省宁安市渤海镇、东京城镇、江南乡、卧龙乡、兰岗镇等 5 个乡镇现辖行政区域
2008 年第 25 号	2008 年 3 月 14 日	珍宝岛大米	黑龙江省虎林市虎林镇、杨岗镇、虎头镇、迎春镇、宝东镇、东方红镇、东风镇、伟光乡、新乐乡、忠诚乡、阿北乡、珍宝岛乡等 12 个乡镇现辖行政区域及 850 农场、854 农场、856 农场、858 农场、云山农场、庆丰农场等
2010 年第 71 号	2010 年 3 月 1 日	建三江大米	黑龙江省农垦总局建三江分局七星农场、859 农场、创业农场、红卫农场、胜利农场、前锋农场、勤得利农场、二道河农场、红河农场、大兴农场、鸭绿河农场、浓江农场、前哨农场、前进农场、青龙山农场等 15 个农场

表 2-2　全国其他大米国家地理标志产品及其原产地地域范围

批准文号	批准时间	地理标志产品	保护范围
2002 年第 91 号	2002 年 9 月 10 日	盘锦大米	辽宁省盘锦市现辖行政区域
2003 年第 121 号	2003 年 12 月 24 日	原阳大米	河南省原阳县现辖行政区域
2004 年第 127 号	2004 年 9 月 20 日	马坝油黏米	广东省曲江县现辖行政区域
2004 年第 130 号	2004 年 9 月 20 日	增城丝苗米	广东省增城市现辖行政区域
2004 年第 198 号	2004 年 12 月 23 日	京山桥米	湖北省京山县现辖行政区域
2005 年第 49 号	2005 年 4 月 6 日	万年贡米	江西省万年县现辖行政区域
2005 年第 78 号	2005 年 5 月 9 日	长赤翡翠米	四川省南江县现辖行政区域
2006 年第 46 号	2006 年 3 月 23 日	洋县黑米	陕西省洋县洋州镇、贯溪镇、戚氏镇、谢村镇、龙亭镇、渭水镇、磨水桥镇、马畅镇、溢水镇、黄安镇、四朗乡、长溪乡、白石乡现辖行政区域
2006 年第 140 号	2006 年 9 月 25 日	桓仁大米	辽宁省桓仁满族自治县现辖行政区域
2006 年第 142 号	2006 年 9 月 25 日	仪陇大山香米	四川省仪陇县现辖行政区域
2006 年第 143 号	2006 年 9 月 25 日	河横大米	江苏省姜堰市现辖行政区域
2006 年第 191 号	2006 年 12 月 22 日	梅河大米	吉林省梅河口市现辖行政区域
2006 年第 220 号	2006 年 12 月 31 日	延边大米	吉林省延边朝鲜族自治州延吉市、图们市、珲春市、龙井市、和龙市、敦化市、汪清县、安图县现辖行政区域
2008 年第 24 号	2008 年 3 月 14 日	姜家店大米	吉林省柳河县姜家店乡、柳河镇、三源浦镇、驼腰岭镇、向阳镇、安口镇、圣水镇、红石镇、亨通镇、孤山子镇、五道沟镇、凉水镇、罗通山镇、时家店乡、柳南乡现辖行政区域
2008 年第 80 号	2008 年 7 月 10 日	河龙贡米	福建省宁化县现辖行政区域
2008 年第 132 号	2008 年 12 月 10 日	东海大米	江苏省东海县现辖行政区域
2008 年第 138 号	2008 年 12 月 17 日	射阳大米	江苏省射阳县临海镇、千秋镇、通洋镇、四明镇、阜余镇、海河镇、陈洋镇、合德镇、海通镇、黄沙港镇、兴桥镇、新坍镇现辖行政区域和淮海农场、临海农场、新洋农场及沿海滩涂
2008 年第 147 号	2008 年 12 月 31 日	鱼台大米	山东省鱼台县谷亭镇、王庙镇、鱼城镇、李阁镇、清河镇、张黄镇、王鲁镇、罗屯乡、唐马乡、老砦乡现辖行政区域

　　近年来，为保证粮食安全，世界各国相继出台了一系列政策和措施，强调粮食安全要"从农田到餐桌"进行全程关注，建立食品质量安全跟踪（tracking）和追溯（tracing）制度。跟踪是指通过标志项目，从供应链的上游至下游直至销售点，跟随一个特定单元或一批产品运行路径的能力。对于粮食作物来说，跟踪就是种植户或供应链上的节点企业跟踪某一批粮食去向的能力。追溯是指通过记录标志项目或一组项目的源头，从供应链下游至上游识别一个特定单元或一批产品来源的能力，即消费者在电子付款机（POS）销售点通过记录标志回溯某个实体运输、销售、加工和种植的能力。对于粮食作物来说，就是消费者在销售点通过粮食包装上的标志查询产品的运输、加工和种植等信息。我国政府和消费者迫切需要了解大米品牌产地的真实性，并越来越重视从初级产品到终端市场消费的各

个环节的信息透明度。建立农产品质量安全追溯体系是重建公众消费信心的重要举措，从管理上保护了地区品牌和特色产品。为规范农产品地理标志的使用，保证地理标志农产品的品质和特色，提升农产品市场竞争力，各国政府纷纷出台相关法律和政策，对优质特色产品实施保护。欧洲共同体第 510/2006 号条令要求对农产品和食品的地理标志及原产地名称实施保护；欧盟 178/2002 法规要求，从2005 年起，在欧盟范围内销售的所有食品都能够进行跟踪与追溯，否则不允许上市销售；2006 年欧盟开始实行食品品质保证体系［指定原产地保护（PDO）、地理标志保护（PGI）、传统特色保护（TSG）］。同时美国、日本等发达国家和地区，也要求对出口到当地的食品必须能够进行跟踪和追溯，这也成为国际贸易中的壁垒措施。美国《2009 年食品安全加强法案》要求所有加工食品须附有标签，显示完成最后加工工序的国家名称；所有非加工食品须附有标签，标明原产地；《中华人民共和国食品安全法》明确要求中国建立食品召回制度，要求进口的预包装食品需标明食品的原产地；中国农业部也发布了《农产品地理标志管理办法》。这些体系的建立有利于打击假冒产品，确保公平竞争，提高生产者积极性，保护消费者合法权益，并在农产品安全出现问题时能有效召回产品。

2.3　大米品牌保护不足原因分析及应对措施

地理标志大米在特定地域内种植，具有特定的地理特征和产品品质，其质量、特色、声誉对市场销售和价格影响较大。例如，五常'稻花香'大米、方正大米、响水大米、建三江大米等，因其品质好、口感佳，在国内各地区间流动性较大，且销售价格占有一定优势。随着市场需求量的逐年增加，稻米行业市场鱼龙混杂，良莠不齐，普遍存在地理标志产品、绿色食品和有机食品错误标识，以及假冒黑龙江省产地品牌大米销售的现象，使消费者权益受到严重损害。例如，2010 年报道的五常大米"掺假门"，在对五常市的十多家大米加工厂进行调查后发现，从五常市卖到外地的大米中，很少有纯正的五常大米或者纯正的五常'稻花香'。五常市的许多大米加工厂常用比'稻花香'便宜的'639'或者并非五常产的普通长粒米冒充'稻花香'。此次制售假冒五常大米事件被媒体曝光，给五常的稻米产业带来了沉重打击。经全面分析得出，加强黑龙江大米品牌保护的措施如下。

2.3.1　进行品牌重组，提高市场竞争力

目前，黑龙江省大米品牌中，小品牌多，知名品牌较少。品牌总量多达千余种，在一个县市常常有几十个大米品牌，一个地理标志产品项下也有众多品牌，品牌多而杂现象严重，不但让消费者无从选择，品牌间的竞争也使水稻加工企业

深受其害。为了各自的市场份额，企业间拼设备、拼包装、拼价格，调查显示，在这种价格战中，黑龙江大米至少每千克少卖 1 元钱，这对于农产品生产企业来讲，是个不小的数字。这不但影响了企业的利润，还会影响一些小企业的生存。还有一些小品牌或无品牌企业为了生存，铤而走险，假冒省内知名大米品牌，扰乱了大米市场，影响知名品牌大米甚至整个黑龙江省大米在市场上的销售，为品牌大米的进一步推广设置了障碍。因此，进行品牌重组，逐步整合小品牌产品，在省内推出几个、十几个知名品牌，重点打造，将有利于提高黑龙江省大米品牌的市场竞争力，改善相互竞争、相互竞价的局面，增强品牌的知名度，扩大市场份额。

2.3.2　集中企业资源，形成合力，打造竞争优势

在中国大米网上注册为会员的黑龙江大米生产企业有 2300 多家，很多企业规模小，加工能力只有数千吨，而很多客商的需求量在数万吨，单凭一家企业的力量难以满足这种需求，往往使辛苦谈下的订单告吹。几家企业联合起来供应，有时还会因货源、生产设备、生产技术等水平不同，导致供应的货物质量标准不一，引发买卖双方纠纷，影响进一步合作。另外，大米生产加工企业的整体规模小，观念狭隘，产品开发水平不高，在激烈的市场竞争中，容易受挫，影响企业生存及发展。如果每个企业各自为战，各创自己的品牌，不但要投入大量的营销资源，而且会使市场竞争加剧。因此，只有集中企业资源，以龙头企业为引领，树立统一的品牌形象，才能打造出黑龙江省或全国范围内响当当的旗舰品牌，才能建立起深度的竞争优势。黑龙江省的建三江分局就是以龙头企业为核心，整合了 120 家稻米加工企业，组建松散型米业经济联合体，打造了"建三江"品牌。

2.3.3　完善稻米企业管理体系，走品牌整合之路

目前地理标志产品和品牌保护产品的种植模式及认证制度、产品生产加工环节等控制的重点都是在初级生产环节上，对于在生产加工环节保障产品品质起到了一定的作用，但它们对食品储运、销售、消费等后端环节的控制管理能力还非常有限，应建立大米质量追溯体系，解决生产者与消费者之间信息不对称的问题，完善企业管理体系。以省内各区域现有的地理标志产品（五常大米、方正大米等）、名牌产品为依托，逐步引导小品牌产品或无品牌产品向区域内地理标志产品、名牌产品靠拢，重点培育几个主品牌，集中开拓国内外大米市场，包括高、中、低端市场。形成销售代加工、加工连基地、基地带农户的产业化格局，促进和拉动黑龙江省水稻产业的发展。

2.3.4 升级法规标准，提升大米品质

目前地理标志产品和品牌保护产品标准法规体系与常规产品标准检测指标相同，仅采用常规品质指标和安全指标无法说明地理标志保护地域特征，导致地理标志大米真假难辨。应进一步制定、完善地理标志产品的质量标准，包括国家标准、地方标准，对产品的原料要求、加工工艺、产品等级、理化指标等做出强制性规定。地理标志产品在生产、加工过程中，统一种源，统一种植技术，不同品种要做到单种、单收、单储、单加工，并按照标准进行品质检验，保证进入市场的产品品质统一。农业科技服务是农产品创新的内动力，缺乏科技含量的农产品即使建立了品牌，也无法形成品牌的聚合作用与扩散效应。因此，应注重科技指导，借用先进的科学技术，不断改良、培育新品种，不断改进加工工艺、加工技术等，以保持并提高大米产品品质。

2.3.5 加大优质稻米原产地保护技术研发力度

随着生活水平的提高，食品的质量安全性越来越受到人们的关注。建立健全的食品追溯体系是保证食品质量安全、增强消费者对食品安全信心的基本原则之一，食品的原产地保护是其非常重要的组成部分，它不仅有利于实施产地溯源，确保公平竞争，而且在食品安全事件发生时能及时找到源头，并采取相应的措施。从 20 世纪 80 年代开始，有关食品产地溯源技术的研究相继展开。目前可用于食品原产地保护的技术正在研究探索中，尚未成熟，其中有电子标签技术、同位素指纹溯源技术、DNA 溯源技术、近红外光谱技术、矿物元素产地溯源技术、电子鼻技术等，技术的核心问题围绕探寻能够表征大米原产地来源的有效生物信息展开，以解决目前稻米行业原产地保护标准尚未建立、无法满足市场需求的问题。

2.3.6 加大政府监管力度，加强地理标志产品的品牌保护

政府对产品供应链整个过程的同时重点控制尚处于初始阶段，各环节之间的协调性及各环节控制主体之间的合作性都需要加强。实现水稻供应链和水稻加工、储藏、销售管理链全程透明化管理，建立开放的产品质量相关信息查询系统，解决企业管理体系和政府监控体系信息不对称问题。在品牌发展的道路上更应注重品牌保护，除对地理标志产品品牌进行商标注册以求得法律保护外，还应加强行业、政府监管。随着使用地理标志产品专用标志企业数及使用某一品牌的企业数的增加，更需要制定并完善市场准入制度、严格使用范围、严格审核程序、加强地理标志产品的日常监督管理，确保品牌使用中不失控、不挪用、不流失。同时，

政府也应加大执法力度，禁止伪造或冒用地理标志产品专用标志，对制假商贩严厉惩处，以维护市场秩序，确保地理标志产品的品牌得到保护并有序发展。

2.4　地理标志大米产品保护现状

2.4.1　我国地理标志产品的保护规定

2.4.1.1　地理标志大米原产地地域范围

根据《地理标志产品保护规定》，国家质量监督检验检疫总局（简称国家质检总局）组织对地理标志大米产品保护申请的审查。批准后，根据申报地域保护范围实施保护。一般保护范围以现辖行政区域作为保护范围，在现有的全国 23 种大米类国家地理标志产品中，只有少数大米的国家地理标志产品保护范围较大，多数大米的保护范围以单个市、县现辖行政区域作为地理标志保护范围。

2.4.1.2　地理标志大米的质量技术要求

1）自然环境要求

地理标志大米产品对自然环境的要求常规定日照时间、气温情况、降水情况、土壤类型、土壤营养情况、水源要求、大气要求等。

2）种植品种和栽培技术规定

对于地理标志大米种子的品种规定一般有两种情况，一是选择当地规定品种，二是以当地适宜种植品种为准，无特殊规定。种子质量符合国家标准要求。栽培技术管理采用各自特色栽培技术。

3）加工工艺

地理标志大米产品加工工艺与非地理标志大米无特殊差别，常采用原料初清、去石、砻谷、碾米、抛光、色选、计量包装。生产过程中不得添加任何物质。

4）产品质量要求

对地理标志大米产品的质量要求分为感官要求、加工质量要求、理化指标要求、卫生指标要求。感官要求包括色泽、气味和蒸煮试验规定，同时对口感特性做出明确规定。加工质量要求常对加工精度、黄米粒、不完善粒、杂质和碎米率做出了规定。理化指标要求包括对水分、垩白粒率、食味品质、直链淀粉、胶稠度做出的规定，卫生指标要求指须符合国家 GB 2715—2016 和 GB 2762—2012 的规定。

5）地理标志产品专用标志的使用

在大米原产地域范围内的生产者，如使用地理标志产品专用标志，须向设在当地质量技术监督局的地理标志产品保护申报机构提出申请，经初审合格，由国家质检总局公告批准后，方可使用地理标志产品专用标志。国家质检总局常对多家有关企业提出的地理标志产品专用标志使用申请进行审查，并予以注册登记。在全国 23 种大米类国家地理标志产品中，盘锦大米和方正大米申请地理标志产品专用企业和商标数最多，国家地理标志产品保护的品牌效应和经济效益的关键是地理标志产品专用标志的使用情况。为更好地培育品牌大米，充分利用国家地理标志品牌效应等，应鼓励与支持国家地理标志产品保护范围内的更多企业使用地理标志产品专用标志。

从上述地理标志大米保护规定中可以看出，对于地理标志产品的保护规定了在某一地域范围内按照当地特色种植原料，对产品进行常规加工后的产品申请地理标志产品专用标志和当地企业注册商标即可，对产品的品质要求与普通大米要求测定的项目和内容相近或相同，尚未体现地理标志大米与保护地域的相关性，也未研究地理标志大米的品质特性，这也是我国地理标志大米产品标准滞后、从科技支撑角度无法实现地理标志大米原产地保护的原因之一。

2.4.2 法国地理标志产品保护现状

法国是地理标志产品保护制度的发源地，法国的原产地名称保护已经形成一个严密的体系。卢瓦尔河的葡萄酒历史一般被认为起始于公元 5 世纪，当地葡萄园的发展主要得益于王室和宗教人士。到了 20 世纪，为了从法律上保证葡萄酒质量，从 1935 年起法国建立法定原产地命名制度（AOC）。卢瓦尔河地区法定原产地命名制度的建立是在 1936 年。在香槟酒的保护方面，法国国内农业法中有条文予以保护，在欧洲法律实践中，任何类似名称和非类似的香槟"Champagne"字样的使用，目的是提高知名度的，均不被允许。迄今为止，法国香槟酒已经历了逾百年的保护历程，1844 年，非香槟产地生产商使用香槟名称被判禁用，法律依据是欺骗消费者。法国主要采取农户+协会+标准化+行业自律，使整个产业链得以有序延伸、健康发展。整个行业按照行业规章办事，用法律武器保护自身的合法权益。

2.5　大米可追溯体系的应用现状

国外将食品安全可追溯系统分为两种形式：一种是"向上一步、向下一步可追溯"，另一种是"集中（全程）可追溯"。在"向上一步、向下一步可追溯"实施中，要求产品追溯链中每一个环节的输出信息必须与下一个环节的输入信息进行衔接。这种可追溯形式的实现是美国和欧盟普通食品法的最低要求。在"集中（全程）可追溯"实施中，关联产品追溯链各个环节的子数据库，追溯食品产业链中各环节有关产品的完整信息记录，以实现对不同层次产业链的可追溯查询。国外食品追溯中采用溯源指标分类方法，包括必选和可选指标，必选指标是指产品的基本信息和产品质量安全信息；可选指标是指在必选指标基础上，结合企业自身情况增加的具体必要信息。此外，国外采用国际统一标准的 EAN·UCC 编码系统（全球统一标志系统）和产品代码，开发了一种食物链各个环节的编码方案，实现产品的唯一性编码。

　　国内追溯食品安全起步较晚，但仍取得了初步的成果。在食品信息采集方面，政府建立了农产品可追溯系统识别身份的网络版查询系统，成功完成"供奥食品"的"身份识别"。目前，在产品编码方面，国内没有统一的编码规则，大多数系统开发者为获得产品编码的唯一性，在对产品分类时按照自定义的规则进行编码。追溯码是跟踪和记录食品从原材料，到生产、运输、销售等各个环节的信息的重要工具。每种产品都有各自的处理过程，关键信息的追溯内容是不同的，因此，跟踪代码获取到的关键信息不同。在追溯系统构建方面，内蒙古自治区于 2003 年对全区牛、羊免疫进行打耳标，通过计算机实现禽畜免疫耳标的网络化管理。这一举动，为禽畜产品质量安全追溯体系的建立和可追溯查询奠定了基础。2003 年，国家质检总局启动了"中国条码推进工程"活动，极大地推动了国内食品安全标志中条码技术的应用。随着中国物品编码中心大力推进开展产品跟踪与追溯，我国生产的产品拥有了属于自己的"指纹"。2006 年，北京、四川、上海、重庆四省（直辖市）开展试点工作，追溯系统正式启动。同年，在北京市发展和改革委员会的支持下，无线射频识别（RFID）可追溯系统项目在中国肉类综合研究中心与清华同方公司正式启动。2010 年，互联网与产品质量追溯论坛在北京召开，会议围绕互联网反战、产品质量追溯、技术标准、行业应用等主题展开了深入的探讨，提出了产品追溯研究与应用的新思想。

第 3 章　电子信息编码技术的基本原理及应用进展

3.1　条形码技术

条形码技术目前主要集中在追溯码编码技术的研究，即将产地信息更有效地编入条形码及将条形码更加有效地呈现给消费者，以实现更为高效的溯源等方面。关于追溯码编码技术，国外多采用 EAN·UCC 系统，EAN·UCC 系统是由国际物品编码协会和美国统一代码委员会共同开发、管理和维护的全球统一标志系统和通用商业语言，已广泛应用于工业、商业、运输业、物流等领域，此系统的核心就是其编码体系，其编码由全球贸易项目代码（GTIN）、属性代码（如批次、有效期、保质期等）、全球位置码（GLN）、物流单元标志代码（SSCC-18）、储运单元标志代码（ITF-14）等构成。EAN·UCC 编码随着农产品的生产在产地源头建立起来，并随着该农产品贯穿流通全过程，是信息共享的关键。欧盟等国家和地区已采用 EAN·UCC 系统成功对牛肉、蔬菜等开展了食品产地溯源研究。

国内虽然在这方面的研究起步较晚，但发展较快，并取得了一定进展。我国根据 EAN·UCC 系统制定了 GB/T 16986—2003《EAN·UCC 系统应用标志符》和NY/T 143—2007《农产品追溯编码导则》，很多学者，如邓勋飞等据此对我国追溯码进行了编码研究。但是由于采用 EAN·UCC 系统进行编码存在追溯码加密性不强、长度较长，追溯信息对公众不透明，追溯码无法脱离数据库追溯出与生产企业和农产品相关的关键信息，在发生农产品质量安全问题时，无法快速准确地定位到企业而采取应急措施等问题，而且 GTIN 存在通用厂商识别码，这些通用厂商识别码不代表特定的公司，容易造成追溯的混淆，因此杨信廷等（2009）、余华和吴振华（2011）进而设计了一种由产地位置码、产品码、生产日期码、认证类型码等部分组成的 20 位农产品追溯码，缩短了追溯码长度，追溯码加密性也得到增强。

3.2　RFID 技术

无线射频识别（radio frequency identification，RFID）技术，是一种利用射频通信实现的非接触式自动识别技术，它主要由电子标签和阅读器组成，电子标签通过无线电波来实现存储和传播数据，阅读器能够同时读取多个标签并将收集到的数据传递给后台服务器用于数据的加工处理。通过电子标签和阅读器之间非接触式的数据交换，RFID 技术可以用于自动识别、控制、鉴定和报警。相对于条形码标签信息，RFID 技术采用非接触式，信息读取的时候不需要接触到标签本身，降低了身份标签磨损的概率。同时，RFID 可以批量读取农产品信息，比条形码在单位时间内可以读取更多的产品信息，该项特性可以加快农产品的流通速度，提高农产品供应链的效率。而且 RFID 标签具有体积小、容量大、寿命长、可重复使用，以及可在高温、高湿等恶劣的环境下工作等特点，可支持快速读写、非可视识别、移动识别与多目标识别。

　　鉴于 RFID 如此多的优点，曾炼成等（2010）提出了以超高频射频识别（UHFRFID）标签为农产品可追溯系统的记录载体，针对 UHFRFID 标签存储空间特点对产地、品种、生产日期和认证类型追溯信息进行编码，设计了 24bit 的生产地点代码编码、24bit 的产品代码编码、13bit 的生产日期代码编码及 3bit 的认证类型代码编码，从而将农产品追溯系统的追溯信息存储在 64bit 中，实现了对 RFID 标签的农产品追溯信息编码，合理地利用了存储空间并快速还原信息，实现了农产品生产环节追溯信息无须网络和在线数据库支持的记录和读取。

第 4 章　有机成分指纹溯源技术的
理论依据与研究进展

4.1　有机成分指纹溯源技术的理论依据

农产品中有机成分的含量及组成特征与其生长环境（如水、土壤或气候等）密切相关。由于受生长环境差异的影响，不同地域来源的谷物中，其蛋白质、淀粉、脂质等有机成分的含量和组成存在一定的差异，因此可作为原产地鉴别的性状之一，研究报道中常利用气-质联用（GS-MS）、液-质联用（LS-MS）、近红外光谱（NIR）、中红外光谱（MIR）等对上述化学成分进行检测，分析判别谷物的地域来源。

4.2　有机成分指纹溯源技术的研究进展

4.2.1　蛋白质指纹溯源技术研究进展

蛋白质指纹溯源技术目前主要针对小麦、大米和大麦等谷物中的蛋白质含量或组成的差异进行研究，由此鉴别其原产地。通常利用聚丙烯酰胺凝胶电泳、毛细管电泳或等电聚焦凝胶电泳技术分离不同种类、不同品种和不同特性的蛋白质。原中国农业科学院作物品种资源研究所研究了中国不同地区小麦中的蛋白质含量，证实中国小麦蛋白质含量有明显的地理分布趋势：北部春麦区小麦蛋白质含量平均为 15.30%，东北春麦区为 13.82%，北部冬麦区为 13.38%，西北春麦区为 13.00%，华南春麦区为 12.92%，新疆冬麦区为 12.66%，黄淮冬麦区为 12.44%，云贵高原冬麦区为 12.32%，长江中下游冬麦区为 11.97%，四川盆地冬麦区为 11.06%，青藏高原冬麦区为 9.67%。李鸿恩等（1995）测定了来自中国 25 个省份 20 184 份小麦籽粒样品的蛋白质含量，经聚类分析将中国划分为 5 个区：高蛋白质含量区（平均蛋白质含量为 16.60%），包括黑龙江、吉林、内蒙古、山西和北京；中高蛋白质含量区（15.62%），包括河北、山东、河南、云南和贵州；中蛋白质含量区（14.83%），包括陕西、甘肃、宁夏和新疆；中低蛋白质含量区（13.62%），包括江苏、安徽、浙江、福建、湖北、湖南、江西和广东；低蛋白质含量区（11.86%），包括四川、青海和西藏。他们将不同省份小麦样品的蛋白质含量与产地纬度进行相关分析，发现蛋白质含量与纬度呈极显著正相关（$r = 0.515$）；在中国北纬 $31°51'\sim45°41'$，纬度每升高 1°，小麦蛋白质含量增加 0.442%。上述两项研究结果表明，由于中国不同地域地理特征的差异，不同产地小麦的蛋白质含量存在差异；反之，通过小麦样品中的蛋白质含量，特别是蛋白质组成，可用于鉴别其原产地。Montalvan 等（1998）利用十二烷基硫酸钠-聚丙烯酰胺凝胶电泳（SDS-PAGE）法提取了来自巴西（58 个）和日本（9 个）共计 67 个不同品种大米籽粒样本中的蛋白质，用光密度扫描仪估算了其中 16 种蛋白质组分的相对浓度，t 检验结果显示两组间存在极显著差异，利用典型判别得分绘图，结果显示巴西和日本的样品分布在不同的空间。Rhyu 等（2001）利用醇溶蛋白毛细管电泳法分析了来自韩国 4 个不同地区的 4 个主栽大米品种（'Dongjin' 'Chuchong' 'Ilplum' 'Odae'）的区域差异，结果表明，每个大米品种均得到 8 个峰（峰 a～h），基于每个峰的面积/总峰面积值测定了产地对蛋白质组分的影响，结果显示，所有品种在不同地域之间均存在差异，其中，'Dongjin' 在峰 e 处，'Chuchong' 在峰 b、d～f 处，'Ilplum' 在峰 c、d、f、c/d 处，'Odae' 在峰 d～g、d/e、f/g 处，证明利用醇溶蛋白毛细管电泳法能够区分种植在不同地区相同品种的大米。

4.2.2 淀粉指纹溯源技术研究进展

淀粉是谷物籽粒的主要成分，其含量和组成均受谷物种类、品种和地域的影响。李桂凤等（1994）用 GB 5006—1985 旋光法测定了来自全国 22 个省 6023 份大麦品种资源中的淀粉含量，指出大麦淀粉含量与地理位置关系密切，总体上随着纬度的增加而降低。在对大麦产区生态条件进行模糊聚类分析的基础上，将我国大麦淀粉含量的生态区初步划分为 4 个：南方高淀粉大麦区（以长江中下游地区和华南地区为主）、北方低淀粉大麦区（包括秦岭和淮河以北 12 个省区）、滇川中淀粉大麦区（以云南省和四川省为主）和青藏高原高淀粉大麦区（包括西藏自治区和青海省这 2 个省区）。

4.2.3 脂质指纹溯源技术研究进展

Armanino 和 Festab（1996）用气相色谱法测定了 1992～1996 年意大利的普利亚区（75 个）和西西里岛（99 个）共 174 个小麦样品中的固醇和脂肪酸中甲酯的含量，结合线性判别分析和二次判别分析对其原产地进行判别，结果证明线性判别分析的正确判别率为 88.51%，二次判别分析为 97.13%。Kitta 等（2005）同样采用气相色谱法测定了 1999～2002 年日本非糯糙米中脂肪酸的含量和组成（每年 13 个样品，9 个品种），并分析产地对其的影响，结果显示种植区域对糙米中的肉豆蔻酸、棕榈油酸、硬脂酸、油酸、亚油酸、亚麻酸、花生酸和二十碳烯酸含量有显著影响，肉豆蔻酸、棕榈油酸、硬脂酸和油酸含量与纬度呈负相关，亚油酸和亚麻酸含量与纬度呈正相关。

第 5 章　稳定性同位素溯源技术的理论依据与研究进展

5.1　稳定性同位素溯源技术的理论依据

稳定性同位素分为轻同位素（C、N、H、O 和 S）和重同位素［锶（Sr）和铅（Pb）］。由于生物体内的同位素组成受气候、环境、生物代谢类型等因素的影响，不同种类及不同地域来源的食品原料中同位素自然丰度存在差异，这种差异携有环境因子的信息，反映生物体所处的环境条件。生物体中稳定性同位素组成是物质的自然属性，可作为物质的一种"自然指纹"，区分不同来源的物质。因此，同位素指纹是所有生物（包括食品产品）的一个自然标签，它与生物的生长环境密切相关，且不随化学添加剂的改变而改变，它能为农产品产地溯源提供一种科学的、独立的、不可改变的，以及随整个食品链流动的身份鉴定信息。利用此信息，不但可以直接判断产品的来源地，还可以作为一种监督、检查手段，确证产品是否是从认证的有机土地上生产出来的，确定标签上的声明和可追溯文档的真实性。因此，同位素的自然分馏效应是稳定性同位素溯源技术的基本原理和依据。

氢、氧同位素与地域环境密切相关，其比率具有典型的纬度效应、陆地效应、季节效应及高程效应，即 $\delta^{18}O$、δ^2H 值随纬度的增加而减小，由海岸向内陆方向呈递减趋势，气温越低重元素含量越低，海拔增加，$\delta^{18}O$、δ^2H 值减小，它们与地域密切相关。水中的 $\delta^{18}O$、δ^2H 值受温度和降水量的影响也发生变化。高纬度地区影响降水中稳定性同位素比率变化的主要因素是温度，在低纬度热带地区则是降水量，中纬度地区温度和降水量共同影响同位素比率的变化。

碳同位素组成与植物的光合碳代谢途径有关，同时受环境因子的影响，即植物中的 $\delta^{13}C$ 值是生物因子与环境因子共同作用的结果。影响植物碳同位素分馏的气候、环境因素有温度、降水、压力、光照、大气压及大气中 CO_2 的碳同位素组成等。

氮有 ^{14}N 和 ^{15}N 两种稳定性同位素，空气中 $^{14}N/^{15}N$ 值恒为 1/272，因此常以相对于大气氮（N_2）的千分偏差来表示含氮物质的氮同位素组成。不同来源的含氮物质中具有不同的氮同位素组成（大气沉降 NO_3^- 的 $\delta^{15}N$ 值为+2‰～+8‰，来自人类和动物废物的 $\delta^{15}N$ 值其 ^{15}N 明显富集，为+10‰～+20‰，相反，人工合成的化学肥料的 ^{15}N 比较贫化，它们的 $\delta^{15}N$ 值为–3‰～+3‰）。硼同位素组成除受自然因素影响外，农业生产中施加含硼的化肥也会影响 $^{11}B/^{10}B$ 值，这就导致不同土壤中硼同位素组成有较大差异。

土壤中硫同位素组成不但与地质环境、降雨等因素有关，还受施肥等农业生产条件的影响。生物体中有机硫同位素组成与其来源密切相关，它能提供有用的地域来源信息。

锶同位素主要来源于土壤，受外界影响很小，与地域来源直接相关。Sr 主要分散在含 Ca 的矿物中，如斜长石、角闪石、辉石、碳酸盐。相对于其他较轻的稳定性同位素（H、O、C），在植物生长和新陈代谢过程中，稳定的锶不发生明显的同位素分馏作用，即在化学和生物学过程中，锶不会产生同位素分馏，其变化只与不同来源的锶混合作用有关。由于不同来源的 $^{87}Sr/^{86}Sr$ 值不同，因此可以把锶同位素比值作为其来源的"指纹"，示踪其在生态系统中的迁移转化过程。

动植物体内的铅元素大部分来自于土壤及地表水，其同位素组成也因此具有地区标志。目前随着环境的污染，如汽车尾气、燃煤燃烧等在不同程度上影响铅同位素的比例。产品受生产工艺设备材质和年限的影响，加工农产品的铅同位素在生产过程中也可能会发生改变。

5.2　稳定性同位素溯源技术的研究进展

国际上利用同位素技术在果汁、蜂蜜、葡萄酒、奶酪等的掺假分析和地域来源判断方面研究报道较多。欧盟方面对同位素技术在食品产地溯源中的应用进行了很多研究，其中对利用稳定性碳元素进行橄榄油的产地溯源研究得比较透彻，并初步建立起了一些比较有效的溯源方法。但是在全世界范围内食品溯源技术还是一个新的研究领域，国际上大多数研究仅处于初步探索阶段。目前，在检测分析中，有关样品的制备方法还没有统一标准，国际的研究报道仅从少数几个国家进行随机采样，即采样范围跨度很大，无法判定同位素溯源技术的地域判别范围。

稳定性同位素分析被认为是产地判别的较好指标。$^{13}C/^{12}C$ 与植物的光合代谢途径有关，$^{18}O/^{16}O$ 和 $^2H/^1H$ 与地域的环境条件密切相关，$^{87}Sr/^{86}Sr$ 与地质条件密切相关，利用它们可判断动植物产品的来源。

国外已有利用同位素分析对大米、小麦进行地域来源判别研究的相关报道。在研究中主要采用多元素多同位素结合分析法判别谷物的来源。Kelly 等（2002）收集了来自美洲（美国的阿肯色州、路易斯安那州、密西西比州、得克萨斯州）（28 个样品）、欧洲（法国、意大利、西班牙）（25 个样品）、印度和巴基斯坦（28 个样品）的大米样品，检测了其中的 52 项指标。通过典型判别分析，从中筛选出了 9 个对地域判别有效的指标，包括 $\delta^{13}C$、$\delta^{18}O$、硼、钛、钇、锰、铷、硒和钨。Branch 等（2003）测定了来自美国、加拿大和欧洲小麦样品中的 $\delta^{13}C$、$\delta^{15}N$、镉、铅、硒和锶，结果发现用 $\delta^{13}C$ 一项指标就能完全区分三个不同地域来源的小麦样品，并用其初步建立了判别模型。但 $\delta^{15}N$ 对小麦地域判别不太理想。Oda 等（2001）利用电感耦合等离子体质谱（ICP-MS）分别测定了来自日本、中国、澳大利亚、越南和美国大米样品中的 $^{11}B/^{10}B$ 和 $^{87}Sr/^{86}Sr$ 值，结果表明不同地域间的 $^{11}B/^{10}B$ 和 $^{87}Sr/^{86}Sr$ 值不同（$^{11}B/^{10}B$ 值：澳大利亚 4.14～4.19、美国 4.09、日本 3.97～4.13、中国和越南 4.02～4.05。$^{87}Sr/^{86}Sr$ 值：澳大利亚 0.715～0.717、中国和越南 0.710～0.711、日本 0.706～0.709、美国 0.706）。因此，利用 $^{11}B/^{10}B$ 和 $^{87}Sr/^{86}Sr$ 做散点图，可区分不同产地的大米样品。Suzuki 等（2008）使用元素分析仪-同位素比值质谱仪（EA/IRMS）测定了来自澳大利亚（1 个）、日本（12 个）和美国（1 个）同一品种 14 个大米样品中的 C、N 含量及 $\delta^{13}C$、$\delta^{15}N$ 和 $\delta^{18}O$ 值，结果显示美国大米的 $\delta^{18}O$ 值（+22.9%）高于其他地区（澳大利亚+20.3%、日本+18.8%～+20.7%），澳大利亚样品的 $\delta^{15}N$ 值（+9.0%）最高（美国+3.2%、日本+0.4%～+6.1%），使用含有 C、N 含量及 $\delta^{13}C$、$\delta^{15}N$ 和 $\delta^{18}O$ 值信息的雷达图，可区分日本不同地区的大米样品，特别是 'Uonuma' 大米。

在肉制品研究方面，最近的报道主要是对牛肉和羊肉产地溯源的研究。郭波莉（2007）对中国肉牛主产区的牛肉进行同位素和矿物元素分析，认为同位素与矿物元素指纹技术对牛肉产地的追溯是行之有效的，以牛尾毛为研究材料追溯牛肉产地及其生活史是可行的。选用的同位素指标常为 $\delta^{13}C$、$\delta^{15}N$、$\delta^{34}S$、$\delta^{18}O$ 和 δ^2H。动物组织中碳同位素组成主要与其饲料种类密切相关，它可以表征饲料中 C4 植物所占的比例；氮同位素组成不但与饲料种类有关，而且与土壤、气候及农业施肥等因素有关；$\delta^{18}O$ 和 δ^2H 与动物生长的气候、地形有关。不同地域来源的肉组织中同位素组成有明显差异。Schmidt 等（2005）研究发现，美国（23 个样品）与欧洲（35 个样品）的牛肉中 $\delta^{13}C$ 值差异很大，而且爱尔兰与其他欧洲国家牛肉的 $\delta^{13}C$、$\delta^{15}N$ 值也存在明显差异；综合分析 C、N、S 同位素，还可区分出常规养殖的牛肉与有机养殖的牛肉。关于以肉中的水中 $\delta^{18}O$ 和 δ^2H 作为产地溯源的指标目前还有争论，一些学者认为它们可以作为产地溯源的指标，但另一些研究者发现肉中水的 $\delta^{18}O$ 值不但受季节的影响较大，而且受肉的储存期和储存环境影响也很大。Ines Thiem 等（2004）将 50g 切碎的牛肉分别在 18.5℃ 和 21.5℃ 下储藏了 10h，分析肉中水的 $\delta^{18}O$ 值的变化情况，发现每小时 $\delta^{18}O$ 值分别增加了 0.3‰ 和 0.4‰。此外，胴体喷水冷却对肉中水的 $\delta^{18}O$ 值改变也很大。这些因素的影响掩盖了地域之间的差异。对此有些学者建议测定牛肉粉、牛尾毛或骨中的 $\delta^{18}O$ 和 δ^2H。动物的产地溯源比较复杂，因为动物产品中同位素组成既受它们所食用的植物饲料中同位素组成的影响，又受动物代谢过程中同位素分馏的影响，而且动物经常食用不同地区来源的饲料，或者一生中在不同地方被饲养。Bettina 等（2005）指出，羊的产地溯源研究最为简单，因为它主要食用当地饲料，而且不需要育肥。

对牛而言，对传统养殖的牛的追溯比较容易，而对育肥牛的追溯比较复杂，因为牛的饲养地不断转移，同一地方的牛可能来自不同地方，体组织的成分可能是源于另一地域的膳食，牛组织中的元素和化合物可能反映的是两个或多个地区的信息。家禽肉的产地溯源最为复杂，因为家禽食用混合饲料与浓缩饲料，批次间饲料成分差异很大，这就需要更尖端的技术分析其产地来源。随着育肥体系的发展，追溯动物的地域来源将越来越复杂。因此，在今后的溯源中了解动物的生长史显得尤为重要。德国学者 Michael Schwertl 提出以牛尾毛为材料可以研究牛的生活史。因为牛尾毛相对其他组织而言比较特殊，牛尾毛主要由角蛋白构成，据报道，一旦角蛋白的结构确定，毛发组织的代谢就会停止，不再与其他部分进行交换，每段毛发记录的同位素信息即为当时生长的膳食信息。

食品产地同位素指纹溯源技术是在同位素自然分馏原理的基础上发展的一项新技术，土壤、地质及植物中同位素自然丰度的变化规律研究为该项技术提供了一定的理论依据。国际上在此方面已进行了一些探索性研究工作，初步证明该项技术是有效可行的。但目前对于大多数食品而言，还有许多问题亟待研究解决，主要表现在以下三方面。

（1）不同种类、不同地域来源食品的有效溯源指标体系还未完全确定。

（2）对于气候、地形、地质等因素对食品中同位素组成的影响变化规律还不十分清楚，尤其对于动物源食品而言，饲料种类、动物的代谢类型等对组织中同位素组成变化影响方面的研究很少见。

（3）研究的系统性、深入性还很不够，国际上目前也仅局限于在个别几个国家进行研究，而且抽样量比较少，还未在全球范围内建立任何食品的同位素指纹溯源数据库或同位素指纹地图，还需进一步做大量的研究工作。

第 6 章　近红外产地溯源技术的理论依据与研究进展

6.1　近红外产地溯源技术的理论依据

近红外光是介于可见光和中红外光之间的电磁波,光谱范围为 780~2526nm,这一区域内一般有机物的近红外光谱吸收主要是含氢基团 X—H(主要有 O—H、C—H、N—H 和 S—H 等)的伸缩、振动、弯曲等引起的倍频和合频的吸收。随着样品成分组成或者结构的变化,其光谱特征也将发生变化。几乎所有有机物的一些主要结构和组成都可以在它们的近红外光谱中找到特征信号。

6.2　近红外光谱技术的分析过程

近红外光谱技术的分析过程可分为两种:一种是定量分析过程;另一种是定性分析过程。定量分析主要是指对产品有效成分含量的测定等,而定性分析多用于产地的鉴别、产品真伪鉴定等。近红外光谱定性分析是指利用近红外谱区包含的信息对有机物质进行定性的一种分析技术,即通过比较未知样品与已知样品或标准样品的光谱来确定未知样品的归属。其主要的分析过程是:①采集已知样品的光谱;②用一定的数学方法处理采集到的光谱,生成定性判据;③用该定性判据判断未知样品属于哪类物质所在的空间。

6.3　近红外产地溯源技术的研究进展

目前,在将近红外光谱技术应用于食品产地溯源方面,欧盟的研究较多,我国在此方面的研究相对较少。Kim 等(2003)筛选特征近红外光谱结合偏最小二乘(PLS)法对来自韩国及韩国以外的稻米样本进行了产地溯源,验证样品产地正确识别率达 100%。Osborne 等(1993)利用近红外光谱分析技术结合判别分析对来自巴斯马蒂和非巴斯马蒂地区的 116 个大米样品进行归类,采用成堆扫描和单籽粒扫描两种方式对样品进行扫描,巴斯马蒂样品均被正确归类,非巴斯马蒂地区样品正确判别率为 80%。李萍(2009)对我国市场上东北大米、贵州大米和泰国米进行产地判别,共收集 120 个样本,扫描范围为 400~1000nm,对扫描图谱运用 Unscrambler 9.8 软件处理，采用偏最小二乘（PLS）法判别分析，建立反向传播（BP）神经网络模型，对预测样本产地的正确判别率为 83%。Fu 等（2008）采用傅里叶变换近红外漫反射光谱仪，在 800～2500nm 波长处，利用主成分-概率神经网络分析（PCA-PNN），对浙江塘栖和淳安地区的枇杷进行了识别，发现模型对校正集和验证集样品的识别率分别为 97% 和 86%，能有效地将两个产地的枇杷区分开。张宁等（2008）在 830～2500nm 波长处，将近红外光谱经 5 点平滑与多元散射校正预处理，采用相似分类法（SIMCA）模式识别方法对山东、河北、内蒙古、宁夏 4 个产地的羊肉建立产地溯源模型，模型对验证集样品的识别率分别为 100%、83%、100%、92%。Ruoff 等（2006）采用中红外光谱结合线性判别分析（linear discriminant analysis，LDA）对不同国家的蜂蜜进行了识别，结果表明瑞士、德国和法国三个国家的洋槐蜜能被明显区分开。Galtier 等（2007）利用近红外光谱技术对法国的初榨橄榄油中的脂肪酸和甘油酯进行了检测，表明橄榄油的产地鉴别可以不通过理化分析，而直接通过分析近红外光谱图来区分。Arana 等（2005）采用近红外（反射光谱范围为 800～500nm）结合 PLS 识别方法对来自西班牙 Cadreita 和 Villamayor de Monjardin 地区的葡萄酒进行产地鉴别，结果 Chardonnay 葡萄酒的原产地识别率分别达 97.2% 和 79.2%。Cozzolino 等（2003）采用近红外光谱技术结合主成分分析（principal component analysis，PCA）和偏最小二乘回归（partial least squares regression，PLSR）方法，对来自澳大利亚的 269 个不同品种的白葡萄酒样品的产地进行了判别，初步建立了葡萄酒的溯源模型，结果表明，该模型对 Riesling 葡萄酒的原产地识别率为 100%，对 Chardonnay 葡萄酒的原产地识别率为 96%。Liu 等（2006）在 400～2500nm 波长处，利用近红外光谱结合偏最小二乘判别分析（partial least squares discriminant analysis，PLS-DA）和线性判别分析（LDA），分别对来自于澳大利亚和西班牙的红葡萄酒进行了判别，结果表明，PLS-DA 模型的识别率分别达到 100% 和 84.7%，LDA 模型的识别率分别达到 72% 和 85%，这就说明采用近红外光谱技术可以作为一种产地溯源的快速方法。Liu 等（2008）采用近红外光谱（400～2500nm 波长），通过标准正态变量变换与二阶导数预处理，结合 PLS-DA 和逐步线性判别分析（stepwise linear discriminant analysis，SLDA）对不同产地的 Riesling 葡萄酒进行了判别，结果表明，采用 PLS-DA 方法建立的模型对来自澳大利亚、新西兰、欧盟（法国、德国）产的 Riesling 葡萄酒的识别率分别达到 97.5%、80% 和 70.5%，而采用 SLDA 模型的识别率分别达到 86%、67% 和 87.5%，由此可见，PLS-DA 模型对澳大利亚产地识别率最高，SLDA 模型对欧盟产地识别率最高，这可能与葡萄的品种、葡萄酒制作的工艺等因素有关。Niu 等（2008）采用近红外光谱技术，在 800～2500nm 波长处，对来自不同酒厂的绍兴黄酒进行了识别，利用主成分分析（PCA）对光谱的差异进行了研究，并使用判别分析（DA）和偏最小二乘判别分析（PLS-DA）对酒的品牌进行了分类，结果发现 DA 模型预测样本集的准确率达到了 93.1%，使用 PLS-DA 模型预测的结果更好，准确率达到 100%。以上国内外对酒的产地溯源的研究表明，近红外光谱技术可用于分析判别食品地域来源，但是目前的研究还是比较受局限，这表现在采样量少，且仅是对部分地区、部分品种的酒进行了产地鉴别的研究。

6.4　近红外光谱技术的发展趋势

由于近红外光谱主要反映的是食品中有机成分的组成、含量、结构和功能团等特征，有些食品在储藏、加工过程中由于有机成分的组成、含量等变化而使近红外光谱特征发生变化，致使用于食品产地溯源的光谱指纹特征不稳定。这是近红外光谱用于食品产地溯源的局限性所在。

目前研究主要运用全波长图谱数据分析，并无统一、标准的数据处理方式，学者的研究也还处于规律的发现阶段，尚无科学、系统的研究，因此应在方法建立上筛选与地域相关的有效溯源波段，开发和统一数据处理手段，并对影响模型稳定性的相关因素展开系统研究。

第7章　电子鼻产地溯源技术的理论依据与研究进展

7.1　电子鼻产地溯源技术的理论依据

随着对生物嗅觉系统研究的不断发展，一些学者思考能否根据仿生学原理制造出一种类似于生物嗅觉系统的设备，于是人工嗅觉系统（电子鼻技术）进入一些科学家的视线，并逐渐成为研究的热点。电子鼻技术的相关研究开始于20世纪80年代，1982年，英国研究人员 Dodd 和 Persaud 根据人类嗅觉系统的结构和机制第一次提出了传感器阵列技术的概念，之后各国学者进行了较多的相关研究，电子鼻技术于20世纪90年代得到快速发展，它综合了传感器、计算机识别及信号处理技术的快速检测技术。电子鼻是根据仿生学原理，模拟人类的嗅觉传导机制设计而成的，由气体传感器阵列、信号处理系统和模式识别系统三个主要部分构成。利用气体传感器阵列测定样品中所有挥发性成分的整体信息，也称"指纹"数据；信号处理系统对传感器阵列得到的信号进行滤波、交换及特征提取；模式识别系统对特征提取后的信息进行再处理，以获得挥发性气体的组成成分和浓度信息。

7.2　电子鼻技术在农产品分类鉴别中的应用

目前市场上可以看到的有英国 Aromascan 公司生产制造的数字气味分析系统、英国 Neotronics Scientific Ltd. 生产制造的 NOSE 系统、美国 Cyrano Sciences 公司生产制造的 Cyranose 320 便携式电子鼻、德国的 PEN3 便携式电子鼻系统和法国 Alpha MOS 公司生产制造的 FOX 4000 系统；国内还没有成熟的电子鼻产品，相关的研究多数处于实验室阶段，虽然目前没有比较大的突破，但复旦大学、中国科学技术大学、浙江大学等高校的学者也在这一领域进行了有意义的尝试。

电子鼻技术是一整套系统，这个系统由气敏传感器阵列、信号处理系统和模式识别系统组成，气敏传感器能够捕捉气体分子，形成电信号，反馈给计算机，通过模式识别技术能够对气体成分进行分析。电子鼻能够获得样品中气味的整体信息，而且具有操作简单、鉴别迅速等优点，目前在烟草、饮料、肉类、乳酪和牛奶、茶叶质量控制和等级区分方面有着广泛的应用。

于慧春和王俊（2008）开发了一种电子鼻技术，收集了不同地点和等级茶叶的气味指纹图谱信息，然后对采集到的数据整理聚类，进行分析。结果表明，该方法可以判别同一类茶叶的品质等级，而且判别效果较好。2005 年，来自西班牙葡萄酒研究所的研究人员 Daniel Cozzolino 进行了将电子鼻系统用于不同葡萄酒品牌鉴别的研究。结果表明，此技术对不同品牌的葡萄酒的区分效果很好，准确率达到 100%。郭奇慧等（2008）应用电子鼻技术对酸奶的货架期进行了测定，将酸奶储存在 4℃ 的条件下，然后测定不同储存时间的酸奶，再结合分类方法对不同储藏时间的酸奶进行分类，结果表明，该技术可以对不同货架期的酸奶进行鉴别。

目前，电子鼻技术在粮食领域中的应用研究还不多，于慧春等（2012）用电子鼻系统结合 PCA、Fisher 判别分析和 BP 神经网络方法对 4 种不同产地水稻进行区分后发现，测试正确率达 100%，BP 神经网络分类效果最好，PCA 分类效果最差。胡桂仙等（2011）用 PEN2 电子鼻分析测定 5 种稻米的质量、顶空空间、静置时间等匹配试验参数，样品均分别制备成稻谷、糙米、精米和米饭 4 种状态。分析后得出，仪器能较好地区分样品品种，稻谷状态和精米状态区分效果较佳。赵丹等（2012）采用 PEN3 型电子鼻系统对我国 10 个省份 47 个小麦样品的挥发性物质进行检测，研究了与小麦样品的用途、产地、品种区分识别有关的传感器。PCA 可以区分面包用小麦和馒头、面条用小麦，也可以区分不同产地的小麦样品和同一产地不同品种的小麦样品。

7.3　电子鼻技术在食品溯源研究中的发展趋势

目前国内外对电子鼻技术的研究大多还处于实验室阶段，即便是已经商品化的产品仍存在一些问题，如电子鼻系统中传感器阵列专属性及稳定性差，易受环境因素（如湿度、温度、振动等）的影响；传感器易于过载或中毒，与干扰气体发生反应，影响检测结果。而有关传感器与被测样品中气味物质之间的相互作用机制及传感器响应值变化的内在物质基础的研究其少，这是使电子鼻适用领域受到局限的主要原因之一。此外，传感器阵列信息的冗余、后期的模式识别技术缺乏通用的识别算法、算法受试验数据的影响等也是造成其应用的推广受限的原因。

因此，在将来的研究中，新型的传感材料、先进的信号处理算法是电子鼻研究领域的重要内容；根据所测样品的物化属性，有针对性地研发特异性强、灵敏度高的传感器材料，有目的地选择并优化专属性传感器阵列，从而弥补上述种种不足并打破应用局限，根据分析应用的具体目的而选择最适合、最简便的数据处理方法，应是本领域研究的主要方向。

第 8 章　矿物元素指纹产地溯源技术的理论依据与研究进展

8.1　矿物元素指纹产地溯源技术的理论依据

　　由岩石风化产生的母质与土壤密切相关，不同地层岩石背景形成不同的土壤质地，从而不同地域土壤中矿物元素的组成和含量比例等具有地理地质特异性。矿物元素是生物体的基本组成成分，其自身体内不能合成，须从周围环境中摄取。主要受当地的地质、水和土壤环境因素的影响，导致在不同地域生长的生物体有其各自的矿物元素指纹特征。生物体中的矿物元素按照含量分为常量元素、微量元素和痕量元素，其矿物元素的组成和量的关系在一定程度上可以反映其生长地域土壤中的元素组成情况。因此，可以通过分析农产品中矿物元素的组成和含量，进行产地鉴别。筛选与农产品产地密切相关的、稳定的矿物元素作为溯源指纹信息是研究的关键。

8.2　矿物元素指纹产地溯源技术的特点

　　（1）矿物元素指纹产地溯源技术样品前处理简单，检测速度快，检测成本相对比较低。

　　（2）矿物元素是农产品的基本组成成分，种类多，运用矿物元素指纹分析技术进行产地溯源应用范围广。

　　（3）检测矿物元素含量的方法成熟，电感耦合等离子体原子发射光谱法（ICP-AES）和电感耦合等离子体质谱法（ICP-MS）是测定矿物元素含量的主要方法，可以同时测定多种元素含量，加快矿物元素含量分析速度。同时，原子吸收和原子荧光元素分析法可以辅助测定部分元素含量。

　　（4）农产品中的矿物元素与其他成分相比更加稳定，受储藏时间和存放方式的影响较小，提高了产地溯源的准确性。

　　（5）在研究矿物元素指纹产地溯源技术的同时，获得的不同地域来源的农产品中矿物元素的组成和含量特征，可为各地农产品资源的开发利用提供基础数据和依据。

8.3　矿物元素指纹产地溯源技术的方法

8.3.1　矿物元素指纹产地溯源的基本目标

运用矿物元素指纹产地溯源技术的目标：一是确定农产品的地域来源；二是满足消费者了解产品真实度的需求；三是与利益相关者和消费者进行信息交流；四是提高相关政府部门的监管能力。

8.3.2　矿物元素指纹产地溯源应考虑的基本要素

进行溯源研究的人员一方面要充分考虑溯源的目标和相关法律、政策，另一方面针对溯源的农产品要充分了解产品的特性和品质特征。

8.3.3　矿物元素指纹产地溯源的基本步骤

1）确定溯源的农产品和地域范围

确定溯源对象和溯源地域，了解农产品品质特性和当地相关情况，查找文献，掌握目前国内外溯源对象与地域有关的溯源指标。

2）采集溯源地域样本

在溯源地域范围内选择代表性地域，采样点的选择数量尽可能多，覆盖面尽量广，且尽可能连续多年采集大量具有代表性的样本和土壤。采样方法要符合不同样品采集的特殊要求。

3）样品的预处理

根据测定矿物元素方法的要求，对样品进行相应的预处理，处理过程中避免引入或损失被测元素，目前常用的样品消解方法有微波消解、电热板消解、石墨炉消解等，由于微波消解具有消解速度快、试剂用量少、污染少、节能省电等优点，应用范围越来越大。

4）测定元素含量

针对不同农产品的特性及加工过程，选择测定不同种类的矿物元素。目前用于测定农产品中矿物元素的方法主要包括分光光度法、高效离子色谱法（HPIC）、中子活化分析法（NAA）、原子吸收/发射光谱法（AAS/AES）、原子荧光光谱法（AFS）、X射线荧光光谱法（XRF）、电感耦合等离子体原子发射光谱法（ICP-AES）、电感耦合等离子体质谱法（ICP-MS）。由于测定涉及矿物元素种类较多，能够实现多元素同时准确测定是基本要求，因此测定方法多为 ICP-OES/AES、ICP-MS，可同时测定几十种元素，且检测限低，重复性好，尤其是 ICP-MS。ICP-MS 是一种广泛应用于分析化学领域的多元素分析技术，适用于稻米的分析，它比其他的分析技术具有更高的选择性、灵敏度及更低的检出限，具有半定量和全定量两种多元素分析模式。虽然半定量分析是 ICP-MS 独具的分析功能，但是全定量分析在矿物元素的检测中具有更重要的作用。使用 ICP-MS 多元素快速分析对于进行水稻产地鉴别系统的研究具有重要的意义。

5）分析筛选地域特异性指标

结合研究区域的土壤、地质资料，研究溯源对象对矿物元素的富集特征，分析不同地域之间矿物元素指纹信息的差异特征。结合方差分析（ANOVA）、多重比较分析等统计学方法初步筛选溯源指标。

6）建立判别模型

结合化学计量学方法，选出具有"指纹"特性的元素组合，用多年的数据不断验证，建立各产地稳定的判别模型。判别模型的准确、稳定是应用矿物元素分析技术进行产地溯源的关键。目前，采用的化学计量学方法有线性判别分析（LDA）、相似分类法（SIMCA）、偏最小二乘判别法（DPLS）、人工神经网络（ANN）、聚类分析（CA）、K 最邻近节点算法（KNN）等；使用的化学计量学分析软件主要包括 SPSS、SAS、Unscrambler、Statistica、Matlab 等。

7）验证判别模型

结合交叉验证等方法，利用采集的已知地域的样品检验所建立的判别模型的有效性。

8）建立数据库

从不同地域采集大量样本，检测其中作为溯源指标的元素含量，建立各地矿物元素指纹数据库。先在一个有限的范围内建立数据库，再不断扩大范围。某地域理想的数据库应覆盖本地域内所有地区，数据库还需要不断地更新。

9）判别和举证

测定未知产地样品中的矿物元素含量，将测定的数据代入判别模型中，鉴定农产品的产地。

8.4 矿物元素指纹分析技术在农产品产地溯源中的应用

国内外学者近年来对矿物元素指纹产地溯源方法的建立进行了相关研究。矿物元素指纹溯源技术在茶（Mareos et al.，1998；Tamara et al.，2010）、葡萄酒（Fernanda et al.，2008；Schlesier et al.，2009；Gonzalvez et al.，2009）、咖啡（Weckerle et al.，2002）、小麦（Husted et al.，2004；Zhao et al.，2011）、牛羊肉（Gonzalvez et al.，2009）等食品的产地溯源中应用较多，判别效果较好，对原产地的正确判别率在90%以上。对于不同地域来源、不同数量的农产品，筛选的矿物元素指标不尽相同。Branch 等（2003）利用电感耦合等离子体质谱仪测定了来自美国、加拿大和欧洲的20个小麦样品，筛选得到 Cd 和 Se 作为溯源指标，结合同位素判别分析对样品的正确判别率为100%；Yasui 和 Shindoh（2000）采用 ICP-AES 和 ICP-MS 测定了来自日本27个不同区域34个大米样品中的 P、K、Mg、Ca、Mn、Zn、Fe、Cu、Rb、Sr、Al、Cr、Co、Ni、Mo、Cd、Ba、Pb 和 Cs 19 种元素的含量，多元统计分析结果表明，利用 P、K、Mg、Ca、Ba、Ni、Mo、Mn、Zn、Fe、Cu、Rb 和 Sr 13 种元素含量可将不同产地的大米样品正确归类。而利用 Ba、Ni、Mo、Mn、Zn、Fe、Cu、Rb 和 Sr 9 种元素含量可以有效区分来自日本 Tohoku、Kanto 和 Hokuriku 地区的大米样品；Kelly 等（2002）对来自美国、欧洲和印度巴斯马蒂地区 73 个大米样品进行矿物元素测定，利用多元方差分析筛选出 B、W、Ho、Rb、Gd、Mg 和 Se 7 种元素作为溯源指标，判别分析表明它们对样品产地的正确判别率为100%；Gonzálvez 等（2011）建立了矿物元素指纹溯源方法，对巴西、印度、日本、西班牙大米样品进行了产地溯源；而我国对于大米的矿物元素产地溯源报道很少，仅见对台湾大米和福建省内 9 个不同地域大米进行溯源方法判别研究（Wang and Sun，2011；Li et al.，2012）。

Conde 等（2002）将火焰原子吸收光谱（F-AAS）和 AES 相结合，对葡萄酒中的 K、Na、Rb 等 11 种元素的含量进行测定，结果发现西班牙 5 个不同地区葡萄酒中的元素除了 K、Ca、Cu 外，其余含量具有显著差异，差异来源于葡萄产地的土壤类型和降雨等因素，说明葡萄酒中 Na、Mg、Fe 等 8 种元素对其产地溯源具有指导意义。Ariyama 等（2007）运用 F-AAS 和 ICP-MS 测定洋葱中 Na、Mg、Cs 等 14 种元素的含量，并结合线性判别分析（LDA）建立模型，对日本、中国、美国等国家的洋葱进行了产地判别。结果日本与其他国家的分类正确率在90%以上，能达到区分产地来源的目的。张强和李艳琴（2011）对苦荞主产区山西、甘肃、青海、四川和云南的 39 个苦荞品种中的 7 种矿物元素 Cu、Zn、Fe、Mn、Ca、P 和 Se 的含量进行统计分析，在对 7 种矿物元素进行逐步筛选的基础上，应用非参数判别的 K 最邻近节点算法进行判别分析。结果表明不同省份苦荞品种的矿物元素含量存在不同程度的差异，云南苦荞 Cu、P 含量最高；山西苦荞 Se 含量最高；青海苦荞 Zn、Fe、Ca 含量最高；四川苦荞 Cu、Zn、Fe、Ca、P 含量均最低，Mn 和 Se 含量也较低；甘肃苦荞 Mn 含量最低。Se、Mn、Zn、Ca 和 P 对苦荞分类有极显著影响，Fe 和 Cu 对苦荞判别影响不显著；判别结果回判正确率和交互验证正确率均为 97.4%。郭波莉等（2009）对中国吉林、贵州、宁夏、河北 4 大产区牛肉的 22 种元素含量进行了分析，通过逐步判别分析筛选出了 5 种元素（Se、Sr、Fe、Ni 和 Zn）判别牛肉产地来源的指标，可达到较好的判别效果。罗婷等（2008）对产自中国安徽、浙江、四川和贵州 4 地绿茶中的 Fe、Mn、Cu、Zn、Mg、K、P、Ca 和 Al 元素含量进行分析，发现 Mn、Mg、K、Ca 和 Al 对茶叶分类判别贡献较大。陈燕清等（2009）分析了 4 个地区 32 个食醋样品中的 8 种无机元素（Mg、K、Pb、Zn、Fe、Mn、Ca 和 Cu），显示其可作为食醋种类和品牌判别的测量指标之一。康海宁等（2006）应用微波消解处理样品，电感耦合等离子体质谱法测定矿物元素，分析了不同产地的 29 种茶叶中的 13 种元素（Mg、Al、P、Ca、Cr、Mn、Fe、Co、Ni、Cu、Zn、Sr 和 Pb），对数据进行聚类分析和主成分分析，对来自江西、云南、广东和福建 4 个地区的茶叶进行了产地判别。

Baxter 等（1997）检测了 112 种西班牙和英国的葡萄酒中的 35 种元素，认为 Gd、Cr、Cs、Er、Ga、Mn、^{86}Sr 在鉴别葡萄酒的产地中起了主要的作用。Gabrila（2004）通过测定来自德国 4 个不同葡萄酒产地的 88 个酒样中的 34 种元素，发现葡萄酒中的 13 种元素（As、B、Be、Cs、Li、Mg、Pb、Si、Sn、Sr、Ti、W、Y）的含量差异可以分辨来自不同产区的葡萄酒。Antonellat（2003）通过对葡萄酒中 K、Li、Rb 这三种关键元素的测定，可以区分两个来自不同地区的葡萄酒。Day 等（1994）用同位素和微量元素作为指标研究了波尔多葡萄酒的地理起源，他认为 Li、Ba、Ga、Sr 等元素在葡萄酒中的含量主要是由葡萄园的自然条件决定的，因此根据它们在酒中的含量可以很好地区分来自波尔多不同产区的葡萄酒。Korenovska 和 Suhaj（2005）认为通过检测葡萄酒中的 Ba、Ca、Co、Li、Mg、Rb、Sr、V 这 8 种元素的含量可以区分来自斯洛伐克与欧盟的葡萄酒。Viven 和 Gerard 认为元素 Sr 在葡萄酒的产地鉴别中起着十分重要的作用。

Baxter 等（1997）对来自西班牙和英国 112 个葡萄酒样品中的多种元素进行分析，发现它们在区分地域来源方面很有效。Coetzee 等（2005）测定了来自南非三个地区 40 个葡萄酒样品中的 40 种元素，通过分析得出 Li、B、Mg、Al、Se、Mn、Ni、Ga、Se、Rb、Sr、Nb、Cs、Ba、La、W、Ti、U 等元素在地区之间有显著差异，通过逐步判别分析，筛选出 Al、Mn、Rb、Ba、W、Ti 6 种元素，它们能完全区分三个地区的葡萄酒样品。Jaroslava 和 Miloslav（2005）分析了来自捷克不同地域 53 个葡萄酒样品中的 27 种元素指标，发现 Al、Ba、Ca、Co、K、Li、Mg、Mn、Mo、Rb、Sr、V 及 Sr/Ba、Sr/Ga、Sr/Mg 对葡萄酒地域的判别效果比较好，利用它们对所分析样品中白葡萄酒的正确判别率为 97.4%，对红葡萄酒的正确判别率为 100%。多元素分析也应用于咖啡、茶等饮品的溯源。Anderson 和 Smith（2002）检测了来自印度尼西亚、东非、中美洲和南美洲 160 个咖啡样品中的 18 种元素含量，并利用多元统计方法对其进行分类，结果认为多元素分析与分类技术结合能很好地判别食品的地域来源。Andrea（2005）分析了巴西东北部、中部和南部地区的咖啡、甘蔗酒中 Al、Ca、Cu、Fe、K、Mg、Mn、Na、Pb、S、Se、Si、Sn、Sr、Zn 15 种元素含量，结果表明地域之间有一定差异，但产品中的元素含量主要与加工方式有关。通过主成分分析和聚类分析可明确区分出工业与家庭制作的甘蔗酒，并可以判别出即溶咖啡与炒咖啡。Anionio（2003）等测定了来自亚洲和非洲 85 个茶叶样品中的 17 种矿物元素含量，得出利用元素指纹分析可以很好地判断茶叶的产地来源。在蜂蜜研究方面，Arvanitoyannis 等（2005）利用 AAS、HPLC、GC-MS、电子喷雾质谱分析（ES-MS）、薄层色谱法（TLC）、核磁共振（NMR）等方法对不同地域来源的蜂蜜进行各项指标的分析，指出微量元素与痕量元素分析是判断不同地域来源蜂蜜非常有效的方法。Hernández（2005）等测定了加拿利群岛 116 个蜂蜜样品中的 Fe、Cu、Zn、Mg、Ca、Sr、K、Na、Li 和 Ru 10 项元素指标，发现这些指标能很好地区分不同地区的蜂蜜样品。此外，Smith（2005）还利用多元素分析技术对大蒜的产地来源进行判别研究。多元素溯源技术在动物源食品如乳制品、肉制品、蛋制品方面的研究报道较少（Brescia et al.，2003；Bettina et al.，2005）。

8.5 矿物元素指纹分析技术在农产品产地溯源中的影响因素

矿物元素指纹分析技术研究多集中在建立溯源方法上，从不同国家、不同地域收集大量试验样品，筛选不同地域、不同种类食品的矿物元素溯源指标，实现对食品地域的判别分析。但由于矿物元素分析技术对于食品产地溯源还是一项新兴技术，大多研究还处于探索阶段，影响食品中矿物元素含量和组成的因素很多，一些关键的矿物元素含量在地域之间会有很大差异，这种差异并不是一成不变的，常会得出不确定的结论。例如，对于不同品种对农产品中矿物元素含量的变化是否有影响还不十分清楚，其在产地溯源方法判别过程中影响是否显著尚没有定论；不同地域来源农产品与土壤特征的关系还不明确；农产品的生长环境、气候环境、栽培管理措施、加工过程等因素都会影响其中矿物元素的含量和种类。

8.5.1 地域对农产品矿物元素含量和种类的影响

不同地域土壤中痕量元素的含量与组成有其典型特征，早在 20 世纪 80 年代

Laul 等（1979）就研究报道了土壤中镧系元素与植物生长过程的富集和累积作用显著相关。黄淑贞等（1990）通过比较分析湖南省香稻产地和非香稻产地土壤中的 N、P、K、Fe、Mn、Zn、Cu、Ti、Co、V、Ni、Cr 和 La 元素，并将其与稻米中的元素进行比较，证明了稻米中的元素含量与土壤特征显著相关。李莉等（2007）发现葛仙米中 Ca、Sr 含量与土壤呈正相关，表明 Ca、Sr 很容易被葛仙米同化吸收并富集。Cd 被认为是水稻生长代谢过程中的非必需元素，但水稻能够显著吸收土壤中的 Cd，富集在其根和叶上，二者之间存在线性关系，并主要受土壤 pH 影响。因此，Cd 被认为是产地溯源方法中的有效溯源指标（Morales et al.，1993；李军，2012）。Co 含量也与土壤含量显著正相关，植物从土壤中吸收 Co，迁移到叶中富集。而 Ti 则不被植物利用，并不发生迁移变化（Kabata et al.，2001）。Suzuki 和 Iwao（1982）从美国得克萨斯州休斯敦市采集了 51 个大米样本及其对应的土壤，利用 AAS 检测了样品中 Cd、Cu 和 Zn 的含量。结合相关分析发现大米样品中 Cd、Cu 和 Zn 的含量与土壤样品中相应元素的含量没有特定的关系。Škrbić 和 Onjia（2007）于 2002 年从塞尔维亚所有小麦种植区采集了 431 份小麦籽粒样品，利用 AAS 测定了样品中元素 Fe、Mn、Zn、Cu、Pb、As、Cd 和 Hg 的含量。结果表明元素 Fe、Pb、Cd、Hg、Mn 和 Zn 在不同产地小麦籽粒中含量差异显著；而 Cu 和 As 含量在不同产地样品中分布较一致。Husted 等（2004）在丹麦三种典型的不同肥力的农作土壤（沙土、壤砂土）上种植了三个不同品种的春大麦；利用 ICP-MS 测定了样品中元素 B、Ba、Ca、Cu、Fe、K、Mg、Mn、Na、P、S、Sr 和 Zn 的含量；不考虑不同肥力的土壤和不同栽培措施引起的大麦中元素指纹的差异，仅考虑基因型是否可以形成独特的元素指纹。分析结果显示，不同基因型大麦中各种元素含量没有显著差异，而土壤、气候和栽培措施对大麦中元素含量影响较大，仅考虑基因型的影响不能形成独特的元素指纹。Nkikarinen 和 Mertanen（2004）分别于 2001 年和 2002 年 8 月将蘑菇菌根种植在芬兰两个不同地球化学区，共得到 19 个蘑菇样品，并采集了表层土壤（0～20cm）和母质土壤（20～60cm）样品。分别利用 ICP-MS 和 ICP-AES 测定蘑菇和土壤样品中的 25 个元素含量（Ag、As、B、Ba、Be、Cd、Co、Cr、Cu、Mo、Ni、Pb、Rb、Se、Sr、V、Zn、Ca、Fe、K、Mg、Mn、Na、P 和 S）。结果发现，自然地质和地球化学影响食用菌中的痕量元素含量。Almeida 和 Vasconcelos（2003）采集了葡萄牙两个葡萄园中的葡萄和土壤样品，利用采集的葡萄制作葡萄酒。用 ICP-MS 测定了葡萄酒和土壤样品中的 Al、Ba、Be、Ca、Cd、Cr、Cs、Cu、Fe、Ga、Li、Mn、Nb、Ni、Pb、Rb、Sr、Th、Tl、U、V、Zn、Zr、La、Ce、Pr、Nd、Sm、Eu、Gd、Tb、Dy、Ho、Er、Tm、Yb 和 Lu 等元素的含量。结合 Pearson 相关分析，结果发现，排除元素 Al、Fe 和 Ca 后，葡萄酒中元素含量和土壤样品中总元素含量存在极显著相关（$P<0.01$）。

袁继超（2006）通过测定武夷山风景区茶园 0～10cm、10～20cm、20～40cm、40～60cm 不同深度土壤中 Ca、Mg、Fe、Cu、Mn、Zn、Ni、Pb、Cr、Cd 等 10 种元素含量，研究岩茶土壤中微量元素的剖面分异特征及岩茶种类和利用年限对岩茶土壤中微量元素的影响。结果表明：①不同元素含量在 0～60cm 内不同土层之间垂直分异不明显，并呈不同的变化规律，Ca、Mg 含量呈现下层富集的趋势，Cr、Ni、Cu 含量在 40cm 以下土层逐渐升高，Mn、Zn 含量在 40cm 以下土层逐渐降低，Cd、Pb 有表层富集现象。②不同元素含量之间呈现出一定的线性相关关系，除 Mn 以外，其他 9 类元素之间的相关系数均大于 0.900。③种植年限相同而岩茶种类不同，土壤中微量元素含量基本无显著差异（$P>0.05$）；不同元素含量随岩茶利用年限的增加而增大，且达显著水平（$P<0.05$），与 8 年相比，22 年岩茶土壤中 Fe 和 Mn 含量增加幅度不大，Ca、Mg、Cu、Zn、Ni、Cd 和 Cr 含量增加幅度中等，而 Pb 含量增加幅度较大。施肥是岩茶土壤中微量元素增加的主要原因。

以上研究表明，地域与农产品中矿物元素含量相关，对不同元素的影响程度与种类密切相关。不同研究者筛选的与地域相关的元素不同，目前研究并未筛选出水稻与地域、土壤密切相关的产地溯源元素。

8.5.2 品种对农产品矿物元素含量和种类的影响

农产品中矿物元素溯源指标的筛选不仅和地域有关，而且和品种有关（Oury et al., 2006；Jiang et al., 2008；Zeng et al., 2010）。对分别来自西班牙、日本、巴西和印度的 107 份不同品种大米测定了 Al、As、Ba、Bi、Cd、Ca、Cr、Co、Cu、Fe、Pb、Li、Mg、Mo、Mn、Ni、K、Se、Na、Sr、Tl、Ti、Zn、La、Ce、Pr、Nd、Sm、Eu、Ho、Er 和 Yb 等 32 种元素含量，发现品种对大米中矿物元素含量差异有影响（Gonzalvez et al., 2011）。也有研究表明，利用不同品种中元素含量差异能够进行品种鉴定研究（Kokot and Phuong, 1999；Suzuki, 2008）。我国胡树林等（2001）发现同一产地不同品种中矿物元素含量有所不同，'江永香稻'的 Zn、Mn、Cr 含量均比普通稻米及'香稻 80-66'的含量高，说明品种对大米中矿物元素含量差异有影响。Zhao 等（2009）将 26 个小麦品种种植在 6 个不同的环境中，利用 ICP-MS 和 ICP-AES 测定了小麦样品中 Fe、Zn 和 Se 元素的含量；分析由基因型决定的小麦籽粒中元素含量的差异。结果表明，不同基因型小麦籽粒中 Fe、Zn 浓度存在极显著差异（$P<0.01$）；而 Se 浓度受土壤中 Se 含量影响较大，在不同品种间差异不显著。张勇等（2007）将 240 个小麦品种和高代品系于 1997～1998 年种植在试验田间，收获后利用 ICP-OES 分析籽粒样品中 Fe、Zn、Mn、Cu、Ca、Mg、K、P、S 等元素含量。结果显示，不同品种小麦样品中矿物元素含量均存在明显差异。Lyons 等（2005）收集了澳大利亚和墨西哥的小麦品种，将其种

植在相同的条件下，分析不同基因型间 Se 含量的变异。研究结果表明，Se 含量在现代商业面包小麦、杜伦麦、黑小麦和大麦之间无显著差异；小麦籽粒中 Se 含量主要依赖于土壤中有效 Se 含量。Özdemir 等（2001）分析了土耳其 5 个杂交榛子品种中的 Fe、Cu、K、Zn、Na、Mg 和 Ca 的含量；方差分析结果显示，不同品种间这 7 种元素含量差异显著。Belane 和 Dakora（2011）分析了 27 个品种豇豆的食用叶和籽粒中元素 P、K、Mg、S、Fe、Zn、Mn、Cu 和 B 的含量；结果表明，不同品种样品元素间含量差异显著。Arivalagan 等（2012）在印度新德里的试验田中种植 25 个茄子品种，由田间试验得到茄子样品，分析不同基因型样品间元素 K、Mn、Cu、Fe 和 Zn 含量的差异。结果显示，不同基因型间这 5 种元素的含量差异显著。

通过上述文献研究发现，品种影响着农产品中矿物元素含量，对每种元素的影响大小与元素种类有关。目前研究品种对农产品中元素含量影响的报道中，不同研究人员的研究对象不同，同一研究对象研究的矿物元素种类也不尽相同，目前针对某一农产品筛选与品种有关的矿物元素种类尚无统一定论。

8.5.3　年份对农产品矿物元素含量和种类的影响

目前尚无单独针对年份与农产品矿物元素含量和种类关系的研究报道。张仕祥（2010）为了明确我国不同年份、品种和种植区域烤烟中 Mn、Fe、Cu、Zn、Ca 和 Mg 含量间差异，以及烟叶中元素间相互关系，测定了 2004 年、2005 年、2007 年和 2008 年全国不同品种和种植区域的烤烟 C3F 等级烟叶中微量营养元素含量并分析了元素含量间的相关性。结果表明：①我国烤烟中微量营养元素 Cu 含量的变异系数最大，Ca 含量的变异系数最小。Cu 和 Mn 含量的变异系数大于 60%，Fe 和 Zn 的变异系数为 40%～50%，Mg 和 Ca 的变异系数小于 30%。不同品种系列的 6 种元素平均变异系数以 'K326' 系列最大，为 48.46%，'翠碧' 系列最小，为 24.82%。②烤烟烟叶元素含量年际变化大，元素含量受种植品种和种植区域等因素的影响。烤烟元素含量分布具有明显的地域性，黄淮烟草种植区的烟叶 Fe、Ca 和 Mg 含量高，东南烟草种植区的烟叶 Fe、Ca 和 Mg 含量低，Zn 含量高；长江中上游烟草种植区和西南烟草种植区的烟叶 Mn、Cu 含量高。③烟叶中 Ca 和 Mg 含量与 Mn 和 Zn 含量呈极显著负相关；与 Fe 含量呈极显著正相关。

8.5.4　农业管理措施对农产品矿物元素含量和种类的影响

农产品中的矿物元素含量和组成受到农业管理措施的影响。种植农产品的土壤千变万化，不同品种对各种元素的选择性吸收不同，使得农产品中的元素种类和含量有了先天的不同，这也是研究农产品中矿物元素和产地相关性的基础。然而在农产品农业管理中，杀虫剂、杀菌剂、各种化肥的使用也都会影响农产品中矿物元素的含量和种类。因此，研究施肥和喷药对矿物元素的影响对于研究矿物元素与产地的相关性是十分重要的。

罗梅（2009）等认为葡萄酒中含有的 Mn、Cu、Zn 离子来源于土壤，但是一些杀菌剂（如波尔多液、代森锰锌等）的使用会使葡萄酒中 Mn、Cu、Zn 含量增加。此外，Emilio（2003）认为葡萄酒酿酒设备中含有的 Cu、Zn 离子会进入葡萄酒，使得葡萄酒中这两种元素的含量增加。Petr（2005）认为环境污染可能会导致葡萄酒中 Mn 的含量增加。Fe、Cr 在葡萄酒中的存在主要来源于不锈钢的发酵罐、储酒罐及钢制的运输管道。但是 Baxter 等（1997）在区分来自不同产区的西班牙葡萄酒时，把 Mn 也作为鉴别产地的重要元素之一。Taylor（2001）和 Gremand（2004）认为元素 Sr 在葡萄酒的产地鉴别中起着十分重要的作用。但是，有的研究也得出了相反的结论。如 Kment（2005）认为环境的污染会导致葡萄酒中 Sr 和 Ti 元素含量的增加。

农药在植物体内通过一定的方式对植物的生理生化产生影响。余月书（2008）等研究杀虫剂吡虫啉胁迫对水稻植株可溶性糖、游离氨基酸及钾、钙、镁、铁、铜、镁、锌等矿物元素含量的影响。结果表明，吡虫啉对水稻可溶性糖含量有明显的影响，同品种不同部位之间差异明显，叶片可溶性糖含量显著或极显著高于茎秆；吡虫啉处理后不同品种茎秆氨基酸含量变化不同，'武粳 15'施药后 14d、21d 茎秆氨基酸含量显著低于对照；而'丰优香'施药后氨基酸含量则显著高于对照。吡虫啉对水稻不同矿物元素含量的影响不同，有些元素施药后呈显著上升的趋势，而有些则显著下降；同一元素在不同品种中的含量变化趋势也不同。于锐（2013）研究了长期不同施肥对黑土微量元素含量的影响。结果表明，与 CK 相比，化肥或有机肥、化肥混施均提高了微量元素有效态含量，但化肥对有效 Mn、Fe 含量的影响明显，有机肥、化肥混施则对有效 Cu、Zn 含量的影响更明显。有效 Mn、Fe 含量主要受 pH 和黏粒（<1μm）影响；有效 Cu、Zn 含量主要受土壤有机碳（soil organic carbon，SOC）影响。与休闲处理相比，施肥与耕作均提高了微量元素总量，其中化肥单施显著提高总 Mn 含量；有机肥、化肥混施则明显提高总 Fe、总 Cu、总 Zn 含量。微量元素总量受土壤机械组成影响，其中 5～10μm 和 30～100μm 粒级影响显著。耕作降低颗粒 Mn 含量，化肥提高颗粒 Mn 含量；有机肥、化肥混施则明显提高颗粒 Fe、Cu、Zn 含量。颗粒 Mn 主要受黏粒（<1μm）和微团聚体（10～30μm）影响；颗粒 Fe 含量主要受土壤有机碳（SOC）和黏粒（<1μm）影响；颗粒 Cu、Zn 含量主要受 SOC 含量影响。黑土中 Cu、Zn 自我调节能力较强，颗粒态 Cu、Zn 是其有效态的来源之一，颗粒态起"临时周转站"作用。俞小鹏（2013）以油茶（*Camellia oleifera* Abel.）为试验材料，研究了施用氮、磷、钾肥对油茶生长、产量及油茶叶片 N、P、K、Fe、Mn、Cu、Zn 等营养

元素含量的影响。结果表明：施肥可促进油茶树高、冠幅和地径的生长，影响顺序为 N>P>K。施肥后，油茶叶片中 Fe、Mn、Cu 呈上升趋势，N、P、K、Zn 整体上呈下降趋势。叶片中 N、P、K 元素之间呈正相关关系，这三种元素与 Fe、Mn、Cu 呈负相关关系；元素 Fe、Mn、Cu 之间呈正相关，但这三者与元素 Zn 呈负相关。任顺荣（2000）等在 25 年长期定位试验研究基础上，分析了无肥、N、NP、NPK、N+有机肥和 N+秸秆 6 个不同施肥处理的 0～20cm 土壤微量元素 B、Fe、Mn、Cu 和 Zn 的质量分数变化。结果表明：不同施肥处理的土壤有效 B 和有效 Zn 均增加，分别是试验基础数值的 2.9～4.7 倍和 1.0～4.7 倍。N+有机肥处理质量分数最高，无肥处理最低。有效 Fe、Mn、Cu 的质量分数，除 N+有机肥处理的 Fe 和 Cu 分别增加了 0.95mg/kg 和 0.43mg/kg 以外，都呈现出下降的趋势。各处理的土壤全量 Fe 呈减少趋势，全量 Mn、Cu 和 Zn 除无肥处理和 Cu 除单施 N 肥处理稍有减少以外，都呈现增加的趋势。全量 Cu 和 Zn 以 N+有机肥处理质量分数最高，N+秸秆和施用 NP 肥处理次之。施用以垃圾、畜禽废弃物为原料的有机肥及施用 P 肥等可以增加土壤微量元素，施肥是影响土壤微量元素质量分数变化的重要因素。

李侠（2012）选取江苏省代表性粳稻品种，通过盆栽试验研究叶面微肥对水稻籽粒 Fe、Zn、Cu 和 Mn 等微量元素含量的影响，选用'武育粳 3 号''武运粳 7 号'和'宁粳 1 号'三个水稻品种，设置 4 种微量元素肥料、三个浓度和三个时期共 75 个叶面微肥处理，研究叶面微肥对粳稻籽粒微量元素积累的影响。叶面喷施微肥处理下，糙米中 Fe、Zn、Cu 和 Mn 的含量较对照均显著提高，精米中所呈现规律与糙米一致。其中，不同时期叶面喷施硫酸铁条件下，不同品种糙米中 Fe 含量与对照相比增加最高达到 46.6%，精米中 Fe 含量与对照相比增加最高达到 64.7%。不同时期叶面喷施硫酸锌肥条件下，糙米 Zn 含量与对照相比最高增加了 96.7%，精米中 Zn 含量与对照相比最高增加了 80.3%。叶面喷施微肥对提高稻米中不同微量元素的含量有一定的促进作用。选用'武育粳 3 号'和'武运粳 7 号'两个水稻品种，设置三种不同形态的铁肥（无机态的硫酸铁、络合态 EDTA-Fe 和氨基酸铁）、三个浓度和三个时期等处理的田间试验，研究叶面铁肥对粳稻籽粒铁含量的影响。结果表明，糙米中 Fe 元素的含量在齐穗后 1 周喷施铁肥条件下，增加的效果优于孕穗期和齐穗期，高浓度处理下 Fe 含量的增加效果更显著。精米中 Fe 含量变化规律与糙米一致。施不同形态铁肥条件下，喷施低浓度的无机态硫酸铁，糙米中 Fe 含量增加效果较好，而精米中 Fe 的含量在氨基酸铁处理下效果较好。选用'武育粳 3 号'和'武运粳 7 号'两个水稻品种，设置两个氮肥水平、三个锌肥浓度和三个时期等处理的田间试验，研究叶面锌肥与氮肥互作对粳稻籽粒锌含量的影响。结果表明，叶面喷施锌肥处理下，水稻糙米和精米中 Zn 的含量有明显的提高，与对照相比差异达到显著水平，在不施氮处理下，糙米和精米中 Zn 含量明显高于施氮处理下的 Zn 含量，而且高浓度的叶面喷施锌肥处理下糙米和精米中 Zn 含量的提高效果优于低浓度。叶面喷施锌肥处理下，籽粒中植酸含量略有上升，与不施氮相比，高氮条件下籽粒中植酸含量下降。品种之间在结实率对锌肥的响应上存在显著差异，'武运粳 7 号'相对不敏感，而'武育粳 3 号'更易受锌肥处理影响。吕倩（2010）通过 2008 年浙江龙游水稻铁肥田间试验及 2008 年、2009 年浙江绍兴水稻锌肥田间试验，分别研究了新型铁、锌肥对水稻籽粒铁锌营养的影响。结果表明，叶面喷施 Fe（Ⅱ）-AA（氨基酸铁肥）能显著提高富铁水稻糙米、精米铁含量。与对照喷清水相比，供试水稻糙米、精米总体平均铁含量分别显著提高 14.47%、19.46%。不同品种水稻糙米、精米铁含量提高幅度不同。'日本晴'突变体糙米、精米铁含量提高幅度最大，分别显著提高 29.62%、34.62%。叶面喷施 Fe（Ⅱ）-AA 能提高稻米品质。其中，蛋白质含量提高幅度为 0.34%～8.46%。糙米、精米铁含量存在显著正相关，相关系数为 0.55（$n=48$）。说明有可能通过研究糙米铁含量反映精米铁含量状况。与普通锌肥 $ZnSO_4 \cdot 7H_2O$ 相比，分别与大量元素磷钾、氮复合的新型液体锌肥 Omex-Ⅰ-Zn、Omex-Ⅱ-Zn 更能提高水稻糙米锌含量。喷施 Omex-Ⅰ-Zn、Omex-Ⅱ-Zn 处理糙米锌含量分别比对照显著提高 14.01%（2008 年）和 43.62%（2009 年）、19.99%（2008 年）和 33.17%（2009 年）。土施+喷施 0.5% $ZnSO_4 \cdot 7H_2O$ 比单一土施锌肥更能显著提高糙米锌含量，促进糙米多吸收 10.57%～23.11%锌。张睿（2004）在不同肥力水平和结构下对不同肥量籽粒中部分微量元素含量变化进行研究，结果表明：施肥量大小和肥料构成对小麦籽粒中微量元素含量有明显的影响，在低肥水平下籽粒中 Mn、Zn 和 Fe 含量增加，其中 Zn 的增幅超过一倍，Cu 和 Al 含量降低；在中肥水平下微肥用量增加一倍，籽粒中 Mn 含量高 11.2%，Al 和 Zn 含量分别降低 50%和 30.1%，Fe 和 Cu 元素含量变化不大，调节其他肥料量和结构，籽粒中 Mn、Zn、Cu 含量降低；在高肥水平下增加钾肥，有利于籽粒中 Mn、Zn、Fe、Al 含量积累，分别高 23.2%、16.2%、33.9%和 58.6%，而 Cu 含量变化不大。在中肥投入水平下调节氮肥，籽粒中微量元素含量随着肥力水平提高而降低，在高肥投入水平下减少氮肥用量有利于籽粒中 Fe、Al 和 Zn 的积累，Fe 含量变化最大，增加 2.14～2.63 倍，Al 含量提高 63.7%～65.7%，锌含量提高 13.3%～17.5%，铜的含量变化不大。锰含量随着磷肥用量的增加而增加。

通过上述文献研究发现，不同农业管理方式影响着农产品中某些矿物元素含量，杀虫剂和化肥的使用种类和用量均影响矿物元素的含量和种类。目前研究杀虫剂和化肥对农产品中元素含量影响的报道中，研究人员主要针对主要微量元素的影响进行研究，而对于农业管理方式对农产品产地溯源相关的矿物元素的影响尚未展开研究。因此，研究施肥和喷药对矿物元素的影响对于筛选与产地的相关的矿物元素是十分重要的。

　　综上所述，农产品中矿物元素指纹信息受产地、品种、年际和施肥喷药等因素影响，是自然因素和人为因素共同作用的结果。目前对农产品中矿物元素含量的研究，主要以农产品种植过程中所需的微量元素为主，研究的元素种类较少，而以产地鉴别为目的的研究尚未见公开报道。因此，要获得用于产地溯源的大米矿物元素有效鉴别指标，需进行大米矿物元素指纹特征形成的机制研究，筛选与产地直接相关的矿物元素作为产地溯源指标，为建立切实可行的大米矿物元素指纹分析方法提供理论依据。

第9章 化学计量学方法的分类及其在 产地溯源中的应用

化学计量学（chemometrics）是一门由化学与统计学、数学、计算机科学等学科交叉所产生的化学学科分支，它运用统计学、数学、计算机科学及其他相关学科的理论与方法，优化化学测量过程，并从大量的试验数据中最大限度地提取有用的化学及其相关信息。在实现分析工作者由过去单纯的"数学提供者"转变为"问题解决者"的同时，也促进了分析仪器的智能化、自动化。自瑞典化学家Wold 提出"化学计量学"概念以来，化学计量学方法的发展主要表现为发展了化学数据解析的新理论和新方法，实现化学计量学方法在生物、化学、食品等各个领域的应用研究，包括光谱、色谱、质谱等方面。计算机技术的发展简化了复杂计算的编程处理，即计算过程。传统的程序设计语言如 BASIC、C 语言等对操作人员有较高的要求，采用这些高级语言对大量矩阵计算进行编程很不方便，新一代高级语言 Matlab，可将大量计算机编程简化，直接用写简洁矩阵计算式来进行计算，具有语言代码简单易懂、稳定性好和易操作等优点，从而节省了大量时间。在化学计量学众多的应用方法中，因子分析、偏最小二乘（PLS）、主成分分析（PCA）、反向传播人工神经网络（BPANN）等方法已广泛用于各种指纹图谱分析及定量测定。

9.1 主成分分析

主成分分析（PCA）是一种常用于数据压缩和探索性分析的计量学方法，是霍特林于 1933 年首次提出的，通过研究指标体系的内在结构关系，把多指标转化成少数几个互相独立而且包含原有指标大部分信息（80%以上）的综合指标的多元统计方法。是用于多元数据中探寻其规律的基本方法，PCA 是无监督的模式识别方法，在分析前不需要知道数据的聚集类型和特点，需要先直接对样本量测数据矩阵 X 进行分解，主成分分解一般采用非线性迭代偏最小二乘法或奇异值分解法。它将原始变量转换为正交的变量，在最大限度保持原始数据信息的情况下，提取主成分（得分向量或潜变量）来投影，在投影图中得到样品间的分类情况，然后进行判别分析。由主成分定义的新的亚空间使模型的解释性相比原始变量更容易，样品在主成分得分投影图上的分布使全局信息的可视化更加清晰简便，样本之间相似度的检测更加容易（相似的样本在空间上处于相似的位置），能检测出异常值的存在（远离所有的其他样品）或聚类的存在；另外根据载荷图可以解释原始变量对于主成分的贡献及对样本聚类的影响。Ni 等（2011）利用 PCA 方法分析了薯片的近红外光谱，得到其前三个主成分占总贡献率的 98.3%。康海宁等（2006）利用 ICP-MS 考察了不同产地、不同种类茶叶中的 Mg、Al、P、Ca、Cr、Mn、Fe、Co、Ni、Cu、Zn、Sr 和 Pb 共 13 种矿物元素的含量，结合主成分分析和聚类分析对来自江西、云南、广东和福建 4 个地区的茶叶进行了产地识别，结果发现江西、云南和福建的茶叶可以明显分开，只有一个广东样品与福建武夷样品没有分开，对不同种类的茶叶也进行了区分，结果令人满意。PCA 易受噪声的干扰，且只用于对线性体系的研究。

9.2　系统聚类分析

系统聚类分析（HCA）假设变量的同方差性和正态分布，所有变量的同等权重要求数据的标准化。不同样品的数据参数之间的比较使样品彼此之间按相似度聚类，通常使用的连接准则是 Ward's 方法，连接准则通过相似性矩阵迭代连接相邻的样本。起始聚类是通过连接两个相似度最大的样本形成，Ward's 方法不同于其他方法是因为它是通过方差分析来评价类别之间的距离，而欧氏距离是由多个变量所定义的多维空间内样本之间的直线距离来定义，通常被选择为相似度评价的依据，聚类分析的结果通常以系统树状图的形式表示。

9.3　判别分析方法

判别分析方法也是有监督模式识别方法，包括线性判别分析（LDA）、二次项判别分析（quadratic discrimination analysis，QDA）与弗里德曼判别分析（Friedman's discrimination analysis，FDA）。LDA 是最常见、最简单的判别分析方法，该方法将不同类样品编为 0、1、2 等标号，通过由训练集提取出的线性关系进行预报组样品的分类。在 LDA 中，假设每一类的数据均符合正态分布，即类别之间是线性可分的。线性判别分析的目的是寻找原始变量线性组合的判别函数，以最大化组间方差和最小化组内方差，这就是著名的 Fisher 准则；当变量数大于类别数时，则判别函数为类别数减 1。判别函数的缺点是它假设样本的数目远大于变量的数目是适合的，当不符合上述条件时，通常采用主成分分析、正规化线性判别分析、逐步线性判别分析或者特征提取的方法压缩变量来符合线性判别分析的要求。此方法已被用于食品产地溯源的产地判别中。Di 等（2007）应用 ICP-MS 测定了马铃薯中的 Mg、Cr、Mn、Fe、Ni、Cu、Zn、Sr、Cd 和 Ba 10 种元素的含量，运用线性判别分析（LDA）对不同产地和不同品种的马铃薯进行了判别。根据这 10 种元素的含量能准确判别来自意大利福奇诺和阿布鲁佐的马铃薯，对阿布鲁佐 4 个不同省份的马铃薯分类准确率达到了 92.3%，对三个不同品种马铃薯的分类准确率达 96.7%。Garcia-Ruiz 等（2007）利用 ICP-MS 和 ICP-AES 对苹果酒中 34 种微量元素和 4 种常量元素的含量进行了测定，最终选取具有显著差异的 14 种元素，并结合 $^{87}Sr/^{86}Sr$ 同位素丰度，运用 PCA 和 LDA 对来自英国、瑞士、法国和西班牙 4 个国家的苹果酒进行了产地鉴别。结果鉴别准确率达到 100%。Ruoff 等（2006）采用中红外光谱结合 LDA 对不同国家的蜂蜜进行了识别，结果表明瑞士、德国和法国三个国家的洋槐蜜能明显区分开。

偏最小二乘判别分析（PLS-DA）也是一种常见的判别分析方法，将 PLS 引入 DA 中，可以有效提高预报的准确率。Dupuy 等（2005）应用同步激发发射荧光光谱（SEEFS）对意大利 5 个原产地保护区的初榨橄榄油进行了鉴别。采用偏最小二乘回归能准确区分 5 个不同产区的橄榄油。该方法被应用于葡萄酒、蜂蜜及柑橘的分类分析中。

9.4 相似分类法

相似分类法（SIMCA）是基于主成分分析的一种有监督模式识别方法，主旨是通过主成分分析为每一类建立一个置信界限，然后将未知类别的样品投影到每一主成分空间，通过样品和每一类的拟合程度来判别。在相似分类法中选择最佳的主成分数是一个关键点，通常由留一法交叉验证实现，未知样品的归属分类以 Cooman 图的形式表示，计算出每一样本在得分空间的马氏距离及正交距离。其中每一绝对中心距离（马氏或者正交距离）的缺省临界值通过交叉验证得分值的方法确定，定义为三倍的标准偏差；通过设定临界值使中心距离 99.9%范围内的样品在三倍标准偏差范围内。通俗地讲，每一样本通过分别拟合每一主成分分析模型来确定其属于哪一类。每个样本的数据信息均由分类模型及残差表达。张宁等（2008）在 830～2500nm 波长处，近红外光谱经 5 点平滑与多元散射校正预处理，采用 SIMCA 模式识别方法对山东、河北、内蒙古、宁夏 4 个产地的羊肉建立产地溯源模型，模型对验证集样品的识别率分别为 100%、83%、100%、92%。

9.5 人工神经网络

人工神经网络（anificial neural network，ANN）是一种通用、高效的数据处理方法，是在计算机技术基础上模仿生物神经网络建立起的数学模型。它可以用于模式识别，也可以用于校正预报。ANN 可以处理线性体系，也可以用于处理非线性体系，既可以用于有监督模式识别，又可以用于无监督模式识别。一个完整的 ANN 模型包括输入层、隐含层及输出层，隐含层中核函数决定了该神经网络的类型及特点。常见的有反向传播人工神经网络（back-error propagation ANN，BPANN）及径向基人工神经网络（radial basis function ANN，RBFANN）。在食品分析和食品分类研究中应用最广泛的人工神经网络是多层误差反向人工神经网络。一个典型的多层感知器通常包括输入层、隐含层和输出层三部分，输入层的节点数对应于样本的变量数，输出层的节点数与类别数相同，而隐含层的数目及隐含层的神经元数则取决于分类问题的复杂度和训练数据的数量。在一个完全连接的反向传播人工神经网络模型中，隐含层和输入层的神经元通过关联数值权重与程序层的所有节点相连接，每一神经元有一个单独的阈值（偏倚），网络中每一节点的输入输出映像通过激活函数得到，通常是 Logistic 函数。当应用反向传播算法时许多参数必须优化。使用验证集样品以评价网络的学习结果，是否网络能够对未知样品进行学习，然后对预报集样品进行预报。总的来说，训练集用来验证模型，而预报集用来验证模型的适用性。Zhang 等（2006）利用 RBFANN 对蔬菜油的物理化学性质进行模式识别，以此鉴别其优劣。

参 考 文 献

陈燕清, 倪永年, 舒红英. 2009. 基于无机元素的含量判别食醋的种类和品牌方法研究. 光谱学与光谱分析, 29(10): 2860-2863.

董炳和. 2005. 地理标志知识产权制度研究——构建以利益分享为基础的权利体系. 北京: 中国政法大学出版社.

冯寿波. 2008. 论地理标志的国际法律保护——以 TRIPS 协议为视角. 北京: 北京大学出版社.

郭波莉, 魏益民, 潘家荣. 2009. 牛肉产地溯源技术研究. 北京: 科学出版社.

郭波莉, 魏益民, 潘家荣, 等. 2007. 多元素分析判别牛肉产地来源研究. 中国农业科学, 40(12): 2842-2847.

郭奇慧, 白雪, 胡新宇, 等. 2008. 应用电子鼻区分不同货架期的酸奶. 食品研究与开发, (10): 109-110.

郭艳坤, 白雪华. 2005. 黑龙江省大米品牌整合的对策. 北方经贸, (10): 44-45.

胡桂仙, 王俊, 王建军, 等. 2011. 基于电子鼻技术的稻米气味检测与品种识别. 浙江大学学报 (农业与生命科学版), 37(6): 670-676.

胡树林, 徐庆国, 黄启为. 2001. 香米品质与微量元素含量特征关系的研究. 作物研究, 4: 12-18.

黄淑贞. 1990. 湖南香稻产地土壤特性与稻米品质的关系. 湖南农业科学, 4: 37-40.

康海宁, 杨妙峰, 陈波, 等. 2006. 利用矿质元素的测定数据判别茶叶的产地和品种. 岩矿测试, 25(1): 22-26.

李桂凤, 林澄菲, 吕潇, 等. 1994. 我国大麦品种资源淀粉含量的地理分布规律及气候生态分析. 大麦科学, (3): 11-14.

李鸿恩, 张玉良, 吴秀琴, 等. 1995. 我国小麦种质资源主要品质特性鉴定结果及评价. 中国农业科学, 28(5): 29-37.

李军, 梁吉哲, 刘侯俊, 等. 2012. Cd 对不同品种水稻微量元素积累特性及其相关性的影响. 农业环境学学报, 31(3): 441-447.

李莉, 韩鸿印, 马光明. 2007. 野生葛仙米矿物元素富集探讨. 湖北民族学院学报, 25(4): 448-451.

李侠. 2012. 叶面微肥对粳稻籽粒微量元素含量的影响及施肥技术研究. 南京: 南京农业大学硕士学位论文.

梁天宝. 2011. 基于消费认知的地理标志农产品品牌战略研究——以广东地理标志砂糖橘为例. 农村经济与科技, 22(6): 187-189.

刘晓玲, 郭波莉, 魏益民, 等. 2012. 不同地域牛尾毛中稳定性同位素指纹差异分析. 核农学报, 26(2): 330-334.

吕倩, 吴良欢, 徐建龙, 等. 2010. 叶面喷施氨基酸铁肥对稻米铁含量和营养品质的影响. 浙江大学学报(农业与生命科学版), 36(5): 528-534.

罗梅, 刘国杰, 李德美, 等. 2009. 葡萄酒中微量元素与产地的相关性. 酿酒科技, (11): 117-119.

罗婷, 赵镭, 胡小松, 等. 2008. 绿茶矿质元素特征分析及产地判别研究. 食品科学, 29(11): 494-497.

彭根元. 1994. 同位素技术. 北京: 北京农业大学出版社.

任顺荣, 邵玉翠, 高宝岩, 等. 2005. 长期定位施肥对土壤微量元素含量的影响. 生态环境学报, 14(6): 921-924.

孙淑敏, 郭波莉, 魏益民, 等.2011. 多种稳定性同位素(C、N、H)分析在羊肉产地溯源中的应用 //第四届中国北京国际食品安全高峰论坛论文集. 北京: 北京食品科学技术学会.

田良才, 李晋川, 余华盛, 等. 1996. 中国普通小麦生态区划及生态分类. 华北农学报, 11(2): 19-27.

王冬梅, 刘朝燊, 杨得坡. 2006. 指纹图谱技术对贯叶连翘提取物制备工艺过程的评价. 中国中药杂志, 31(10): 800-804.

王法中. 2008. RFID 技术在茶叶质量安全跟踪与追溯中的应用. 蚕桑茶叶通讯, (1): 34-35.

王树婷, 刘成武, 张敏, 等. 2010. 黑龙江大米类国家地理标志产品保护的思考. 土壤与作物, 26(2): 218-221.

王寅, 楼旭东.2011. 地理标志产品的品牌传播——以盘锦大米为例. 新闻世界, (6): 118-119.

王兆丹, 魏益民, 郭波莉, 等. 2010. 肉羊养殖阶段溯源指标分析. 食品与发酵工业, 36(2): 184-188.

魏益民, 郭波莉, 魏帅. 2010. 食品溯源及确证技术//2010 年第三届国际食品安全高峰论坛论文集. 北京: 北京食品科学技术学会: 10-12.

徐虹. 2005. 吉林省大米品牌整合工作的思路和实践. 中国稻米, 11(4): 43-44.

杨荣平, 王宾豪, 寿清耀, 等. 2007. 复方补骨脂缓释片药材-中间体-制剂 HPLC 指纹图谱的相关性研究. 中国中药杂志, 32(9): 855-857.

杨信廷, 钱建平, 张正, 等. 2009.基于地理坐标和多重加密的农产品追溯编码设计. 农业工程学报, 25(07): 131-135.

杨信廷, 孙传恒, 钱建平, 等.2006. 基于 UCC/EAN.128 条码的农产品质量追溯标签的设计与实现. 包装工程, 27(6): 113-114.

于慧春, 王俊. 2008. 电子鼻技术在茶叶品质检测中的应用研究. 传感技术学报, 21(5): 748-752.

于慧春, 熊作周, 殷勇. 2012. 基于电子鼻的水稻品种鉴别研究. 中国粮油学报, 27(6): 105-109.

于锐, 王其存, 朱平, 等. 2013. 长期不同施肥对黑土团聚体及有机碳组分的影响. 土壤通报, 44(3): 594-600.

余华, 吴振华.2011. 农产品追溯码的编码研究. 中国农业科学, (23): 4801-4806.

余月书, 吴进才, 王芳, 等. 2008. 吡虫啉胁迫对水稻可溶性糖、游离氨基酸及钾等矿物元素含量的影响. 扬州大学学报(农业与生命科学版), 29(1): 85-89.

俞小鹏, 白玉杰, 俞元春, 等. 2013. 施肥对油茶生长与叶片营养元素含量的影响. 安徽农业大学学报, 40(5): 731-735.

袁继超, 刘丛军, 俄胜哲, 等. 2006. 施氮量和穗粒肥比例对稻米营养品质及中微量元素含量的影响. 植物营养与肥料学报, 12(2): 183-187.

曾炼成, 沈岳, 彭佳红, 等. 2010. 基于 UHF RFID 标签的农产品可追溯系统研究. 安徽农业科学, (26): 14734-14735.

占茉莉, 李勇, 魏益名. 2008. 应用 FI-IR 光谱指纹分析和模式识别技术溯源茶叶产地的研究.

核农学报, 22(6): 829-850.

张国华. 2008. 我国地理标志战略研究. 世界标准化与质量管理, (3): 7-9.

张宁, 张德权, 李淑荣, 等. 2008. 近红外光谱结合 SIMCA 法溯源羊肉产地的初步研究. 农业工程学报, 24(12): 309-312.

张强, 李艳琴. 2011. 基于矿质元素的苦荞产地判别研究. 中国农业科学, 44(22): 4653-4659.

张睿, 郭月霞, 南春芹. 2004. 不同施肥水平下小麦籽粒中部分微量元素含量的研究. 西北植物学报, 24(1): 125-129.

张仕祥, 王建伟, 梁太波, 等. 2010. 品种、种植年份和区域对烤烟中微量元素含量的影响及元素含量间的相互关系. 烟草科技, 49(8): 14-22.

张勇, 王德森, 张艳, 等. 2007. 北方冬麦区小麦品种籽粒主要矿物质元素含量分布及其相关性分析. 中国农业科学, 40(9): 1871-1876.

赵海燕, 郭波莉, 魏益民, 等. 2011. 近红外光谱对小麦产地来源的判别分析. 中国农业科学, 44(7): 1451-1456.

赵杰文, 陈全胜, 张海东. 2006. 近红外光谱分析技术在茶叶鉴别中的应用研究. 光谱学与光谱分析, 26(9): 1601-1604.

赵岩, 王强, 吴莉宇, 等. 2010. 蔬菜质量安全追溯编码的研究. 食品科学, (17): 51-54.

Almeida C M R, Vasconcelos M T. 2003. Multielement composition of wines and their precursors including provenance soil and their potentialities as fingerprints of wine origin. Journal of Agricultural and Food Chemistry, 51(16): 4788-4798.

Amissah J G N, Ellis W O, Oduro I, et al. 2003. Nutrient composition of bran from new rice varieties under study in Ghana. Food Control, 14(1): 21-24.

Anderson K A, Smith B W. 2002. Chemical profiling to differentiate geographic growing origins of coffee. Journal of Agricultural and Food Chemistry, 50(7): 2068-2075.

Anderson K A, Smith B W. 2005. Use of chemical profiling to differentiate geographic growing origin of raw pistachios. Journal of Agricultural and Food Chemistry, 53(2): 410-418.

Arana I, Jarn C, Arazuri S. 2005. Maturity, variety and origin determination in white grapes (*vitis vinifera* L.) using near infrared reflectance technology. Journal of Near Infrared Spectroscopy, 13(6): 349.

Arivalagan M, Gangopadhyay K K, Kumar G, et al. 2012.Variability in mineral composition of Indian eggplant (*Solanum melongena* L.) genotypes. Journal of Food Composition & Analysis, 26(1-2): 173-176.

Ariyama K, Aoyama Y, Mochizuki A, et al. 2007. Determination of the geographic origin of onions between three main production areas in Japan and other countries by mineral composition. Journal of Agricultural & Food Chemistry, 55(2): 347-354.

Armanino C, Acutis R D, Festa M R. 2002. Wheat lipids to discriminate species, varieties, geographical origins and crop years. Analytica Chimica Acta, 454: 315-326.

Armaninoa C, Festab M R. 1996. Characterization of wheat by four analytical parameters-A chemometric study. Analytica Chimica Acta, 331: 43-51.

Baxter M J, Crews H M, Dennis M J, et al. 1997. The determination of the authenticity of wine from its trace element composition. Food Chemistry, 60(3): 443-450.

Bayer S, McHard J A, Winefordner J D. 1980. Determination of the geographical origins of frozen concentrated orange juice via pattern recognition. Journal of Agricultural and Food Chemistry, 28: 1306-1307.

Belane A K, Dakora F D. 2011. Levels of nutritionally-important trace elements and macronutrients in edible leaves and grain of 27 nodulated cowpea (*Vigna unguiculata* L. Walp.) genotypes grown in the Upper West Region of Ghana. Food Chemistry, 125(1): 99-105.

Bettina M F, Gremaud G, Hadorn R, et al. 2005. Geographic origin of meat-element of an analytical approach to its authentication. European Journal of Food Technology, 221: 493-503.

Bingham F T, Page A L, Strong J E. 1980. Yield and cadmium content of rice grain in relation to addition rates of cadmium, copper, nickel, and zinc with sewage sludge and liming. Soil Science, 130(1): 32-38.

Boner M, Förstel H. 2004. Stable isotope variation as a tool to trace the authenticity of beef. Analytical and Bioanalytical Chemistry, 378: 301-310.

Branch S, Burke S, Evans P, et al. 2003. A preliminary study in determining the geographical origin of wheat using isotope ratio inductively coupled plasma mass spectrometry with ^{13}C, ^{15}N mass spectrometry. Journal of Analytical Atomic Spectrometry, 18: 17-22.

Brescia C C, Mikulecky P J, Feig A L, et al. 2003. Identification of the Hfq-binding site on DsrA RNA: Hfq binds without altering DsrA secondary structure. RNA-a Publication of the RNA Society, 9(1): 33-43.

Camin F, Larcher R, Nicolini G, et al. 2010. Isotopic and elemental data for tracing the origin of European olive oils. Journal of Agricultural and Food Chemistry, 58(1): 570-577.

Chen Y. 2009. Arsenic exposure at low-to-moderate levels and skin lesions, arsenic metabolism, neurological functions, and biomarkers for respiratory and cardiovascular diseases: Review of recent findings from the Health Effects of Arsenic Longitudinal Study (HEALS) in Bangladesh. Toxicology and Applied Pharmacology, 239(2): 184-192.

Cheng F M, Zhao N, Xu H, et al. 2006. Cadmium and lead contamination in japonica rice grains and its variation among the different locations in southeast China. Science of the Total Environment, 359(1-3): 156-166.

China National Monitoring Station. 1990. Background Value of Elements in Chinese Soil. Beijing: China Environmental Science Press.

Chinese Food Standards Agency. 2005. Maximum Levels of Contaminants in Food. GB 2762—2005.

Coetzee P P, Steffens F E, Eiselen R J, et al, 2005. Multi-element analysis of South African wines by ICP-MS and their classification according to geographical origin. Journal of Agricultural and Food Chemistry, 53(13): 5060-5066.

Coetzee P P, Steffens F E, Eiselen R J, et al. 2005. Multi-element analysis of South African wines by ICP-MS and their classification according to geographical origin. Journal of Agricultural & Food Chemistry, 53(13): 5060.

Combs G F Jr. 2001. Selenium in global food systems. British Journal of Nutrition, 85(5): 517-547.

Conde J E, Estevez D, Rodriguez-Bencomo J J, et al. 2002. Characterization of bottled wines from the Tenerife island (Spain) by the metal ion concentration. Italian Journal of Food Science, 14(4): 375-387.

Cozzolino D, Smyth H E, Gishen M. 2003. Feasibility study on the use of visible and near-infrared spectroscopy together with chemometrics to discriminate between commercial white wines of different varietal origins. Journal of Agricultural and Food Chemistry, 51(26): 7703.

Day M P, Zhang B L, Martin G J. 1994. The use of trace element data to complement stable isotope methods in the characterization of grape musts. Am J Enol Vitic, 5: 79-85.

Del S A. 2003. Environmental discrimination of wines using the content of lithium, potassium and rubidium. Journal of Trace Elements in Medicine & Biology Organ of the Society for Minerals &

Trace Elements, 17 Suppl 1(17 Suppl 1): 57.

Di G F, Del S A, Giaccio M. 2007. Determining the geographic origin of potatoes using mineral and trace element content. Journal of Agricultural and Food Chemistry, 55(3): 860-866.

Dubreuil P, Charcosset A. 1998. Genetic diversity within and among maize populations: a comparison between isozyme and nuclear RFLP loci. Theoretical and Applied Genetics, 96: 577-587.

Dupuy N, Le D Y, Ollivier D, et al. 2005. Origin of French virgin olive oil registered designation of origins predicted by chemometric analysis of synchronous excitation-emission fluorescence spectra. Journal of Agricultural & Food Chemistry, 53(24): 9361-9368.

Emilio A, Dimnutuvo X, Normal G. 2003. UM Fenomeno Estulistico No Enfoque DA Abordagem Variacionista. Uepg Revista Da Abralin, 14(1): 9-49.

Fabani M P, Arrúa R C, Vázquez F, et al. 2010. Evaluation of elemental profile coupled to chemometrics to assess the geographical origin of Argentinean wines. Food Chemistry, (119): 372-379.

Fernanda G, Fabio F, Marisa C, et al. 2008. Analysis of trace elements in southern Italian wines and their classification according to provenance. LWT-Food Science and Technology, 41(10): 1808-1815.

Fitzgerald M A, McCouch S R, Hall R D. 2009. Not just a grain of rice: the quest for quality. Trends in Plant Science, 14(3): 133-139.

Frontela C, García-Alonso F J, Ros G, et al. 2008. Phytic acid and inositol phosphates in raw flours and infant cereals: The effect of processing. Journal of Food Composition and Analysis, 21: 343-350.

Fu J, Zhou Q, Liu J, et al. 2008. High levels of heavy metals in rice(*Oryza sativa* L.)from a typical E-waste recycling area in southeast China and its potential risk to human health. Chemosphere, 71(7): 1269-1275.

Fujian Bureau of Statistics. 2010. Fujian Statistical Yearbook 2010. Beijing: China Statistics Press.

Galtier O, Dupuy N, Le D Y, et al. 2007. Geographic origins and compositions of virgin olive oils determinated by chemometric analysis of NIR spectra. Analytica Chimica Acta, 595(1-2): 136-144.

García-Ruiz S, Moldovan M, Fortunato G, et al. 2007. Evaluation of strontium isotope abundance ratios in combination with multi-elemental analysis as a possible tool to study the geographical origin of ciders. Analytica Chimica Acta, 590(1): 55-66.

Gauthier P, Gouesnard B, Dallard J, et al. 2002. RFLP diversity and relationships among traditional European maize populations. Theoretical and Applied Genetics, 105: 91-99.

Gonzálvez A, Armenta S, de la Guardia M. 2009. Trace-element composition and stable-isotope ratio for discrimination of foods with Protected Designation of Origin. Trends in Analytical Chemistry, 28(11): 1295-1311.

Gonzálvez A, Armenta S, de la Guardia M. 2011. Geographical traceability of "Arros de Valencia" rice grain based on mineral element composition. Food Chemistry, 126(3): 1254-1260.

Gonzálvez A, Llorens A, Cervera M L, et al. 2009. Elemental fingerprint of wines from the protected designation of origin Valencia. Food Chemistry, 112(1): 26-34.

Gremand G, Quaile S, Piantini U, at el. 2004. Characterization of Swiss vineyard using isotopic data in combination with trace elements and classical parameters. Eur Food Res Technol, 219: 97-104.

Hegerding L, Seidler D, Danneel H J, et al. 2002. Oxygen isotope-ration-analysis for the determination of the origin of beef. Fleischwirtschaft, 82(4): 95-100.

Hernández, Ponce R, Pastor. 2005. Efecto de tres tipos de dieta sobre la aparición de trastornos metabólicos y su relación con alteraciones en la composición de la leche en vacas Holstein Friesian. Zootecnia Tropical, 23(3): 295-310.

Husted S, Mikkelsen B F, Jensen J, et al. 2004. Elemental fingerprint analysis of barley (*Hordeum vulgare*) using inductively coupled plasma mass spectrometry, isotope-ratio mass spectrometry, and multivariate statistics. Analytical and Bioanalytical Chemistry, 378(1): 171-182.

İsmail Özdemir, Yiğit B, Çetinkaya B, et al. 2001. Synthesis of a water-soluble carbene complex and its use as catalyst for the synthesis of 2, 3-dimethylfuran. Journal of Organometallic Chemistry, 633(1-2): 27-32.

Jiang S L, Wu J G, Thang N B, et al. 2008. Genotypic variation of mineral elements contents in rice (*Oryza sativa* L.). European Food Research and Technology, 228(1): 115-122.

Kawasaki A, Oda H, Hirata T. 2002. Determination of strontium isotope ratio of brown rice for estimating its provenance. Soil Science and Plant Nutrition, 48: 635-640.

Kelly S, Baxter M, Chapman S, et al. 2002. The application of isotopic and elemental analysis to determine the geographical origin of premium long grain rice. European Food Research and Technology, 214: 72-78.

Kennedy G, Burlingame B, Nguyen V N. 2002. Nutritional contribution of rice and impact of biotechnology and biodiversity in rice-consuming countries // Proceedings of the 20th Session of the International Rice Commission Bangkok Thailand. 23-26 July: 59-69.

Kim S S, Rhyu M R, Kim J M, et al. 2003. Authentication of rice using near-infrared reflectance spectroscopy. Cereal Chemistry, 80(3): 346-349.

Kitta K, Ebihara M, Iizuka T, et al. 2005. Variations in lipid content and fatty acid composition of major non-glutinous rice cultivars in Japan. Journal of Food Composition and Analysis, 18: 269-278.

Kment P, Mihaljevič M, Ettler V, et al. 2005. Differentiation of Czech wines using multielement composition – A comparison with vineyard soil. Food Chemistry, 91(1): 157-165.

Kohl D H, Shearer G B, Commones B. 1973. Variation of ^{15}N in corn and soil following applications of fertilizer nitrogen. Soil Science Society of America Journal, 37: 888-892.

Kokot S, Phuong T D. 1999. Elemental content of Vietnamese rice. Part 2. Multivariate data analysis. Analyst, 124(4): 561-569.

Korenovska M, Suhaj M. 2005. Identification of some Slovakian and European wines origin by the use of factor analysis of elemental data. European Food Research and Technology, 221(3): 550-558.

Laul J C, Weimer W C, Rancitelli L A. 1979. Biogeochemical distribution of rare earths and other trace elements in plants and soils. Physics and Chemistry of the Earth, 11: 819-827.

Li G, Nunes L, Wang Y, et al. 2013. Profiling the ionome of rice and its use in discriminating geographical origins at the regional scale, China. Journal of Environmental sciences, 25(1): 144-154.

Li G, Sun G X, Williams P N, et al. 2011. Inorganic arsenic in Chinese food and its cancer risk. Environment International, 37(7): 1219-1225.

Liang J F, Han B Z, Han L, et al. 2007. Iron, zinc and phytic acid content of selected rice varieties from China. Journal of the Science of Food and Agriculture, 87(3): 504-510.

Liu L, Cozzolino D, Cynkar W U, et al. 2006. Geographic classification of Spanish and Australian tempranillo red wines by visible and near-infrared spectroscopy combined with multivariate analysis. Journal of Agricultural and Food Chemistry, 54(18): 6754.

Liu L, Cozzolino D, Cynkar W U, et al. 2008. Preliminary study on the application of visible-near infrared spectroscopy and chemometrics to classify Riesling wines from different countries. Food Chemistry, 106(2): 781-786.

Lüpke M, Seifert H. 2004. Factors influencing the $^{18}O/^{16}O$-ratio in meat juices. Isotopes Environ. Health Stud, 40(3): 191-197.

Lyons G H, Judson G J, Ortiz-Monasterio I, et al. 2005. Selenium in Australia: selenium status and biofortification of wheat for better health. Journal of Trace Elements in Medicine & Biology, 19(1): 75-82.

Marengo E, Aceto M. 2003. Statistical investigation of the differences in the distribution of metals in Nebbiolo-based wines. Food Chemistry, 81(4): 621-630.

Mareos A, Fisher A, Rea G, et al. 1998. Preliminary study using trace element concentrations and a chemometrics approach to determine the geographical origin of tea. Journal of Analytical Atomic Spectrometry, 13(6): 521-525.

Mariani B M, Degidio M G, Novaro P. 1995. Durum wheat quality evaluation: influence of genotype and environment. Cereal Chemistry, 72(2): 194-197.

Meharg A A, Williams P N, Adomako E, et al. 2009. Geographical variation in total and inorganic arsenic content of polished (white) rice. Environmental Science and Technology, 43(5): 1612-1617.

Mejia C, Muth M K, Nganje W, et al. 2010. Traceability (product tracing) in food systems: An IFT report submitted to the FDA, volume 1: Technical aspects and recommendations. Comprehensive Reviews in Food Science and Food Safety, 9(1): 92-158.

Montalvan R, Ando A, Echeverrigaray S. 1998. Use of seed protein polymorphism for discrimination of improvement level and geographic origin of upland rice cultivars. Genetics and Molecular Biology, 21: 531-535.

Morales-Rubio A. 1993. Determination of Cd and Ni in rice plants by flame atomic absorptionspectrometry. Atomic Spectroscopy, 14(1): 8-12.

Morgounov A, Gómezbecerra H F, Abugalieva A, et al. 2007. Iron and zinc grain density in common wheat grown in Central Asia. Euphytica, 155: 193-203.

Muránsky O, Lukáš P, Šittner P, et al. 2005. In situ neutron diffraction studies of phase transformations in Si-Mn TRIP steel. Materials Science Forum, 490-491: 275-280.

Nambiar A N. 2010. Traceability in agri-food sector using RFID. Information Technology(ITSim), 2: 874-879.

Ni Y, Mei M, Kokot S. 2011. Analysis of complex, processed substances with the use of NIR spectroscopy and chemometrics: Classification and prediction of properties — The potato crisps example. Chemometrics & Intelligent Laboratory Systems, 105(2): 147-156.

Nikkarinen M, Mertanen E. 2004. Impact of geological origin on trace element composition of edible mushrooms. Journal of Food Composition & Analysis, 17(3): 301-310.

Niu X Y, Yu H Y, Ying Y B. 2008. Application of near-infrared spectroscopy and chemometrics to classify Shaoxing wines from different breweries. Transactions of the ASABE, 51(4): 1371-1376.

Oda H, Kawasaki A, Hirata T. 2001. Determination of the geographic origin of brown-rice with isotope ratios of $^{11}B/^{10}B$ and $^{87}Sr/^{86}Sr$. Analytical Sciences, 17: i1627-i1630.

Ogrinc N, Kosir I J, Spangenberg J E, et al. 2003. The application of NMR and MS methods for detection of adulteration of wine, fruit juices, and olive oil. Anal Bioanal Chem, 376: 424-430.

Osborne B, Mertens B, Thompson M, et al. 1993. The authentication of Basmati rice using near infrared spectroscopy. Journal of Near Infrared Spectroscopy, 1: 77-83.

Oury F X, Leenhardt F, Remesy C, et al, 2006. Genetic variability and stability of grain magnesium, zinc and iron concentrations in bread wheat. European Journal of Agronomy, 25(2): 177-185.

Piasentier E, Valusso R, Camin F, et al. 2003. Stable isotope ratio analysis for authentication of lamb meat. Meat Science, 64: 239-247.

Qu X H, Zhuang D F, Qiu D S. 2007. Studies on GIS based tracing and traceability of safe crop product in China. Agricultural Sciences in China, 6(6): 724-731.

Rehman Z U. 2006. Storage effects on nutritional quality of commonly consumed cereals. Food Chemistry, 95: 53-57.

Revision Committee on the Handbook for Introduction of Food Traceability Systems. 2008. Handbook for Introduction of Food Traceability System (Guidelines for Food Traceability). Tokyo: Food Marketing Research and Information Center.

Rhyu M R, Kim E Y, Kim S S, et al. 2001. Regional differences of four major rice cultivars in Korea by capillary electrophoresis. Food Science & Biotechnology, 10(3): 299-304.

Rossmann A, Koziet J, Martin G J, et al. 1997. Determination of the carbon-13 content of sugars and pulp from fruit juices by isotope-ration mass spectrometry (internal reference method). A European inter laboratory comparison. Analytica Chimica Acta, 340: 21-29.

Ruoff K, Luginbühl W, Künzli R, et al. 2006. Authentication of the botanical and geographical origin of honey by mid-infrared spectroscopy. Journal of Agricultural & Food Chemistry, 54(18): 6873-6880.

Salt D E, Baxter I, Lahner B. 2008. Ionomics and the study of the plant ionome. Annual Review of Plant Biology, 59(1): 709-733.

Schlesier K, Fauhl-Hassek C, Forina M, et al. 2009. Characterisation and determination of the geographical origin of wines. Part I: overview. European Food Research and Technology, 230(1): 1-13.

Schmidt O, Quilter J M, Bahar B, et al. 2005. Inferring the origin and dietary history of beef from C, N and S stable isotope ratio analysis. Food Chemistry, 91: 545-549.

Schwägele F. 2005. Traceability from a European perspective. Meat Science, 71(1): 164-173.

Schwertl M, Auerswald K, Schäufele R, et al. 2005. Carbon and nitrogen stable isotope composition of cattle hair: ecological fingerprints of production system? Agriculture, Ecosystems and Enviroment. http://www.elsevier.Com/locate/agee [2016-11-15].

Schwertl M, Auerswald K, Schnyder H. 2003. Reconstruction of the isotopic history of animal diets by hair segmental analysis. Rapid Communications in Mass Spectrometry, 17: 1312-1318.

Sena S H, Pereira Jr P J, Farias G A, et al. 2010. Fractal spectrum of charge carriers in quasiperiodic graphene structures. Journal of Physics: Condensed Matter, 22(46): 465305.

Škrbić B, Onjia A. 2007. Multivariate analyses of microelement contents in wheat cultivated in Serbia(2002). Food Control, 18(4): 338-345.

Smet S D, An B, Claeys E, et al. 2004. Stable carbon isotope analysis of different tissue of beef animal in relation to their diet. Rapid Communications in Mass Spectrometry, 18: 1227-1232.

Smith B N, Epstein S. 1971. Influence of the dietion the distribution of carbon isotope fractionation. Plant Physiology, 47: 380-384.

Smith R G. 2005. Determination of the country of origin of garlic (Allium sativum) using trace metal profiling. Journal of Agricultural & Food Chemistry, 53(53): 4041-4045.

Sud R G, Prasad R, Bhargava M. 1995. Effect of weather conditions on concentration of calcium, manganese, zinc, copper and iron in green tea (*Camellia sinensis* (L) O Kuntze) leaves of North-Western India. J Sci Food Agric, 67: 341-346.

Sun G X, Williams P N, Carey A M, et al. 2008. Inorganic arsenic in rice bran and its products are an order of magnitude higher than in bulk grain. Environmental Science and Technology, 42(19): 7542-7546.

Suzuki Y, Chikaraishi Y, Ogawa N O, et al. 2008. Geographical origin of polished rice based on multiple element and stable isotope analyses. Food Chemistry, 109(2): 470-475.

Taylor V F. 2001. Trace element fingerprinting of Canadian wines. Saint John's: Memorial University of Newfoundland.

Thiel G, Geisler G, Blechschmidt I, et al. 2004. Determination of trace elements in wines and classification according to their provenance. Analytical and Bioanalytical Chemistry, 378(6): 1630.

Thiem I, Lupke M, Seifert H. 2004. 26th Annual Meeting of the German Association for Stable Isotope Research (GASIR) October, 6 to 8, 2003, Cologne, Germany">Factors influencing the $^{18}O/^{16}O$-ratio in meat juices. Isotopes in Environmental & Health Studies, 40(40): 191-197.

Wang F, Sun W. 2011. The study of quality and safety traceability system of vegetable produce of Hebei Province. Computer and Computing Technologies in Agriculture, IV: 165-172.

Watanabe T, Shimbo S, Nakatsuka H, et al. 2004. Gender-related difference, geographical variation and time trend in dietary cadmium intake in Japan. Science of the Total Environment, 329(1-3): 17-27.

Weckerle B, Richling E, Heinrich S, et al. 2002. Origin assessment of green coffee (*Coffea arabica*) by multi-element stable isotope analysis of caffeine. Analytical and Bioanalytical Chemistry, 374(5): 886-890.

Welch R M, Allaway W H, House W A, et al. 1991. Geographic distribution of trace element problems. Micronutrients in Agriculture, (4): 31-57.

Welch R M, Graham R D. 2004. Breeding for micronutrients in staple food crops from a human nutrition perspective. Journal of Experimental Botany, 55(396): 353-364.

White P J, Broadley M R. 2009. Biofortification of crops with seven mineral elements often lacking in human diets - iron, zinc, copper, calcium, magnesium, selenium and iodine. New Phytologist, 182(1): 49-84.

Williams P N, Lombi E, Sun G X, et al. 2009b. Selenium characterization in the global rice supply chain. Environmental Science & Technology, 43(15): 6024-6030.

Williams P N, Ming L, Sun G X, et al. 2009a. Occurrence and partitioning of cadmium, arsenic and lead in mine impacted paddy rice: Hunan, China. Environmental Science and Technology, 43(3): 637-642.

Yaeko S, Yoshito C, Nanakoo O, et al. 2008. Geographical origin of polished rice based on multiple element and stable isotope analyses. Food Chemistry, 109(2): 470-475.

Yan L H, Liang J G. 1992. Adsorption of potassium and calcium ions by variable charge soils. Pedosphere, 2(3): 255-264.

Yang G Q, Chen J S, Wen Z M, et al. 1984. The role of selenium in Keshan disease. Advances in Nutritional Research, 6: 203-231.

Yasui A, Shindoh K. 2000. Determination of the geographic origin of brown-rice with trace-element composition. Bunseki Kagaku, 49(6): 405-410.

Yuntseover Y, Gat J R. 1981. Atmospheric waters. IAEA technical reports series 210-stable isotope hydrology: 103-142.

Zeng Y W, Zhang H, Wang L, et al. 2010. Genotypic variation in element concentrations in brown rice from Yunnan landraces in China. Environmental Geochemistry and Health, 32(3): 165-177.

Zhang G W, Ni Y, Churill J, et al. 2006. Autbentication of vegetable oils on the basis of their physic-chemical properties with the aid of chemometrics. Talanta, 70(2): 293-300.

Zhao F J, McGrath S P, Meharg A A. 2010. Arsenic as a food chain contaminant: mechanisms of plant uptake and metabolism and mitigation strategies. Annual Review of Plant Biology, 61(1): 535-559.

Zhao F J, Shewry P R. 2011. Recent developments in modifying crops and agronomic practice to improve human health. Food Policy, 36(S1): S94-S101.

Zhao H Y, Guo B, Wei Y. 2011. Determining the geographic origin of wheat using multielement analysis and multivariate statistics. Journal of Agricultural and Food Chemistry, 59(9): 4397-4402.

Zieliński H, Kozlowska H, Lewczuk B. 2001. Bioactive compounds in the cereal grains before and after hydrothermal processing. Innovative Food Science & Emerging Technologies, 2: 159-169.

第二篇　稻米外观品质分析及产地溯源研究

第 10 章　稻米理化指标和外观指标差异分析

10.1　引　　言

稻米的质量品质包括外观、加工、营养等各个方面。稻米的质量品质不仅受自身的遗传特性影响，还受环境、栽培技术等因素影响，三者的相互作用形成稻米的质量。施有机肥可增加稻米的氨基酸含量，稀土肥料也对稻米品质有一定影响，Fe、Co、Ni、V 等能明显降低稻米垩白度和垩白粒率，稻米的外观品质随之提高。稻米的加工品质和食味品质，主要是受水稻生育后期灌溉情况的影响。水稻结实期环境因素主要包括地理生态环境和气象条件，地理生态环境是指海拔、纬度、地形和土壤环境，气象条件主要是温度和光照。栽培措施主要是指播期、种植密度、施肥、灌溉、收获各时期。

稻米垩白度及胚乳粉小细胞数受海拔影响，海拔增加能降低稻米垩白度及胚乳粉小细胞的数目，海拔对大米品质的影响同时与大米基因型的优劣存在一定关系，米质越好的品种改善幅度越大。不同海拔对稻米直链淀粉含量也有影响，随海拔升高粳稻直链淀粉含量有增加的趋势，而籼稻的直链淀粉则有降低的趋势，稻米最佳种植海拔为 750～950m。

稻米的种植土质一般要求有机质含量高于 2.5%，N、P、K 含量达到中等以上水平，土质偏酸，含有一定的 Zn、Fe、Cu、Mn、Mo 等微量元素；一般冲积土壤、花岗岩母质土壤和施农家肥及旱地改水田的田地生产的稻米食味较好，而砂质土壤、漏水严重地、低洼地、黑钙土和草炭土种出来的稻米品质较差。

气候生态条件是通过对谷粒胚乳细胞、内部生理生化过程起作用从而对稻米品质产生影响，不同品质性状受到的作用力度不相同，垩白度、碱消程度等易受气候生态条件影响，而粒形、粒长等则相对稳定，受其影响较小。温度过高、过低对生产优质稻米都极为不利。在抽穗至成熟阶段高温使灌浆速度加快，籽粒充实度受到影响，稻米不透明，垩白多，整精米率降低，碎米率增加；反之，温度过低会使水稻的青粒增加，垩白增大。而在成熟期温度过高会使糊化温度升高，胶稠度变硬，蒸煮食味品质恶化，蛋白质含量增加，而直链淀粉根据品种的不同对温度的反应也不同，直链淀粉含量中等和较高的品种的稻米，其直链淀粉含量随气温升高而升高，而直链淀粉含量低的品种则有相反的趋势，即气温越高直链淀粉含量越低。一般低温寒冷、昼夜温差大的地区种植的水稻的直链淀粉含量低，食味好。光对稻米品质的影响也较大，例如，在水稻生长后期，长期阴雨天气，光合作用受到阻碍，垩白度会随之增加。如果光照强度过大，温度也相应升高，也会使垩白粒增加，光强增大也不利于氨基酸的积累。光照时间对稻米直链淀粉含量有一定的影响，日照时数与稻米直链淀粉含量负相关。

播种过早会降低稻米的外观品质、加工品质和蒸煮食用品质，但是能提高稻米营养品质，反之则相反。植株种植密度太高会使水稻通风不良，导致水稻直链淀粉含量、胶稠度、垩白粒率和垩白度显著增加，而出糙率、精米率、整精米率、蛋白质含量明显降低，大米品质恶化。

施肥对稻米品质的主要影响主要表现在肥料种类及施肥时间，氮肥是影响稻米品质的主要因素，水稻对氮素营养十分敏感，水稻一生中体内的氮素含量都保持相对较高的浓度，水稻对氮肥的吸收有两个明显的高峰期：一个是插秧后的1～2周；另一个是插秧后的7～8周，施用氮肥不仅能提高稻米产量，适宜的用量还可以提高外观品质、加工品质和营养品质；水稻对钾的吸收明显高于氮，钾吸收高峰在分蘖至拔节期，适量施钾肥使整精米率提高，蛋白质、垩白粒率、垩白度降低。水稻一生磷肥的需用量大约为氮肥的一半，但水稻的各生育期都需要磷肥。钾、氮、磷肥配合使用时对稻米品质的改良效果更明显。稻田用水量也是影响稻米品质的又一个重要因素，缺水时间过长会使水稻蛋白质、直链淀粉含量降低，从而降低水稻的食味品质。

稻米品质不仅与本身遗传特性有关，同时受温度、湿度、日照、降雨和土壤等因素的影响，水稻的颜色、味道等外部特征及其内在品质如蛋白质、维生素、糖、酸、香气成分的组成和含量，有显著性差异。通过对稻米的外观指标和理化指标进行分析，进行产地区分，对大米产地分析技术进行补充完善，具有重要的实际意义。

稻米外观品质主要包括米粒投影面积、米粒长度、米粒宽度、长宽比、垩白度和垩白粒率等，因稻米类型、品种和生长环境的不同而有很大不同，但目前只单一针对外观指标对稻米进行产地分析的研究未见报道。

稻米理化指标主要包括蛋白质、直链淀粉、脂肪和灰分等的含量，通过不同产地理化指标进行分析是目前产地分析的重要组成部分。不同产地理化成分分析主要是结合食物成分中的营养成分，如糖、蛋白质、脂肪、香气成分、维生素，分析指标也较多，这一分析技术可以清楚地表明不同地区种植粮食的优势，具体的营养品质，有什么特点，将会受到消费者和企业的关注。

通过筛选研究食品在不同地区的有机组分的特点，利用理化成分指纹追踪技术，可以对粮食生产链进行追踪，是一种新型的食品产地分析技术。不同地理来源食品中理化成分的指纹图谱可以明确食品质量区域的特点，对具有独特营养品质产品产地的分离和识别发挥辅助作用。

10.2　研究内容

通过测定稻米理化指标和外观指标比较不同地域稻米的差异。用 SPSS 17.0 软件对数据进行方差分析和 LSD 多重比较分析。结合分析结果解析各个地域的稻米理化、外观指标的特征，差异显著的指标可作为稻米产地鉴别的指标之一。

本章的主要研究内容包括以下几个方面。

（1）黑龙江不同产地稻米理化、外观指标的差异分析。

（2）黑龙江稻米和盘锦稻米理化、外观指标的差异分析。

（3）五常稻米和非五常稻米理化、外观指标的差异分析。

（4）不同地域同一品种稻米理化、外观指标的差异分析。

（5）同一地域不同品种稻米理化、外观指标的差异分析。

10.3　试验材料和仪器

10.3.1　样品采集

在不同地域水稻田中代表性取样，采样时间选择在水稻成熟期后、农户收割水稻前完成，每个采样点采集 2kg 左右水稻穗。采取 2014 年查哈阳稻米地理标志保护范围、方正稻米地理标志保护范围、建三江稻米地理标志保护范围、五常稻米地理标志保护范围、响水稻米地理标志保护范围和盘锦稻米地理标志保护范围，分别选择主产县（区）、主产乡（镇或农场）、主产村（屯）的大面积种植地块，记录采样地点、品种等信息。共采集地理标志大米样品 187 个。采集的水稻样品，采用统一加工方式，经过晾晒、除杂、砻谷、碾磨成为精米待测，具体采样情况见表 10-1。

表 10-1　稻米样品地域来源

地域	市	县/区/农场	样本数/个	品种数/个	乡/镇/管理区
黑龙江	齐齐哈尔	查哈阳农场	33	5	丰收管理区（3）、海洋管理区（8）、稻花香管理区（5）、金边管理区（8）、金光管理区（5）、太平湖管理区（4）
黑龙江	哈尔滨	方正	28	19	会发镇（5）、天门乡（5）、松南乡（5）、德善乡（5）、宝兴乡（3）、伊汉通乡（5）
黑龙江	佳木斯	建三江管理局	38	7	七星（3）、稻兴（3）、创业（3）、洪河（3）、前锋（3）、八五九（3）、胜利（3）、勤得利（3）、红卫（2）、前哨（1）、鸭绿河（3）、浓江（8）
黑龙江	哈尔滨	五常	31	2	民乐乡（5）、安家镇（3）、杜家镇（3）、小山子镇（3）、冲河镇（5）、沙河子镇（5）、民意乡（4）、龙凤山乡（1）、向阳镇（2）
黑龙江	牡丹江	响水	22	7	响水（5）、小朱家（8）、东京村（3）、土台子（1）、渤海园（1）、龙泉村（1）、上官（1）和西地（2）

续表

地域	市	县/区/农场	样本数/个	品种数/个	乡/镇/管理区
辽宁	盘锦	大洼、盘山	35	4	东凤镇（2）、西安镇（2）、平安镇（2）、田庄台（2）、荣兴镇（2）、清水镇（2）、新兴镇（2）、新开镇（2）、太平镇（2）、胡家镇（2）、坝墙子镇（2）、高升镇（2）、沙岭镇农（2）、石新镇（2）、三角洲（2）、新建镇（2）、种子公司（2）、鼎翔（1）

10.3.2　主要仪器

ES-1000 型大米外观品质分析仪，静冈制机株式会社产品；近红外谷物分析仪，瑞典 FOSS 公司产品；FC2K 砻谷机，日本佐竹公司；VP-32 碾米机，日本佐竹公司。

10.4　技术路线

技术路线如图 10-1 所示。

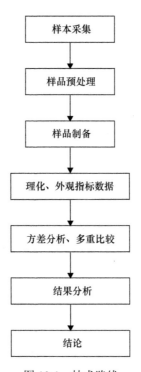

图 10-1　技术路线

10.5　试　验　方　法

（1）将采回的样品晾晒一周后用砻谷机砻谷，脱去外壳，得到糙米。

（2）用碾米机处理得到精米，用自封袋装好，标好稻米的名称和编号，备用。

（3）利用 ES-1000 型大米外观品质分析仪得到稻米的外观指标（米粒长、长宽比、垩白度和垩白粒率），利用近红外谷物分析仪得到稻米的理化指标（水分含量、蛋白质含量和直链淀粉含量）。

（4）运用 SPSS 17.0 软件进行统计分析，比较不同地域及省内、省外稻米的外观指标和理化指标差异，并进行多重比较。

10.6　黑龙江不同产地稻米理化、外观指标的差异分析

以省内查哈阳稻米、方正稻米、建三江稻米、五常稻米和响水稻米为研究对象。由表 10-2 可知，通过对不同产地稻米的理化指标和外观指标进行多重比较分析，结果表明，外观指标和理化指标的含量在不同地域之间有显著差异，有其各自的特征。理化指标：稻米在常规条件下长期储存，其水分含量不应超过 14%。从结果中可看出，省内稻米所有水分含量均低于 14%，比较适合长期储藏。水分含量最低的是查哈阳农场稻米，为 10.92%；最高的是响水稻米，为 12.31%。蛋白质含量最低的是响水稻米，为 7.09%；最高的是建三江稻米，为 8.42%。直链淀粉含量最低的是建三江稻米，为 16.71%；最高的是响水稻米，为 18.32%。外观指标：米粒比较长的是方正稻米，为 4.81mm，查哈阳农场稻米米粒相对短一点，为 4.58mm。垩白度和垩白粒率，五常稻米最高，查哈阳稻米比较低一些。

从表 10-2 中还可看出，查哈阳稻米和方正稻米在理化指标上有显著差异，在外观指标上米粒长和长宽比有显著差异。五常稻米和响水稻米在水分含量和蛋白质含量上差异不显著，在直链淀粉上有显著差异。查哈阳稻米和建三江稻米在理化指标上差异不显著，在长宽比和垩白度上有显著差异。查哈阳稻米和响水稻米在理化指标上有显著差异，外观指标上长宽比有显著差异。方正稻米和响水稻米在理化指标上有显著差异，外观指标上米粒长、长宽比有显著差异，垩白度和垩白粒率上差异不显著。建三江稻米和响水稻米在理化指标上有显著差异，外观指标上米粒长、垩白度和垩白粒率上差异不显著，长宽比有显著差异。另外还可看出，一些地域稻米外观指标的标准差偏大，主要体现在垩白度和垩白粒率上，这说明省内同一地域的稻米在垩白度和垩白粒率上的差异也较大。另外从变异系数上可看出，省内稻米的垩白度和垩白粒率的变异系数比较大，其中五常稻米的垩白度变异系数最大，为 2.290。说明五常稻米的垩白度这

一指标离散程度大。

表 10-2 黑龙江不同产地稻米的理化指标和外观指标测定值

项目	查哈阳	方正	建三江	五常	响水
水分/%	10.92±0.17c	11.41±0.47b	10.98±0.20c	12.28±0.35a	12.31±0.25a
变异系数	0.016	0.042	0.018	0.028	0.021
蛋白质/%	8.24±0.50a	7.61±0.55b	8.42±0.52a	7.46±0.64bc	7.09±0.74c
变异系数	0.061	0.073	0.062	0.085	0.104
直链淀粉/%	17.03±0.62c	17.73±0.62b	16.71±0.76c	17.64±0.91b	18.32±0.55a
变异系数	0.068	0.035	0.045	0.052	0.030
米粒长/mm	4.58±0.09b	4.81±0.21a	4.68±0.25b	4.59±0.19b	4.60±0.19b
变异系数	0.020	0.050	0.054	0.038	0.041
长宽比	64.16±1.73a	53.87±3.67d	62.02±5.82b	54.18±2.56d	56.57±3.26c
变异系数	0.027	0.044	0.094	0.047	0.058
垩白度/%	1.48±0.77b	2.81±2.54ab	4.58±1.72a	5.66±12.97a	3.59±2.98ab
变异系数	0.520	0.068	0.375	2.290	0.832
垩白粒率/%	2.72±1.47b	5.16±4.65ab	8.24±2.95a	8.87±16.03a	6.42±5.29ab
变异系数	0.540	0.904	0.358	0.807	0.824

注：表中的数值用平均值±标准差表示，不同小写字母表示具有显著性差异（$P<0.05$）

10.7 黑龙江稻米和盘锦稻米理化、外观指标的差异分析

由表 10-3 可以看出，盘锦稻米的水分含量为 12.95%，蛋白质含量为 8.34%，要高于黑龙江稻米。盘锦稻米的垩白度和垩白粒率分别为 19.54% 和 35.31%，要高出黑龙江稻米许多，这可能和种植稻米的土地环境有关。还可看出黑龙江稻米和盘锦稻米除了在米粒长度这一指标上无显著差异外，其余指标均有显著性差异。一些指标的标准差偏大，变异系数也比较大，说明这些指标的含量在同省不同市内的差异也较大，主要体现在垩白度和垩白粒率这两个指标上。

表 10-3 黑龙江稻米和盘锦稻米理化指标和外观指标测定值

项目	黑龙江	盘锦
水分/%	11.52±0.68b	12.95±0.63a
变异系数	0.059	0.049
蛋白质/%	7.84±0.74b	8.34±0.55a
变异系数	0.095	0.066
直链淀粉/%	17.40±0.87a	17.04±0.89b
变异系数	0.050	0.052

续表

项目	黑龙江	盘锦
米粒长/mm	4.65±0.21a	4.57±0.31a
变异系数	0.044	0.068
长宽比	58.45±5.66b	62.08±6.04a
变异系数	0.097	0.097
垩白度/%	3.63±6.33b	19.54±5.28a
变异系数	1.744	0.070
垩白粒率/%	6.28±8.28b	35.31±9.41a
变异系数	1.320	0.266

注：表中的数值用平均值±标准差表示，不同小写字母表示具有显著性差异（$P<0.05$）

10.8　五常稻米和非五常稻米理化、外观指标的差异分析

由表 10-4 可知，五常稻米的水分含量为 12.28%，直链淀粉含量为 17.64%，要高于非五常大米。在长宽比、垩白度和垩白粒率这几个指标上，五常稻米要低一些。还可看出，五常稻米和非五常稻米在米粒长、垩白度和垩白粒率上无显著差异，理化指标则有显著差异。五常稻米和非五常稻米的垩白度、垩白粒率的标准差和变异系数比较大，说明同一品牌的稻米在同一产地种植差异也很大。

表 10-4　五常稻米和非五常稻米理化指标和外观指标测定值

项目	五常	非五常
水分/%	12.28±0.35a	11.75±0.89b
变异系数	0.028	0.076
蛋白质/%	7.46±0.64b	8.03±0.67a
变异系数	0.085	0.084
直链淀粉/%	17.64±0.91a	17.23±0.85b
变异系数	0.052	0.050
米粒长/mm	4.59±0.19a	4.64±0.24a
变异系数	0.038	0.051
长宽比	54.18±2.56b	59.43±6.02a
变异系数	0.047	0.101
垩白度/%	5.66±12.97a	6.93±9.12a
变异系数	2.290	1.314
垩白粒率/%	8.87±16.03a	12.28±14.77a
变异系数	0.807	1.203

注：表中的数值用平均值±标准差表示，不同小写字母表示具有显著性差异（$P<0.05$）

10.9 不同地域同一品种稻米理化、外观指标的差异分析

对 29 个五常'稻花香'稻米样品和 11 个响水'稻花香'样品进行分析比较，稻米的理化指标和外观指标测定值列于表 10-5。

表 10-5 五常和响水'稻花香'理化指标和外观指标测定值

项目	五常	响水
水分/%	12.26±0.34a	12.36±0.26a
变异系数	0.028	0.021
蛋白质/%	7.38±0.56a	7.10±0.86a
变异系数	0.075	0.121
直链淀粉/%	17.80±0.47b	18.28±0.54a
变异系数	0.026	0.030
米粒长/mm	4.59±0.18b	4.62±0.15a
变异系数	0.038	0.032
长宽比	53.99±2.19a	55.55±1.64a
变异系数	0.041	0.030
垩白度/%	6.24±3.45a	8.16±6.95a
变异系数	0.581	0.860
垩白粒率/%	3.47±2.01a	4.53±3.90a
变异系数	0.552	0.851

注：表中的数值用平均值±标准差表示，不同小写字母表示具有显著性差异（$P<0.05$）

由表 10-5 可知，五常稻米的垩白度和垩白粒率分别为 6.24%和 3.47%，响水稻米垩白度和垩白粒率分别为 8.16%和 4.53%。垩白度和垩白粒率偏低，稻米口感比较好。还可看出，这两种稻米只有直链淀粉含量和米粒长度有显著差异，其余指标均无显著差异，所以直链淀粉含量可能会成为两种稻米产地判别指标之一。垩白度、垩白粒率和长宽比的标准差比较大，变异系数也比较高，说明同一地域、同一品种在不同的稻田上种植的稻米在这三个指标上会有些差异。

10.10 同一地域不同品种稻米理化、外观指标的差异分析

以建三江稻米为试验样品，从测定好的样品数据中选取不同品种稻米的外观、理化指标数据，'龙粳 39'稻米 6 个、'龙粳 31'稻米 11 个、'龙粳 26'稻米 3 个、'垦稻 18'稻米 2 个和'空育 131'稻米 5 个进行分析比较。测定结果见表 10-6。

表 10-6　不同品种建三江稻米理化指标和外观指标测定值

项目	龙粳 39	龙粳 26	空育 131	垦稻 18	龙粳 31
水分/%	11.03±0.19a	11.00±0.40a	11.02±0.29a	10.95±0.07a	10.99±0.15a
变异系数	0.017	0.006	0.036	0.013	0.017
蛋白质/%	8.50±0.54a	8.23±0.64a	8.12±0.64a	8.70±0.57a	8.58±0.52a
变异系数	0.064	0.065	0.078	0.085	0.069
直链淀粉/%	16.02±0.54b	17.57±0.58a	17.02±0.55ab	17.45±0.21a	16.47±0.65b
变异系数	0.034	0.012	0.033	0.059	0.038
米粒长/mm	4.68±0.26a	4.57±0.38a	4.74±0.29a	4.55±0.07a	4.60±0.15a
变异系数	0.055	0.016	0.083	0.016	0.045
长宽比	61.85±7.10a	63.77±8.10a	60.72±6.06a	64.85±0.92a	63.72±3.07a
变异系数	0.115	0.014	0.127	0.007	0.070
垩白度/%	8.62±2.90a	12.13±1.15a	5.82±3.61b	10.35±4.74a	7.53±2.30b
变异系数	0.336	0.458	0.095	0.606	0.362
垩白粒率/%	4.73±1.73ab	6.80±0.72a	3.28±2.01b	5.75±2.90ab	4.33±1.40b
变异系数	0.366	0.504	0.106	0.602	0.378

注：表中的数值用平均值±标准差表示，不同小写字母表示具有显著性差异（$P<0.05$）

由表 10-6 可知，'龙粳 26'稻米的垩白度要明显高于其他 4 种稻米，为 12.13%，这可能和种植稻米的品种有关。从表 10-6 中还可看出，这 5 种品种的稻米在水分、蛋白质、米粒长和长宽比上无显著差异，在直链淀粉、垩白度和垩白粒率上有显著差异。在直链淀粉含量上，'龙粳 26''垦稻 18'无显著差异，与'龙粳 31''龙粳 39'有显著差异。垩白度上，'龙粳 26''垦稻 18'和'龙粳 39'无显著差异，与'空育 131''龙粳 31'有显著差异。垩白粒率上，'龙粳 26'和'空育 131''龙粳 31'有显著差异。垩白粒率的变异系数偏高，说明在同一地域种植的同一品种稻米垩白粒率的差异也比较大。

10.11　小　　结

本研究对稻米的理化指标和外观指标进行分析，比较各个地域稻米的特征，结果表明，不同产地稻米的外观和理化指标有着一定的差异。最为明显的就是垩白度上的差异，省外的盘锦稻米垩白度和垩白粒率比较高，这可能与当地的种植环境有关。具体差别还要进一步分析，还需要不断扩大样本容量和覆盖地区面积，更深入地研究不同产地稻米的外观指标和理化指标的差异。

（1）各个产地的稻米垩白度和垩白粒率普遍偏高，其中黑龙江稻米垩白度为3.63%，垩白粒率为 6.28%。盘锦稻米垩白度为 19.54%，垩白粒率为 35.31%。盘锦稻米明显高于黑龙江稻米，可以用于区分黑龙江稻米和盘锦稻米。

（2）五常稻米和非五常稻米的理化指标（水分、蛋白质和直链淀粉）有显著差异，垩白度和垩白粒率比非五常稻米低，可以利用这一特点区分五常稻米和非五常稻米。

第 11 章　黑龙江大米直链淀粉含量与糊化特性的研究

直链淀粉易溶于水，但黏性小，其含量的高低与蒸煮品质及食用品质呈负相关关系，与米饭的硬性呈正相关关系。有研究指出，当稻米直链淀粉的含量高时，稻米吸水率高，膨胀率就比较大，米饭相对较硬。当稻米直链淀粉的含量低于 2% 时，这种稻米呈糯性，蒸煮米饭很黏；直链淀粉含量为 12%～19% 的稻米，食味品质良好；直链淀粉含量为 20%～24% 的稻米，糊化温度高，冷却后变得较硬；直链淀粉含量在 25% 以上的稻米，黏性差，冷却米饭变硬。有资料表明，与高直链淀粉含量的稻米相比，低直链淀粉含量的稻米蒸煮后米粒干燥且膨松，口感松软，米粒香且易熟，冷却后没有回生现象，高直链淀粉含量的稻米与之相反。钱丽丽等（2016）对不同产地的稻米进行蛋白质、直链淀粉、脂肪和灰分含量测定，通过多重比较分析结果显示，4 项指标均存在显著的地域差异。乔治等（2016）研究指出，建三江水稻的主栽品种间及五常水稻的主栽品种间对粳米直链淀粉和蛋白质含量影响不显著，而查哈阳和建三江主栽同一品种粳米的支链淀粉含量差异极显著（$P<0.01$），蛋白质含量差异显著（$P<0.05$），说明同一品种间样品在不同地域间种植对营养物质的吸收和富集作用不同，这可能与当地的地理环境有关，携带着地域信息，可能成为粳米产地鉴别的指标之一。

直链淀粉是大米淀粉中的主要成分，影响着大米品质。大米淀粉糊化特征值是大米粉经加热、高温、降温过程中，大米黏滞力发生变化而形成图谱的谱峰对应数值，它是淀粉热物理性特征的一种表现。对黑龙江省不同地域同一品种大米淀粉糊化特性的研究较少，因此本研究选择黑龙江 2012 年两个大米主产区种植的两种主栽水稻为研究对象，采用丹麦 FOSS 公司的近红外谷物分析仪和德国 Brabender OHG 公司的 Brabender 淀粉黏度仪分别测定大米的直链淀粉含量和淀粉糊化特征值，运用 SPSS 18.0 软件对测定结果进行分析，得到黑龙江不同地域大米淀粉糊化特征值间的关系及直链淀粉与淀粉糊化特征值之间的相关性，为研究地域对大米食用品质的影响奠定了基础。

11.1　试验仪器与材料

11.1.1　试验仪器

FC2K 砻谷机，日本佐竹公司。

VP-32 实验碾米机，日本佐竹公司。

FW100 高速万能粉碎机，天津泰斯特仪器有限公司。

Infratec 1241 近红外谷物分析仪，丹麦 FOSS 公司。

8803302 Brabender 淀粉黏度仪，德国 Brabender OHG 公司。

11.1.2　试验材料

为确保试验样品品种和采样地域的真实性与代表性，试验样品的采集选择在水稻田中直接代表性取样，采样时间选择在水稻成熟期后、农户收割水稻前完成，每个采样点的每个品种采集 2kg 水稻，记录采样地点、品种等信息。采样地点选择 2012 年黑龙江 5 个水稻主产区，包括五常、佳木斯（建三江）、齐齐哈尔、双鸭山、牡丹江，分别选择其主产县、主产乡（镇或农场）、主产村（屯）的大面积种植地块，采样品种选择 5 个主产区的主栽品种。所有试验品种均为粳米，共 118 份试验样品，具体地域、品种及数目信息见表 11-1。

表 11-1　样品信息表

地域	品种	数量/份	总计/份
五常	五优稻 4 号	5	26
	东农 425	5	
	松粳 12	4	
	松粳 16	4	
	松粳香 2 号	4	
	松粳 3 号	4	
佳木斯	龙粳 31	5	26
	空育 131	5	
	龙粳 26	4	
	龙粳 25	4	
	龙粳 36	4	
	龙粳 29	4	
齐齐哈尔	龙粳 31	10	20
	空育 131	10	

续表

地域	品种	数量/份	总计/份
双鸭山	垦 08-191	4	20
	垦 08-196	4	
	龙粳 31	4	
	10001	4	
	9129	4	
牡丹江	垦 08-191	5	26
	垦 08-196	5	
	龙粳 31	4	
	10001	4	
	9129	4	
	2551	4	

11.2 试 验 方 法

11.2.1 样品预处理方法

挑出样品中的石子、杂草等，经晾晒后，先用砻谷机去稻壳，将糙米用分样筛进行筛选，首先除去未成熟粒，再选出病虫害粒，最后得到净糙米，将净糙米用 VP-32 实验碾米机参照国标 GB/T 1354—1986 碾白，分别收集统一标准精米。将精米分成两份：一份用作直链淀粉测定；另一份用旋风式磨粉机粉碎，过 60 目筛，用于淀粉糊化特性测定。

11.2.2 大米淀粉糊化特征值的测定

采用德国 Brabender 淀粉黏度仪测定样品的糊化值，用仪器自带 Brabender Viscograph Version 4.0.5 软件进行分析。为保证试验的可靠性和准确性，采用烘干法测定样本水分含量，按 14%进行校正，确定称量样品质量与加水量，糊化特性测定仪器参数设置见表 11-2。测得的大米淀粉糊化特征值包括最高黏度、最低黏度、最终黏度、崩解值、消减值、回复值、起始糊化温度，除起始糊化温度外，糊化特征值单位为 BU。

表 11-2 糊化特性测定仪器参数设置

时间	项目	设定值/℃
00:00:00	温度	30
00:21:40	升温	95
00:51:40	保温	95
00:65:00	降温	50
00:70:00	保温	50

11.2.3　数据统计分析

利用 SPSS 20.0 软件进行数据的方差分析（ANOVA）、相关性分析。

11.3　大米淀粉糊化特征值和直链淀粉含量及多重比较结果

由表 11-3 可以看出，4 种大米淀粉糊化特征值最高黏度为 692.4～844BU，其中'空育 131'（佳木斯）的最高黏度最小，为 692.4BU，'空育 131'（齐齐哈尔）的最高黏度最大，为 844BU。最低黏度为 378.8～399.8BU，其中'龙粳 31'（齐齐哈尔）和'空育 131'（佳木斯）的最低黏度最小，为 378.8BU，'空育 131'（齐齐哈尔）的最低黏度最大，为 399.8BU。最终黏度为 719.2～777BU，其中'龙粳 31'（齐齐哈尔）的最终黏度最小，为 719.2BU，'空育 131'（齐齐哈尔）的最终黏度最大，为 777BU。淀粉糊化的过程中较高的最高黏度对应着较高的崩解值，崩解值为 313.6～451.4BU，其中'空育 131'（佳木斯）的崩解值最小，为 313.6BU，'龙粳 31'（齐齐哈尔）的崩解值最大，为 451.4BU；与最高黏度表现的趋势相近，说明黑龙江大米也遵循这一规律。

表 11-3　不同品种大米淀粉糊化特征值和多重比较结果

品种	最高黏度/BU	最低黏度/BU	最终黏度/BU	崩解值/BU	消减值/BU	回复值/BU	起始糊化温度/℃
龙粳 31（齐齐哈尔）	830.2±52.19ab	378.8±17.00a	719.2±34.22b	451.4±43.95a	−111±30.56a	340.4±20.57a	65.64±0.68a
龙粳 31（佳木斯）	786.6±74.86ab	380.2±16.75a	760±39.93ab	406.4±63.32ab	−26.6±73.27ab	379.8±30.90abc	65.52±0.38a
空育 131（齐齐哈尔）	844±135.14a	399.8±25.77a	777±22.35a	444.2±111.56ab	−67±122.06ab	377.2±12.83bc	66.06±1.55a
空育 131（佳木斯）	692.4±33.72b	378.8±9.86a	768.2±18.12ab	313.6±25.58b	75.8±35.91b	389.4±14.84c	66.6±0.88a

注：表中的数值用平均值±标准偏差表示，不同小写字母表示显著性差异（$P<0.05$）

消减值的变化范围为 −111～75.8BU，其中'龙粳 31'（齐齐哈尔）的消减值最小，为 −111BU，'空育 131'（佳木斯）的消减值最大，为 75.8BU。回复值的变化范围为 340.4～389.4BU，其中'龙粳 31'（齐齐哈尔）的回复值最小，为 340.4BU，'空育 131'（佳木斯）的回复值最大，为 389.4BU。糊化温度低是黑龙江大米的重要的品质特性，使大米具有糊化充分、复水性好、口感佳的特点，起始糊化温度的变化范围为 65.52～66.6℃，其中'龙粳 31'（佳木斯）的起始糊化温度最小，为 65.52℃，'空育 131'（佳木斯）的起始糊化温度最大，为 66.6℃。

　　由多重比较结果可知，'龙粳 31'（齐齐哈尔）与'空育 131'（佳木斯）在崩解值、消减值、回复值上差异显著，'龙粳 31'（齐齐哈尔）与'空育 131'（齐齐哈尔）在最终黏度、回复值上差异显著。但不同地域同一品种差异不显著，说明淀粉糊化特征值不能区分本试验不同地域同一品种的水稻，淀粉糊化特征值与水稻种植环境、施肥等情况有关，今后还需扩大采样地点与数量，进行大量试验，进一步证实地域对于淀粉糊化特征值的影响。

11.3.1　不同地域大米直链淀粉含量及淀粉糊化特征值

　　从表 11-4 中可以看出不同地域间大米淀粉糊化特征值有其各自特点。直链淀粉是影响大米食味的重要指标，有研究表明中、低直链淀粉的大米口感较好，本试验选择的 5 个地域大米直链淀粉含量为 17.13%～18.36%，属于低直链淀粉大米，初步判断本试验选取的水稻品质较好。

表 11-4　不同地域大米直链淀粉含量及淀粉糊化特征值

特征值	五常	齐齐哈尔	鸡西	双鸭山	佳木斯
直链淀粉/%	17.45±1.95	17.13±0.55	17.92±0.64	17.98±1.13	18.36±0.57
变异系数/%	0.1117	0.0321	0.0357	0.0628	0.031
最高黏度/BU	786.17±94.40	877.67±121.41	725.67±71.01	758.80±66.86	797.43±51.07
变异系数/%	0.1201	0.1383	0.0979	0.0881	0.064
最低黏度/BU	398.17±27.67	404.33±21.50	371.33±14.84	379.00±14.58	372.57±22.85
变异系数/%	0.0696	0.0532	0.04	0.0385	0.0613
最终黏度/BU	774.17±42.00	784.67±11.24	738.83±31.89	761.60±43.88	729.71±39.29
变异系数/%	0.0543	0.0143	0.0412	0.0576	0.0538
崩解值/BU	388.00±74.13	473.33±101.66	354.33±61.33	379.80±72.36	416.29±33.17
变异系数/%	0.1911	0.2148	0.1731	0.1905	0.0797
消减值/BU	−12.00±90.43	−93.00±115.66	13.17±89.91	2.80±93.09	−67.71±27.78
变异系数/%	7.5358	1.2437	6.8269	33.2464	0.4103
回复值/BU	376.00±29.33	380.33±14.01	367.50±31.62	382.60±31.50	348.57±22.60
变异系数/%	0.078	0.0368	0.086	0.0823	0.0648
起始糊化温度/℃	65.70±1.27	64.47±0.67	66.13±0.10	66.60±0.84	65.43±0.61
变异系数/%	0.0193	0.014	0.0015	0.0126	0.0093

　　进一步通过对黑龙江不同地域大米糊化特征值进行比较分析发现，大米淀粉糊化特征值最高黏度为 725.67～877.67BU，其中鸡西的最高黏度最小，为

725.67BU，齐齐哈尔的最高黏度最大，为 877.67BU；整体表现为齐齐哈尔＞佳木斯＞五常＞双鸭山＞鸡西。最低黏度为 371.33～404.33BU，其中鸡西的最低黏度最小，为 371.33BU，齐齐哈尔的最低黏度最大，为 404.33BU；整体表现为齐齐哈尔＞五常＞双鸭山＞佳木斯＞鸡西。最终黏度为 729.71～784.67BU，其中佳木斯的最终黏度最小，为 729.71BU，齐齐哈尔的最终黏度最大为 784.67BU；整体表现为齐齐哈尔＞五常＞双鸭山＞鸡西＞佳木斯。淀粉糊化的过程中较高的最高黏度对应着较高的崩解值，5 个地域崩解值的变化范围为 354.33～473.33BU，其中鸡西的崩解值最小，为 354.33BU，齐齐哈尔的崩解值最大，为 473.33BU；与最高黏度表现一致，说明黑龙江大米也遵循这一规律。消减值为 -93.00～13.17BU，其中齐齐哈尔的消减值最小，为 -93.00BU，鸡西的消减值最大，为 13.17BU；整体表现为鸡西＞双鸭山＞五常＞佳木斯＞齐齐哈尔。回复值为 348.57～382.60BU，其中佳木斯的回复值最小，为 348.57BU，双鸭山的回复值最大，为 382.60BU；整体表现为双鸭山＞齐齐哈尔＞五常＞鸡西＞佳木斯。糊化温度低是黑龙江大米的重要的品质特性，使大米具有糊化充分、复水性好、口感佳的特点，5 个地域起始糊化温度为 64.47～66.60℃，其中齐齐哈尔的起始糊化温度最低，为 64.47℃，双鸭山的起始糊化温度最高，为 66.60℃；整体表现为双鸭山＞鸡西＞五常＞佳木斯＞齐齐哈尔。

从以上数据可以看出不同地域的大米在淀粉糊化特性方面并未表现出同样的规律，今后还需大量采集当地主栽品种样本证实。不同地域最高黏度变异系数为 0.064%～0.1383%。结合起始糊化温度在不同地域间差异显著的特征，最高黏度和起始糊化温度有可能对鉴别不同地域大米有较强判别能力，今后还需进一步扩大采样范围，增大试验样本量进一步证实。

11.3.2　大米淀粉糊化特征值的相关性分析

进一步分析 4 种大米淀粉糊化特征值之间的相关性，结果见表 11-5。有研究表明大米黏滞性（RVA）谱 6 个特征值之间，最高黏度与最终黏度、回复值相关不显著，最低黏度与崩解值相关极显著，其余均相关极显著。本试验结果显示最高黏度与最低黏度、崩解值呈极显著正相关，与消减值、起始糊化温度呈极显著负相关；最低黏度与最终黏度、崩解值呈极显著正相关，与消减值呈显著负相关；最终黏度与回复值呈极显著正相关；崩解值与消减值、起始糊化温度呈极显著负相关；消减值与回复值呈极显著正相关，与起始糊化温度呈显著正相关。

表 11-5　主栽品种大米淀粉糊化特征值的相关性

项目	最高黏度	最低黏度	最终黏度	崩解值	消减值
最低黏度	0.736**				
最终黏度		0.661**			
崩解值	0.988**	0.624**			
消减值	−0.934**	−0.490*		−0.968**	
回复值			0.850**		0.620**
起始糊化温度	−0.565**			−0.562**	0.553*

*表示显著相关（$P<0.05$）；**表示极显著相关（$P<0.01$）。下同

11.3.3　直链淀粉与淀粉糊化特征值的相关性

杨晓蓉等（2001）曾研究，大米淀粉糊化特征值不同是由于直链淀粉含量不同。本试验直链淀粉含量测定结果见表 11-6，直链淀粉含量为 17.3%～18.3%。直链淀粉含量分为高直链淀粉含量、中直链淀粉含量、低直链淀粉含量，本试验的样品属于低直链淀粉含量（直链淀粉含量≤20%），其中'龙粳 31'（齐齐哈尔）的直链淀粉含量最低，为 17.3%，'空育 131'（佳木斯）和'空育 131'（齐齐哈尔）的直链淀粉含量最高，为 18.3%。对本试验样品进行直链淀粉含量与淀粉糊化特征值的相关性分析，结果见表 11-7。

表 11-6　不同品种大米直链淀粉含量

项目	龙粳 31（齐齐哈尔）	龙粳 31（佳木斯）	空育 131（齐齐哈尔）	空育 131（佳木斯）
直链淀粉含量/%	17.3±0.68	17.88±1.20	18.3±0.65	18.3±0.85

表 11-7　不同品种直链淀粉含量与淀粉糊化特征值的相关性

项目	最高黏度	最低黏度	最终黏度	崩解值	消减值	回复值	起始糊化温度
直链淀粉含量	−0.320	−0.013	0.191	−0.366	0.385	0.260	0.023

毛海锋等（2009）研究不同品种的早籼稻和晚籼稻直链淀粉含量与淀粉糊化特征值的关系，表明最高黏度、最低黏度、最终黏度、起始糊化温度与直链淀粉含量呈正相关关系。而由表 11-8 可以看出，本试验样品直链淀粉含量与最低黏度和最终黏度呈显著负相关，与其他淀粉糊化特征值相关关系均不显著，可能与样本来源不同有关，同时糊化特性不仅与直链淀粉有关，还受大米加工精度、产地、气候和种植方式影响。

表 11-8　不同地域大米直链淀粉含量与淀粉糊化特征值的相关性

项目	直链淀粉	最高黏度	最低黏度	最终黏度	崩解值	消减值	回复值	起始糊化温度
平均值	17.77	789.15	385.08	757.8	402.35	−31.35	371	66.67
直链淀粉相关系数		−0.611	−0.930*	−0.919*	−0.509	0.287	−0.711	−0.315

大米直链淀粉含量与淀粉糊化特征值有关，为进一步分析黑龙江大米直链淀粉含量与大米淀粉糊化特征值之间的相关性，将 5 个地域的样本的直链淀粉含量平均值与糊化特征值平均值进行相关性分析，结果见表 11-8。可以看出直链淀粉含量与最低黏度和最终黏度呈显著负相关，相关系数分别为 -0.930 和 -0.919，与其他特征值无显著相关性。5 个地域大米直链淀粉含量越高，大米淀粉糊化特征值中的最低黏度与最终黏度越小。试验样本均为低直链淀粉含量大米（直链淀粉含量<20%），李刚等（2009）研究表明，低直链淀粉含量大米的最高黏度、崩解值与直链淀粉含量呈极显著负相关（$P<0.01$）；最低黏度、最终黏度、回复值、消减值与直链淀粉含量呈极显著正相关（$P<0.01$），本试验直链淀粉含量与最高黏度和崩解值具有负相关关系，但不显著，这可能与样本来源不同有关，同时糊化特性不仅与直链淀粉有关，还受大米加工精度、产地、气候和种植方式影响。

11.4　讨　　论

（1）本试验结果显示最高黏度与最低黏度、崩解值呈极显著正相关，与消减值、起始糊化温度呈极显著负相关；最低黏度与最终黏度、崩解值呈极显著正相关，与消减值呈显著负相关；最终黏度与回复值呈极显著正相关；崩解值与消减值、起始糊化温度呈极显著负相关；消减值与回复值呈极显著正相关，与起始糊化温度呈显著正相关。

（2）本试验样品直链淀粉含量与最低黏度和最终黏度呈显著负相关，与其他淀粉糊化特征相关关系均不显著，可能与样本来源不同有关，同时糊化特性不仅与直链淀粉有关，还受大米加工精度、产地、气候和种植方式影响。

11.5　小　　结

（1）试验选取的黑龙江省 5 个地域的大米直链淀粉含量为 17.13%～18.36%，属于低直链淀粉含量大米，初步判断 5 个地域的水稻品质较好，关于品质的具体信息还要做进一步研究。

（2）不同地域的大米在淀粉糊化特性方面并未表现出同样的规律，不同地域最高黏度变异系数为 0.064%～0.1383%。这可能是由于 2012 年黑龙江大米主产区种植的品种不一致，今后还需进一步扩大采样范围，增大试验样本量，可进一步研究同一品种的淀粉糊化特性的关系。

第12章 黑龙江大米品质的主成分分析和聚类分析

大米的品质检测和品种鉴别已成为稻谷今后的主要研究课题。从大米的色泽、形状等外部基本特征到蛋白质含量、直链淀粉含量等内部品质，都得到了研究。但是，将这些指标用于对水稻品种进行鉴定和产区领域鉴别的研究是比较少的。因为大米品质不仅受到遗传因素的影响，同时也受到环境因素的影响，同一品种的大米在不同的种植区域其品质有可能具有很大的差别，因此研究不同种植区域大米品质特性具有长远的意义。本研究通过测定黑龙江省三个大米主产区 90 份大米样品的米粒投影面积、米粒长、米粒宽、长宽比、垩白度、垩白粒率等外观指标和蛋白质、直链淀粉、脂肪和灰分等理化指标，分析不同产区来源大米外观指标和理化指标组成及含量差异特性，探讨其对产地分析的可行性，为区别不同产区的大米提供依据。

不同品种和不同地理环境生长的稻谷具有不同的品质特征。本试验通过测定稻米的理化指标和外观指标，比较理化指标和外观指标值，根据理化指标和外观指标可以研究不同地域稻米的外观和理化差异，为区别不同地域的稻米提供依据。本试验对地理标志稻米的品牌保护具有重要意义。

大米品质一般包括外观品质、加工品质、蒸煮食用品质和营养品质等几个方面，主要涉及整精米率、垩白粒率、垩白度、长宽比、胶稠度、直链淀粉含量和蛋白质等具体指标。了解大米各品质性状的相互关系和对各品种大米品质进行评价，对于大米品质的改良和深加工具有一定的参考意义。

稻米的外观是指人们通过视觉直接感受到的稻米外在品质，其评价指标主要包括色泽（白度、色度值、光泽）、表面结构（保水膜、完整率）、外观形状（长度、宽度、厚度）等。与稻米外观品质相关联的因素诸多，如碎米含量，王鲁峰等（2009）研究得出，当其超过 5%时，碎米含量越低则稻米质构特性与食味品质越好；当碎米含量超过 25%时，其食味品质受到严重影响。严文潮等（1998）通过对粳型稻米外观、香味、滋味、黏度、硬度和综合评分值等指标的评价，发现与稻米食味评价值关联度的高低依次为：外观>滋味>黏度>香味>硬度，表明稻米外观品质是其食味的重要组成部分。

稻米中所含水分的多少对米饭的黏度和食味有很大的影响。国家标准中规定，稻米水分含量不得超过 15.5%。研究结果表明，在不超过 15.5%的条件下水分含量越高，稻米越好，蒸出的米饭越香、弹性韧度感会越好。蛋白质和淀粉是稻米的两大主要营养成分，其中蛋白质含量在很大程度上影响和决定着稻米的食用品质。有研究指出，蛋白质含量过高会抑制淀粉粒的吸水、膨胀及糊化，从而使米饭口感较差、食味不佳。陈能等（1997）分析指出，蛋白质含量与食味呈负相关，但是没有那么显著。于洪兰等（2009）研究发现，稻米产量与蛋白质含量呈负相关，即蛋白质含量高则产量低。

垩白是稻米外观品质的一项重要指标。由于稻米胚乳中淀粉和蛋白质颗粒填塞疏松充气、光线不能通过而发生折射，从而形成白色不透明的部分，即垩白。具有垩白的稻米在精碾时容易碎，影响碾米的品质，且垩白米蒸煮后饭粒会产生较多裂纹，米饭蓬松且中空，严重影响食用品质。因此垩白米率越高，垩白面积越大，品质越差。

乔治等（2016）研究指出，不同地域的稻米米粒投影面积、米粒宽、长宽比、垩白度和垩白粒率均存在显著的地域差异，米粒长的均值在各个地区之间差异不显著。同一品种粳米不同地域对样品米粒投影面积、米粒长、米粒宽、长宽比没有显著影响，而垩白度和垩白粒率在地域间存在显著差异（$P<0.05$）。品种对粳米米粒投影面积和米粒长存在显著影响（$P<0.05$），对米粒宽存在极显著影响（$P<0.01$）。

12.1　试验材料与方法

12.1.1　试验仪器设备与试剂

本试验所用仪器与试剂的主要信息见表 12-1 和表 12-2。

表 12-1　主要仪器型号及生产厂家

仪器名称	型号	生产厂家
脂肪测定仪	HN7Y-SOX500	北京中西远大科技有限公司
马弗炉	SXF-10-12	上海卓爵仪器设备有限公司
电热恒温鼓风干燥箱	DHG-9123A 型	上海精宏实验设备有限公司
砻谷机	FC2K	日本佐竹公司
碾米机	VP-32	日本佐竹公司
电子天平	TB-4002	北京赛多利斯科学仪器有限公司
近红外谷物分析仪	Infratec 1241 Grain Analyzer	丹麦 FOSS 公司
大米外观品质分析仪	ES-1000 型	静冈制机株式会社
淀粉黏度仪	8803302 Brabender	德国 Brabender OHG 公司
高速万能粉碎机	LM-3100	北京波通瑞华仪器有限公司

表 12-2 主要试剂及生产厂家

试验药品名称	规格	生产厂家
超纯水	分析纯	广州新港化工厂
乙酸镁	分析纯	国药集团化学试剂有限公司
氢氧化钠	分析纯	国药集团化学试剂有限公司
乙醚	分析纯	北京欣经科生物技术有限公司

12.1.2 试验材料

为确保所建立模型的可靠性和准确度，试验材料应具有代表性和真实性，采样地点选择 2013 年黑龙江五常、建三江、查哈阳三个大米主产区，每个市选择主产县，每个县选主产乡、镇内栽种面积最大的水稻品种。选择三个地域的主栽品种。本试验需要在水稻田中取样，采样时间选择在水稻成熟期后、农户收割水稻前完成，每个采样点每个品种采集 5kg 水稻，编号，共采集 90 个样品，详见表12-3。考虑不同生态条件对试验结果的影响，采样同时记录种植地位置经纬度、日照时数、年平均温度、降雨量等情况。

表 12-3 采集样品信息表

地域	品种	数量/份	地区
五常	五优稻 4 号	6	二道河子镇、安家镇、杜家镇、民乐乡、常堡、沙河子镇、冲河镇、山河镇、民意乡
	东农 425	6	
	松粳 12	5	
	松粳 16	5	
	松粳香 2 号	5	
	松粳 3 号	5	
建三江	龙粳 31	6	创业农场、大兴农场、七星农场、浓江农场、勤得利农场、鸭绿河农场、红卫农场、洪河农场、胜利农场、859 农场、前锋农场、前哨农场、二九一农场
	空育 131	6	
	龙粳 21	2	
	龙粳 26	3	
	龙粳 25	5	
	龙粳 36	5	
	龙粳 29	5	
	垦 08-191	5	
	垦 08-196	5	
	农大 9129	2	
	垦 08-2551	2	
	垦 10001	1	
查哈阳	龙粳 31	11	丰收管理区、海洋管理区、稻花香管理区、金边管理区、金光管理区、太平湖管理区

用于黑龙江大米品质的主成分分析和聚类分析的 19 个试验品种分别为：'龙粳 21''龙粳 25''龙粳 26''龙粳 29''龙粳 31''龙粳 36''龙盾 108''农大 9129''松粳 3 号''松粳 12''松粳 16''松粳香 2 号''五优稻 4 号''垦 08-2551''垦 08-191''垦 08-196''垦 10001''空育 131'和'东农 425'。为表述方便，依次将它们编号为 1～19，并比较其品质性状，即长宽比（X1）、垩白粒率（X2）、垩白度（X3）、胶稠度（X4）、整精米率（X5）和直链淀粉含量（X6）。

12.1.3　试验方法

12.1.3.1　样品预处理方法

挑出样品中的石子、杂草等，经晾晒后，将稻谷先用砻谷机去稻壳，将糙米用分样筛进行筛选，首先除去未成熟粒，再选出病虫害粒，最后得到净糙米，将净糙米用 VP-32 碾米机参照国标 GB/T 1354—2009（中国标准出版社，1986）碾白，分别收集统一标准精米。将精米分成两份：一份用作直链淀粉测定；另一份用旋风式磨粉机粉碎，过 60 目筛，用于淀粉糊化特性测定。

12.1.3.2　大米外观指标测定方法

大米的粒面积、粒长、粒宽、长宽比、垩白度、垩白粒率用 ES-1000 型大米外观品质分析仪进行测定。

12.1.3.3　大米理化指标测定方法

脂肪和灰分的测定分别根据 GB 5009.4—2010（中国标准出版社，2010）、GB/T 14772—2008（中国标准出版社，2008）中的测定方法。蛋白质和直链淀粉含量使用近红外谷物分析仪测定。

12.1.3.4　数据统计分析

利用 SPSS 20.0 软件进行数据的方差分析（ANOVA）、相关性分析、LSD 多重比较分析、主成分分析、聚类分析。

12.2　大米品质性状相关性分析和主成分分析

19 个品种的 6 项品质性状结果见表 12-4，应用 SPSS 18.0 软件进行主成分分析和聚类分析。对 19 个品种进行聚类分析。最后，综合评比聚类后各类水稻品种的大米品质，评分标准参考 GB/T 17891—1999 制定，详见表 12-5。

表 12-4　大米品质性状

品种编号	X1	X2/%	X3/%	X4/mm	X5/%	X6/%
1	1.70	9.88	5.30	66.9	73.2	18.13
2	1.46	13.20	6.50	64.8	78.8	18.6
3	1.51	7.27	3.90	67.3	76.5	18.1
4	1.45	8.20	4.10	66.5	82	18.15
5	1.56	4.81	2.56	78.8	74.9	16.9
6	1.50	1.50	2.70	80.9	77.1	15.1
7	1.52	11.20	6.40	65.1	75.8	18.3
8	1.52	16.35	9.10	64	75.7	18.8
9	1.46	7.60	4.50	67.7	81.2	17.98
10	2.04	10.90	6.80	65.7	63.9	18.23
11	1.81	1.95	1.05	80.1	69.8	15.8
12	1.93	6.30	3.60	73.4	68.7	17.7
13	1.93	6.74	3.87	70.1	67.9	17.96
14	1.84	3.65	1.98	80	69	16.63
15	1.66	27.45	9.68	63.8	73.5	18.98
16	1.78	16.98	10.18	63.9	72.9	18.98
17	1.56	14.07	8.20	64.8	74.9	18.5
18	1.50	5.91	3.24	75.5	77.1	17.4
19	2.04	6.30	3.70	71	64.1	18.98

表 12-5　大米品质性状的评分标准

性状	分值			
	0	1	2	3
X1	—	—	—	—
X2	$X \geqslant 30$	$30 > X \geqslant 20$	$20 > X \geqslant 10$	$X < 10$
X3	$X \geqslant 5$	$5 > X \geqslant 3$	$3 > X \geqslant 1$	$X < 1$
X4	$X < 60$	$70 > X \geqslant 60$	$80 > X \geqslant 70$	$X \geqslant 80$
X5	$X < 62$	$64 > X \geqslant 62$	$66 > X \geqslant 64$	$X \geqslant 66$
X6	$X \geqslant 20$	$20 > X \geqslant 18$	$18 > X \geqslant 16$	$X < 16$

注：X表示大米各品质性状的值。—表示长宽比不作为分类评分标准

　　由表 12-4 的数据，得各性状间的相互关系矩阵（表 12-6）。由表 12-6 可知，各性状间存在一定的相关关系，其中长宽比和整精米率呈极显著负相关关系（-0.96[**]），垩白粒率与垩白度和直链淀粉含量呈极显著正相关关系（0.92[**]、0.73[**]），垩白度与胶稠度和直链淀粉含量分别呈极显著负相关关系（-0.78[**]）和极显著正相关关系（0.75[**]）。胶稠度与直链淀粉含量呈极显著负相关关系（-0.89[**]）。

表 12-6　大米品质性状间的相互关系矩阵

性状	X2	X3	X4	X5	X6
X1	−0.11	−0.10	0.14	−0.96**	0.06
X2		0.92**	−0.78**	0.10	0.73**
X3			−0.84**	0.10	0.75**
X4				−0.18	−0.89**
X5					−0.02

*表示在 0.05 水平（双侧）上显著相关。**表示在 0.01 水平（双侧）上极显著相关

　　大米品质性状的 6×6 阶相关矩阵的特征根及其贡献率见表 12-7。从表 12-7 得知，前两个特征根的累计贡献率为 90.96%。因此，选择前两个主成分，其相应的特征向量见表 12-8。第 1 主成分的贡献率达 58.43%，其中垩白粒率、垩白度、胶稠度和直链淀粉含量系数绝对值接近 1，表明该主成分反映的是垩白粒率、垩白度、胶稠度和直链淀粉含量；第 2 主成分的贡献率为 32.53%，且长宽比和整精米率有绝对值较大的系数，因此本主成分是长宽比和整精米率的一个综合反映。

表 12-7　大米品质性状的特征根的贡献率和累计贡献率

性状	特征根	贡献率/%	累计贡献率/%
X1	3.50	58.43	58.43
X2	1.95	32.53	90.96
X3	0.36	6.00	96.97
X4	0.10	1.70	98.67
X5	0.04	0.82	99.49
X6	0.03	0.50	100.00

表 12-8　大米主成分品质的特征向量

性状	成分	
	1	2
X1	−0.19	0.97
X2	0.92	0.07
X3	0.94	0.08
X4	−0.94	−0.03
X5	0.21	−0.96
X6	0.88	0.24

　　可以得到两个主成分和各大米品质性状的线性方程，设用 A_1 和 A_2 分别代表两个主成分。

$$A_1=-0.19X_1+0.92X_2+0.94X_3+（-0.94X_4）+0.21X_5+0.88X_6$$
$$A_2=0.97X_1+0.07X_2+0.08X_3+（-0.03X_4）+（-0.96X_5）+0.24X_6$$

由这两个方程可以计算得出各品种主成分得分，见表12-9。

表12-9　19个品种的主成分值

品种编号	A_1	A_2
1	0.22	0.14
2	0.82	−0.87
3	0.04	−0.67
4	0.22	−1.33
5	−1.01	−0.61
6	−1.6	−1.20
7	0.59	−0.48
8	1.24	−0.34
9	0.13	−1.25
10	0.28	1.90
11	−1.73	0.30
12	−0.60	1.01
13	−0.35	1.13
14	−1.38	0.58
15	1.75	0.31
16	1.32	0.60
17	0.93	−0.23
18	−0.59	−0.88
19	0.75	−0.34

12.3　大米品质性状聚类分析研究

根据19个品种的主成分值进行聚类分析得到图12-1。

从图12-1可以看出，当聚合水平取5时，可将19个品种分为6类。其中，第2类所包含的品种数最多，共有5个，占总品种数的26%，它们分别是'农大9129''龙盾108''垦10001''龙粳21'和'龙粳25'；其次是第6类，包含'松粳香2号''东农425''松粳12'和'五优稻4号'4种；第1类和第5类都包含3个品种，第1类包含'龙粳26''龙粳29'和'松粳3号'；第5类包含'龙粳31''空育131'和'龙粳36'。第3类包含'垦08-191'和'垦08-196'两种；第4类包含'松粳16'和'垦08-2551'两种。

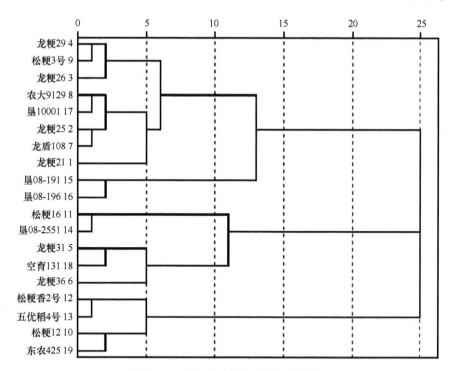

图 12-1　供试验水稻品种的分类图谱

使用平均连接（组间）的树状图重新调整距离聚类合并

12.4　大米品质评价研究结果

由表 12-10 可得出：第 1、4、5、6 类大米品质性状表现最好，但第 1 类和第 6 类品种在垩白度和胶稠度方面仍表现出了一定的不足。胶稠度对第 4 类和第 5 类品质也有一定的影响。其次为第 2 类品种，垩白度和胶稠度严重影响了其品质。第 3 类品种表现最差，除整精米率外，其他性状都处于较低水平。

表 12-10　各类群品质性状的综合评比

类群编号	X1	X2	X3	X4	X5	X6	得分
1	—	7.69（3）	4.17（1）	66.63（1）	75.17（3）	17.23（2）	10
2	—	12.94（2）	7.10（0）	68.60（1）	75.08（3）	17.67（2）	8
3	—	22.22（1）	9.93（0）	67.90（1）	74.05（3）	18.79（1）	6
4	—	2.80（3）	1.52（2）	64.60（1）	76.85（3）	18.89（1）	10
5	—	4.07（3）	2.83（2）	66.33（1）	75.93（3）	18.08（1）	10
6	—	7.56（3）	4.49（1）	65.00（1）	69.38（3）	17.22（2）	10

注：表中数据为各类水稻品种各品质性状的平均值，括号内的数字表示所得分值

12.5　结果与讨论

大米品质性状受遗传性状和环境因子的影响，大米品质性状间存在难以调和的遗传相关。本研究中，19 个水稻品种的 6 项大米品质性状间，各性状间存在一定的相关关系，其中长宽比和整精米率呈极显著负相关关系，这与王丹英等（2005）的研究存在一定的一致性。垩白粒率与垩白度和直链淀粉含量呈极显著正相关关系，垩白度与胶稠度和直链淀粉含量分别呈极显著负相关关系和极显著正相关关系。胶稠度与直链淀粉含量呈极显著负相关关系。由此可见，外观品质和蒸煮食味品质呈一定的正相关关系，即改善大米的外观品质的同时，其食味品质也会得到提高。通过进一步分析，又得到了两个具有不同意义的主成分，其累计贡献率为 90.968%。将 19 个品种聚类分析，分为 6 类，第 1、4、5、6 类大米品质性状表现最好，但第 1 类和第 6 类品种在垩白度和胶稠度方面仍表现出了一定的不足。胶稠度对第 4 类和第 5 类品质也有一定的影响。其次为第 2 类品种，垩白度和胶稠度严重影响了其品质。第 3 类品种表现最差，除整精米率外，其他性状都处于较低水平，说明此类品种在品质上需要提高。

第13章　产地因素对大米外观指标的影响分析

大米是最重要的主食之一，提供了世界一半人口的口粮。中国是世界领先的大米生产国，改革开放以来，随着人们生活质量的提高，人们不再是仅仅满足于温饱问题，对粮食品质的要求也在逐步提高。黑龙江素有"北大仓"之称，是重要的大米产业基地，水稻种植面积占全国种植总面积的12%。黑龙江部分地区的大米因其优良的品质，深受人们的欢迎，被授予地理标志产品称号。然而，市场上充斥的套牌大米，冒用地理标志，损害了商家和消费者的利益。为了区别不同地域的大米，国内外学者对鉴别大米产地的技术进行了广泛的研究。夏立娅等（2013）利用近红外光谱和模式识别技术对119个产自响水地区大米样品和90个其他地区的大米样品进行产地判别，凝聚层次聚类和Fisher判别法两种方法都可以100%正确地鉴别两个地区的大米。Cheajesadagul等（2013）应用矿物元素成功地鉴别出泰国香米和非泰国香米，以及不同地区的泰国香米产地。王娜娜等（2013）以顶空固相微萃取-气相色谱法分析了不同产地大米样本的挥发性成分，应用所建立的PLS-DA模型，可100%区分不同产地大米样本。大米的外观特征米粒投影面积、米粒长度、米粒宽度、长宽比、垩白度和垩白粒率通常被用来评价大米的品质，却少有人用来分析大米的产地。本试验选取大米的部分外观，建立数学模型，探究不同产区大米外观特性在大米产地鉴别上应用的可行性。

13.1　试验材料与方法

利用SPSS 20.0软件进行数据的方差分析（ANOVA）、相关性分析、LSD多重比较分析、主成分分析、聚类分析和判别分析，利用Fisher线性判别方法建立判别模型，并进行交叉验证。其他试验材料与方法同第12章。

13.2　不同地域大米外观特征差异分析研究

对五常、查哈阳和建三江三个地域采集的90份大米样品的米粒投影面积、米粒长、米粒宽、长宽比、垩白度和垩白粒率指标进行外观品质分析测定，结果运用单因素方差分析，见表13-1。结果显示，米粒投影面积、米粒宽、长宽比、垩白度和垩白粒率存在极显著的地域差异（$P<0.01$），米粒长的均值各地区差异不显著（$P>0.05$）。

表 13-1　不同地域样品外观指标单因素方差分析

		平方和	df	均方	F	显著性
米粒投影面积	组间	42.081	2	21.041	56.374	0.000
米粒长	组间	0.094	2	0.047	0.723	0.489
米粒宽	组间	4.934	2	2.467	295.048	0.000
长宽比	组间	1078.065	2	539.032	69.021	0.000
垩白度	组间	1226.948	2	613.474	42.902	0.000
垩白粒率	组间	3286.929	2	1643.465	47.542	0.000

13.3　大米外观特征指纹图谱对大米产地的判别分析

利用米粒投影面积、米粒宽、长宽比、垩白度和垩白粒率 5 种地域差异显著的指标组合通过 Fisher 线性判别分析方法建立判别模型，并对大米样品进行交叉检验。所建立的产地判别模型如下。

F_1（查哈阳）=198.536 米粒投影面积−531.776 米粒宽+37.093 长宽比
　　−0.470 垩白度−1.584 垩白粒率−1495.272

F_2（建三江）=198.153 米粒投影面积−531.491 米粒宽+37.053 长宽比
　　−0.315 垩白度−1.715 垩白粒率−1489.056

F_3（五常）=188.986 米粒投影面积−556.670 米粒宽+34.387 长宽比
　　+0.217 垩白度−1.537 垩白粒率−1176.035

将样品各项指标值分别代入每个函数，产地判属为 F 值最大的地区。结果表明，交叉检验对查哈阳大米、建三江大米和五常大米样品的正确判别率分别为 45.2%、60% 和 100%，整体正确判别率为 76.4%（表 13-2）；对大米样品进行投影，得到的线性判别函数能使不同类样品尽可能分离，而同类样品尽可能地聚集。前两个函数的贡献率分别为 99.9% 和 0.1%，根据其计算出的判别得分，作大米外观指标的典型判别得分图（图 13-1）。从图 13-1 可看出，五常大米样品被明显区分于查哈阳大米和建三江大米，说明不同产地大米的外观特征可以鉴别某些地区的大米。

表 13-2　大米外观特征组合判别分析结果

		分组	预测组成员			合计
			查哈阳	建三江	五常	
交叉验证	计数	1	14.00	17.00	0.00	31.00
		2	11.00	18.00	1.00	30.00
		3	0.00	0.00	28.00	28.00
	比例/%	1	45.20	54.80	0.00	100.00
		2	36.70	60.00	3.30	100.00
		3	0.00	0.00	100.0	100.00

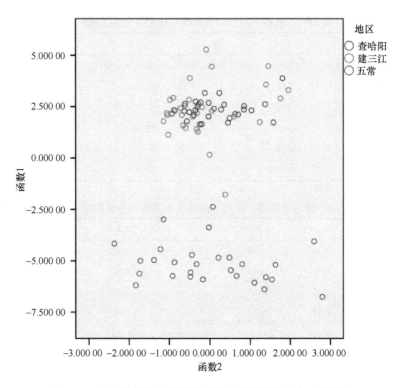

图 13-1　大米外观指标判别得分图（彩图请扫封底二维码）

13.4　影响大米外观特征的因素

考虑到品种是影响大米外观特征的重要因素，因此对不同品种粳米外观特征进行了方差分析，结果见表 13-3～表 13-5。

表 13-3　建三江不同品种粳米外观指标单因素方差分析

		平方和	df	均方	F	显著性
米粒投影面积	组间	0.34	1	0.34	2.591	0.119
米粒长	组间	0.007	1	0.007	0.507	0.482
米粒宽	组间	0.010	1	0.010	1.167	0.289
长宽比	组间	0.540	1	0.540	0.098	0.757
垩白度	组间	48.053	1	48.053	8.739	0.006
垩白粒率	组间	148.802	1	148.802	10.155	0.004

表 13-4 五常不同品种粳米外观指标单因素方差分析

		平方和	df	均方	F	显著性
米粒投影面积	组间	4.786	1	4.786	6.547	0.017
米粒长	组间	0.772	1	0.772	5.918	0.022
米粒宽	组间	0.102	1	0.102	7.804	0.010
长宽比	组间	39.647	1	39.647	2.917	0.100
垩白度	组间	46.418	1	46.418	1.405	0.247
垩白粒率	组间	123.934	1	123.934	1.680	0.206

表 13-5 查哈阳和建三江同一品种大米外观指标单因素方差分析

		平方和	df	均方	F	显著性
米粒投影面积	组间	0.166	1	0.166	3.065	0.087
米粒长	组间	0.001	1	0.001	0.073	0.789
米粒宽	组间	0.006	1	0.006	1.651	0.206
长宽比	组间	0.158	1	0.158	0.044	0.834
垩白度	组间	24.014	1	24.014	5.743	0.021
垩白粒率	组间	70.041	1	70.041	5.769	0.021

由表 13-3、表 13-4 相同地域不同品种大米外观指标单因素方差分析结果可以看出，品种对粳米米粒投影面积和米粒长存在显著影响（$P<0.05$），对米粒宽存在极显著影响（$P<0.01$），由表 13-5 不同地域相同品种的大米外观单因素方差分析结果可以看出，地域对样品米粒投影面积、米粒长、米粒宽、长宽比没有显著影响，对垩白度和垩白粒率地域间存在显著差异（$P<0.05$），而某些品种大米之间的外观特征则差异显著。

为了得到高产量、高品质稻米，应该因地制宜地选种水稻的品种，所以一些品种的水稻只适合种植在特定区域，因此使用外观特征鉴别大米产地具有一定的应用意义。

13.5 讨 论

由于遗传因素和环境因素对稻米外观品质存在影响，本研究针对的三个不同地域 90 个水稻样品的 6 项稻米外观品质指标，其中 5 项外观指标差异显著。这与马文菊（2009）对影响稻米品质的因素的研究结果类似。但通过分析稻米品种和外观性状的相互关系，发现品种是影响大米外观的重要因素，本研究为通过品种进行产地判别进行了补充，对于稻米产地鉴别具有一定的参考意义。

13.6　小　　结

通过对粳米外观指标差异的分析比较，研究表明品种对外观指标存在显著影响，但是，还需要不断扩大样本容量和覆盖地区面积，深入研究不同产地粳米中外观指标的差异性，并系统分析地域、品种、储藏条件等因子对粳米外观指标差异性的影响。

第 14 章　产地因素对大米理化指标的影响分析

农产品的可追溯平台的建立从 2001 年以来逐渐开始被中国政府重视,并且公众对原产地标志的认识性也逐步提高。政府一方面加大资金投入力度,另一方面在全国各地陆续开展农产品可追溯系统研究试点工作,这使得消费者对原产地产品期望值也会越来越高。

理化指标与矿物元素相比,更直观清楚地显示出优质食品的区域特征,一方面在营养质量上起着重要的作用,另一方面对区分著名特产产区起着重要作用,通过不同地域来源大米理化指标组成特征及含量差异,分析各理化指标对大米产地来源的判别效果,探讨利用理化指标分析技术对大米产地进行鉴别的可行性。检测来自查哈阳、建三江和五常三个产区 90 份大米样品的蛋白质、直链淀粉、脂肪和灰分的含量,分别对数据进行方差分析(ANOVA)、多重比较分析和判别分析。

14.1　试验材料与方法

试验材料与方法同第 13 章。

14.2　不同产地大米理化指标含量差异比较

对三个黑龙江大米主产区的 90 份大米样品中的蛋白质、直链淀粉、脂肪和灰分含量通过 SPSS 进行多重比较分析。结果表明,4 项理化指标均存在显著的地域性差异,不同产地的大米样品理化指标含量有其各自的特征(表 14-1)。建三江大米样品的蛋白质含量最高(平均值为 9.57%),而直链淀粉和脂肪含量最低(平均值分别为 17.17%和 0.55%);五常大米样品的脂肪含量最高(平均值为 0.73%),蛋白质和灰分含量最低(平均值分别为 8.96%和 0.28%);查哈阳大米样品的各指标含量都处于中间状态。而且各指标在不同产地之间的差异均达到显著水平($P<0.05$)。对同一地区(建三江)不同基因型的大米('龙粳 31'和'空育 131')的理化指标含量进行多重比较,研究结果表明 4 项指标均无显著差异(表 14-2)。说明在本试验研究结果中产地对 4 项指标的影响占主要因素(表 14-2)。

表 14-1 不同产地大米理化指标差异分析（%）

理化指标	产地	均值±标准偏差	变幅	变异系数
蛋白质	查哈阳	9.11±0.59 b	8.00～10.40	1.80
	建三江	9.57±0.51a	8.40～10.50	3.24
	五常	8.96±0.79c	7.30～9.10	3.02
直链淀粉	查哈阳	18.03±0.32b	17.30～18.60	6.48
	建三江	17.17±0.56c	16.20～18.10	5.34
	五常	18.75±0.57a	17.60～19.90	5.66
脂肪	查哈阳	0.63±0.03b	0.57～0.73	4.64
	建三江	0.55±0.03c	0.50～0.66	6.12
	五常	0.73±0.03a	0.67～0.79	4.49
灰分	查哈阳	0.34±0.03b	0.27～0.73	7.64
	建三江	0.40±0.02a	0.35～0.44	5.63
	五常	0.28±0.02c	0.22～0.31	7.78

注：同列中的不同小写字母表示差异显著（$P<0.05$）

表 14-2 建三江不同品种大米理化指标差异比较（%）

品种	项目	蛋白质	直链淀粉	脂肪	灰分
龙粳 31	均值±标准偏差	9.38±0.70a	17.16±0.54a	0.52±0.02a	0.39±0.03a
	变幅	8.40～10.10	16.50～17.70	0.50～0.55	0.35～0.42
空育 131	均值±标准偏差	9.60±0.47a	17.17±0.57a	0.56±0.03a	0.40±0.02a
	变幅	8.70～10.50	16.20～18.10	0.51～0.66	0.37～0.44

注：同列中的不同小写字母表示差异显著（$P<0.05$）

14.3 理化指标对大米产地的判别分析

14.3.1 单一理化指标对大米产地的判别分析

为了进一步分析大米不同理化指标在地域之间的差异性，利用 Fisher 线性判别分析法分析 4 项理化指标对大米产地的正确判别率。结果表明，灰分对查哈阳、建三江和五常大米样品的判别效果最优，整体正确判别率为 86.5%；脂肪和直链淀粉的判别效果次之，整体正确判别率分别为 81.3%和 76.4%；蛋白质的判别效果最差，整体正确判别率仅为 64.0%（表 14-3）。可见，仅利用单一指标判别大米的产地存在一定困难，必须各项指标相结合进行分析。

表 14-3　单一理化指标对大米产地的正确判别率（%）

产地	蛋白质	直链淀粉	脂肪	灰分
查哈阳	45.2	71.0	87.1	74.2
建三江	63.3	80.0	83.2	93.3
五常	85.7	78.6	73.5	92.9
整体正确判别率	64.0	76.4	81.3	86.5

14.3.2　理化指标组合对大米产地的判别分析

利用蛋白质、直链淀粉、脂肪和灰分 4 种指标组合，通过 Fisher 线性判别分析方法建立判别模型，并对大米样品进行回代校验和交叉校验。所建立的产地判别模型如下。

Y_1（查哈阳）=30.133 蛋白质+72.123 直链淀粉+697.846 脂肪+651.488 灰分−1118.208

Y_2（建三江）=31.426 蛋白质+68.477 直链淀粉+627.400 脂肪+761.708 灰分−1065.132

Y_3（五常）=26.972 蛋白质+75.332 直链淀粉+783.219 脂肪+563.374 灰分−1180.871

将样品各项的指标值分别代入每个函数中，产地判属为 Y 值最大的地区。结果表明，交叉验证对查哈阳、建三江和五常大米样品的正确判别率分别为 93.5%、93.3%和 100%，整体正确判别率为 95.5%（表 14-4）。通过对 90 份大米样品选择合适的投影轴进行投影，得到的线性判别函数达到可使同类样品尽可能聚集、不同类样品尽可能分离的效果。前两个函数的贡献率分别为 99.3%和 0.7%，根据计算出的判别得分作大米样品的典型判别得分图（图 14-1）。从图 14-1 可看出，大米样品被明显区分为三类，分别位于坐标轴左右的不同区域。说明不同产地大米的理化指标指纹信息有其各自的特征，利用理化指标指纹信息可对大米的产地进行鉴别。

表 14-4　不同地区大米样品理化指标组合判别分析结果

验证方法	项目	地区	判属类别			总计
			查哈阳	建三江	五常	
交叉验证	计数	查哈阳	29	1	1	31
		建三江	2	28	0	30
		五常	0	0	28	28
	判别率/%		93.5	93.3	100	95.5

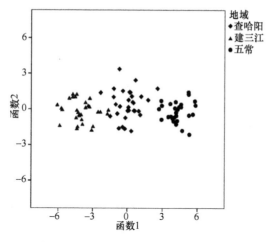

图 14-1　大米样品的典型判别得分图

14.4　不同产地大米理化指标直观分析

选择直链淀粉、脂肪和灰分三个判别率较高的理化指标绘制三维图，直观分析不同产地大米的理化指标指纹信息。由图 14-1 可以看出，三个不同大米产区 90 份样品基本呈现独立空间分布。查哈阳、建三江和五常的样品分布都较为集中，区分效果明显。这与表 14-4 的差异分析结果一致，查哈阳、建三江和五常三个产地的大米样品中直链淀粉、脂肪和灰分含量的特征范围存在一定程度的交叉，但绝大多数样品可以按产地正确归类（图 14-2）。

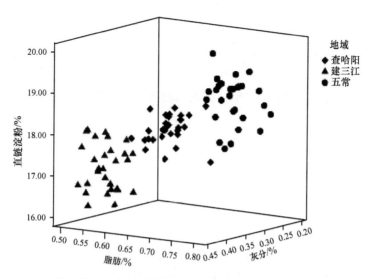

图 14-2　不同地域大米样品的理化指标直观分析图

14.5 讨　　论

大米理化指标受品种的遗传特性、地理环境条件、栽培措施和加工等综合因素影响。对于哪个因素对大米品质的影响最大前人研究结论各异。本研究结果中不同产区大米的理化指标指纹信息具有显著的产区特异性，与当地的水、土因素有关，同时受不同地域的气候的影响，进而使大米中理化指标指纹特征呈现独特的地域特征。查哈阳属于寒温带季风气候，年平均气温为 1.7℃，日照时数 2773h（乔治等，2016）；建三江属于寒温带湿润季风气候区，年平均气温为 1～2℃，日照时数 2260～2449h（矫江和姜孝义，2012）；而五常属中温带大陆季风气候，年平均气温为 3～4℃（王金芳等，2009）。李建国等（2008）研究环境因子对水稻品质的影响，结果表明水稻灌浆结实期的每日平均温度与蛋白质的含量呈极显著正相关关系，每日的最高温度与直链淀粉含量呈极显著负相关关系，温度对脂肪含量的影响最小。阳树英等（2013）以香稻为研究对象，研究产区气候与水稻香气的相关性，研究结果表明，不同气温与稻米蛋白质和脂肪酸的种类和含量有关。此外，大米中理化指标特征还受成熟度和储存条件（谢培荣等，2009）等因子的影响。因此，运用大米理化指标指纹信息进行产地分析还需研究以上这些因素对理化特征的影响规律，筛选与地域直接相关的因子是产地分析技术研究的关键。

14.6 小　　结

不同地域间大米的蛋白质、直链淀粉、脂肪和灰分具有差异，4 项指标在不同地域间均存在显著差异（$P<0.05$）。4 项指标运用线性判别分析法进行产地判别，判别正确率从高到低依次是灰分>脂肪>直链淀粉>蛋白质。结合 4 项指标建立判别方程，分别进行交叉验证，对查哈阳、建三江和五常大米样品的正确判别率分别为 93.5%、93.3%和 100%，整体正确判别率为 95.5%。不同产区大米理化指标所具有的特异性对评估分析特色大米的产地真实性具有重要研究意义。

第15章　本　篇　结　论

产区分析有利于实施产区保护、保护地区名牌、保护特色产品，而且食品的产区来源也会影响其组成成分，并与"从农田到餐桌"整个食品链的食源性风险相关联。分析方法的渊源主要是探讨具体的指标来表征不同地理来源的食物。农产品产地分析技术目前成为国内外学者的研究热点，为名优特产品和地理标志性产品的监管和执法提供科技支撑。本研究通过对黑龙江省建三江、五常、查哈阳三个地点随机采取的大米样品的外观和理化指标进行产区特异性分析，初步肯定了外观特性和理化特性对我国大米产地分析的可行性。

15.1　产地因素对大米外观指标的影响分析

以黑龙江三个标志性大米主产区——建三江、五常、查哈阳的大米作为试验的材料，分析米粒投影面积、米粒长、米粒宽、长宽比、垩白度和垩白粒率在不同产区的差异性，结合多元方差分析、判别分析等方法进行分析，研究发现大米的米粒投影面积、米粒宽、长宽比、垩白度和垩白粒率存在极显著的地域差异（$P<0.01$），米粒长的均值各地区差异不显著（$P>0.05$）。通过交叉检验，对查哈阳大米、建三江大米和五常大米样品的正确判别率分别为 45.2%、60%和 100%，整体正确判别率为 76.4%。并根据典型判别得分图可看出，五常大米样品被明显区分于查哈阳大米和建三江大米，说明不同产地大米的外观特征有显著差异，考虑到品种可能是影响大米外观特征的重要因素，对样本中同一地域不同品种大米和不同地域的同一品种的大米的外观特征进行了方差分析，通过分析结果得出，不同地域相同品种的大米外观特征没有显著差异（$P>0.05$），而相同地域不同品种大米之间的外观特征则差异显著（$P<0.05$）。所以为了得到高产量高品质稻米，应该因地制宜地选择种植的水稻品种，一些品种的水稻只适合种植在特定区域。因此，不同产区稻米外观特征的特异性对分析大米产地有一定的补充作用。

15.2　产地因素对大米理化指标的影响分析

以黑龙江三个标志性大米主产区——建三江、五常、查哈阳的大米作为试验的材料，分析蛋白质、直链淀粉、脂肪、灰分在不同产区的差异性，结果表明：三个地区 90 份大米样品的 4 项理化指标在不同地域间均存在显著差异，建三江大米样品的蛋白质含量最高，直链淀粉和脂肪含量最低；五常大米样品的脂肪含量最高，蛋白质和灰分含量最低；查哈阳大米样品的各指标含量都处于中间状态。运用线性判别分析法对 4 项指标进行产地判别，判别正确率从高到低依次是灰分>脂肪>直链淀粉>蛋白质。利用蛋白质、直链淀粉、脂肪和灰分的含量对大米产地进行判别分析，交叉检验正确判别率为 95.5%。所以不同地域来源的大米有其独特的理化品质特征，利用理化指标分析大米产地是一种潜在的产地分析技术。

15.3　存在的问题和不足

（1）本课题的研究仅局限于三个地域的 90 份大米，如果要运用到实际中还需要加大样本量和扩大研究的地域。

（2）食品的理化指标易受加工工艺和储存条件等因素影响，而且操作比较烦琐，致使利用理化指标指纹信息进行食品产地分析具有一定的难度和缺陷（钱丽丽等，2016）。而且不同的成分有其特有的样品前处理方法和检测方法，一般样品前处理方法和检测方法比较复杂，且耗时较长。

（3）对食品产地分析研究的影响因素不只局限于本研究中的两种，还包括土壤因素、温度、降水、日照时间等，其他因素的影响也有待分析。

参 考 文 献

白云峰, 陆昌华, 李秉柏. 2005. 畜产品安全的可追溯管理. 食品科学, 8: 473-477.

北京食品学会. 2010. 第 3 届国际食品安全高峰论坛论文集. 内部资料.

陈冬梅, 林文雄, 梁康迳. 2000. 稻米品质形成的生理生态研究现状与展望. 福建农业科技, (s1): 81-82.

陈能, 罗玉坤, 朱智伟, 等. 1997. 优质食用稻米品质的理化指标与食味的相关性研究. 中国水稻科学, (02): 70-76.

陈晓华. 2010. 持续发展 "三品一标", 努力确保农产品质量安全. 农产品质量与安全, (4): 5-8.

陈永明, 林萍, 何勇. 2009. 基于遗传算法的近红外光谱橄榄油产地鉴别方法研究. 光谱学与光谱分析, 29(3): 671-674.

程碧君. 2012. 基于脂肪酸指纹分析的牛肉产地溯源研究. 北京: 中国农业科学院.

程方民, 钟连进. 2001. 不同气候生态条件下稻米品质形状的变异及主要影响因子分析. 中国水稻科学, 15(3): 187-191.

迟明梅. 2005. 稻米食用品质的研究进展. 粮食加工, 1: 48-51.

东南香. 2004. 米食生产文化. 垦殖与稻作, 5: 63.

方炎, 高观, 范新鲁, 等. 2005. 我国食品安全追溯制度研究. 农业质量标准, (2): 37-39.

郭波莉, 魏益民, 潘家荣, 等. 2007. 多元素分析判别牛肉产地来源研究. 中国农业科学, 40(12): 2842-2847.

环爱华. 2001. 浅谈稻米品质及其影响因素. 中国稻米, (4): 8-10.

黄发松, 孙宗修, 胡培松, 等. 1998. 使用稻米品质形成研究的现状与展望. 中国水稻科学, 12(3): 172-176.

姜秋香, 付强, 王子龙. 2007. 黑龙江省西部半干旱区土壤水分空间变异性研究. 水土保持学报, 21(5): 118-121.

蒋彭炎. 1994. 粮食问题与稻米生产. 中国稻米, 1: 41-43.

矫江, 姜孝义. 2012. 黑龙江省农垦建三江分局水稻高产原因和启示. 中国稻米, 18(2): 79-81.

雷玲, 孙辉, 姜薇莉, 等. 2009. 稻谷储存过程中品质变化研究. 中国粮油学报, 24(12): 101-106.

黎用, 李小湘. 1998. 影响稻米品质的遗传和环境因素研究进展. 中国水稻科学, (12)增刊: 58-62.

李丹, 王建龙, 陈光辉. 2007. 稻米营养品质研究现状与展望. 中国稻米, (2): 5-9.

李刚, 邓其明, 李双成, 等. 2009. 稻米淀粉 RVA 谱特征与品质性状的相关性. 中国水稻科学, 23(01): 99-102.

李建国, 韩勇, 解文孝, 等. 2008. 播期及环境因子对水稻产量和品质的影响. 安徽农业科学, 36(8): 3160-3162.

李勇, 魏益民, 潘家荣, 等. 2009. 基于 FTIR 指纹光谱的牛肉产地溯源技术研究. 光谱学与光谱分析, 29(3): 56-60.

廖布岩. 2009. 近红外光谱技术在茶叶鉴别中的应用研究. 合肥: 安徽农业大学硕士学位论文.

吕海峰, 钱丽丽, 张东杰. 2015. 稻米外观和理化指标在产地溯源的探究. 农产品加工, 5: 43-48.

吕艳梅. 青先国. 2003. 稻米直链淀粉含量及其影响因素研究进展. 湖南农业科学, (5): 12-14.

罗明, 霍中洋, 张洪程, 等. 2005. 稻米品质及其影响因素的分析. 吉林农业, 30(1): 18-20.

罗婷, 赵镭, 胡小松, 等. 2008. 绿茶矿质元素特征分析及产地判别研究. 食品科学, 11: 494-497.

马文菊. 2009. 影响稻米品质的因素及对策. 农业科技与装备, (4): 8-10.

马玉银, 土如平, 左示敏, 等. 2008. 环境因子对稻米品质性状的影响. 安徽农业科学, 36(19): 8032-8034.

明东风, 马均, 马文波, 等. 2003. 稻米直链淀粉及其含量研究进展. 中国农学通报, 19(1): 68-72.

钱丽丽, 张爱武, 吕海峰, 等. 2016. 大米理化指标在产地溯源的探究. 中国粮油学报, 31(1): 1-4.

乔治, 吕海峰, 李平慧, 等. 2016. 黑龙江不同地域大米外观和有机成分指标差异分析. 黑龙江八一农垦大学学报, 28(1): 36-39.

史蕊, 钱丽丽, 闫平, 等. 2014. 黑龙江不同地域稻米糊化特性和直链淀粉含量的研究. 黑龙江八一农垦稻学学报, 26(6): 54-57.

孙立, 赵幸福, 刘丽影. 2012. 浅谈稻米的优质及我省垦区生产加工的前景展望. 黑龙江粮食, 4: 48-49.

孙淑敏, 郭波莉, 魏益民, 等. 2011. 近红外光谱指纹分析在羊肉产地溯源中的应用. 光谱学与光谱分析, 31(4): 937-941.

王成, 赵多勇, 王贤, 等. 2012. 食品产地溯源及确证技术研究进展. 农产品质量与安全, 27(B9): 59-61.

王丹英, 章秀福, 朱智伟, 等. 2005. 食用稻米品质性状间的相关性分析. 作物学报, (08): 1086-1091.

王金芳, 冯景志, 李红阳, 等. 2009. 黑龙江五常水稻产区土壤地球化学特征研究. 安徽农业科学, 37(30): 14816-14817.

王康君, 葛立立, 范苗苗, 等. 2011. 稻米蛋白质含量及其影响因素的研究进展. 作物杂志, 6: 1-6.

王鲁峰, 王伟, 张韵, 等. 2009. 原料大米特性与米饭品质的相关性研究. 食品工业科技, 30(08): 113-116, 290.

王娜娜, 冯昕韢, 孙玉萍, 等. 2013. 气相色谱结合化学计量学区分大米储藏时间与产地. 分析测试学报, 32(10): 1227-1231.

王秋菊, 张玉龙, 刘峰, 等. 2013. 黑龙江省水稻品种跨积温区种植的产量和品质变化. 应用生态学报, 24(5): 1381-1386.

王学锋. 2013. 米饭食味品质评价技术的研究. 河南工业大学, 48(8): 1597-1608.

魏益民, 郭波莉, 魏帅, 等. 2012. 食品产地溯源及确证技术研究和应用方法探析. 中国农业科学, 45(24): 5073-5081.

夏立娅, 申世刚, 刘峥颢, 等. 2013. 基于近红外光谱和模式识别技术鉴别大米产地的研究. 光谱学与光谱分析, 33(1): 102-105.

谢培荣, 马小华, 欧阳菊英. 2009. 采收成熟度对木洞杨梅贮藏品质的影响. 湖南农业科学, (3):

89-91.

严文潮, 鲍根良. 2002. 米饭质地特性及其与食味的关系. 浙江农业学报, 14(4): 187-191.

严文潮, 金庆生, 裘伯钦, 等. 1998. 稻米食味品质指标间的关系及其简易评价方法的研究. 浙江农业学报, (02): 7-11.

阳树英, 邹应斌, 夏冰, 等. 2013. 湖南主要香稻区气候生态因子对水稻香气质量的影响. 中国稻米, 19(4): 44-49.

杨晓蓉, 李歆, 凌家煜. 2001. 不同类别大米糊化特性和直链淀粉含量的差异研究. 中国粮油学报, (06): 37-42.

杨亚春, 倪大虎, 宋丰顺, 等. 2011. 不同生态地点下稻米外观品质性状的 QTL 定位分析. 中国水稻科学, 25(1): 43-51.

于洪兰, 王伯伦, 王术, 等. 2009. 不同类型水稻品种的产量与食味品质的关系比较. 作物杂志, (01): 46-49.

袁建, 付强, 高瑀珑, 等. 2012. 顶空固相微萃取-气质联用分析不同储藏条件下小麦粉挥发性成分变化. 中国粮油学报, 27(4): 106-109.

张宁, 张德权, 李淑荣, 等. 2008. 近红外光谱结合 SIMCA 法溯源羊肉产地的初步研究. 农业工程学报, 24(12): 309-312.

赵丹, 张玉荣, 林家永, 等. 2012. 电子鼻在小麦品质控制中的应用研究. 粮食与饲料工业, (3): 10-15.

赵海燕, 郭波莉, 魏益民, 等. 2011. 近红外光谱对小麦产地来源的判别分析. 中国农业科学, 44(7): 1451-1456.

赵海燕, 郭波莉, 张波, 等. 2010. 小麦产地矿物元素指纹溯源技术研究. 中国农业科学, 43(18): 3817-3823.

中国国家标准化管理委员会. 1986. GB/T 1354—1986. 北京: 中国标准出版社.

中国国家标准化管理委员会. 2008. GB/T 14772—2008. 北京: 中国标准出版社.

中国国家标准化管理委员会. 2010. GB 5009.4—2010. 北京: 中国标准出版社.

钟欣文. 2001. 我国大米出口前景暗淡. 世界热带农业信息, 9: 14.

周显青. 2006. 稻谷深加工技术. 北京: 化学工业出版社: 1-10.

Alonso-Salces R M, Serra F, Reniero F, et al. 2009. Botanical and geographical characterization of green coffee (*Coffea arabica* and *Coffea Canephora*): chemometric evaluation of phenolic and methylxanthine contents. Journal of Agricultural and Food Chemistry, 57(10): 4224-4235.

Anderson K A, Smith B W. 2002. Chemical profiling to differentiate geographic growing origins of coffee. Journal of Agricultural and Food Chemistry, 50(7): 2068-2075.

Andrea P F. 2005. Pattern recognition applied to mineral characterization of Brazilian coffees and sugar-cane spirits. Spectrochimica Acta Part B, Atomic Spectroscopy, 60B(5): 717-724.

Antonio M P, Fisher A, Hill S J. 2003. The classification of tea according to region of origin using pattern recognition techniques and trace metal data. Journal of Food Composition and Analysis, 16: 195-211.

Arana I, Jarn C, Arazuri S. 2005. Maturity, variety and origin determination in white grapes (*Vitis vinifera* L.) using near infrared reflectance etechnology. Journal of Near Infrared Spectroscopy, 13(6): 349-357.

Arvanitoyannis I S, Chalhoub C, Gotsiou P, et al. 2005. Novel quality control methods in conjunction with chemometrics (multivariate analysis) for detecting honey authenticity. Critical Reviews in

Food Science and Nutrition, 45(3): 193-203.

Brescia M A, Monfreda M, Buccolieri A, et al. 2005. Characterisation of the geographical origin of buffalo milk and mozzarella cheese by means of analytical and spectroscopic determinations. Food Chemistry, 89(1): 139-147.

Casale M, Casolino C, Ferrari G, et al. 2008. Near infrared spectroscopy and class modeling techniques for the geographical authentication of Ligurian extra virgin olive oil. Journal of Near Infrared Spectroscopy, 16(1): 39-47.

Cheajesadagul P, Arnaudguilhem C, Shiowatan J, et al. 2013. Discrimination of geographical origin of rice based on multi-element fingerprinting by high resolution inductively coupled plasma mass spectrometry. Food Chemistry, 141: 3504-3509.

Coetzee P P, Steffens F E, Eiselen R J, et al. 2005. Multi-element analysis of south African wines by ICP-MS and their classification according to geographical origin. Journal of Agricultural and Food Chemistry, 53(13): 5060-5066.

Cozzolino D, Cynkar W U, Shah N, et al. 2011. Can spectroscopy geographically classify Sauvignon Blanc wines from Australia and New Zealand. Food Chemistry, 126(2): 673-678.

Cozzolino D, Smyth H E, Gishen M. 2003. Feasibility study on the use of visible and near-infrared spectroscopy together with chemometrics to discriminate between commercial white wines of different varietal origins. Journal of Agricultural and Food Chemistry, 51: 7703-7708.

Crittenden R G. 2007. Determining the geographic origin of milk in Australasia using multi-element stable isotope ratio analysis. International Dairy Journal, 17(5): 421-428.

Downey G, McIntyre P, Davies A N. 2003. Geographic classification of extra virgin olive oils from the Eastern Mediterranean by chemometric analysis of visible and near-infrared spectroscopic data. Applied Spectroscopy, 57(2): 158-163.

Enser M, Hallett K G, Hewett B, et al. 1998. Fatty acid content and composition of UK beef and lamb muscle in relation to production system and implications for human nutrition. Meat Science, 49(3): 329-341.

Feudo G L, Macchione B, Naccarato A, et al. 2011. The volatile fraction profiling of fresh tomatoes and triple concentrate tomato pastes as parameter for the determination of geographical origin. Food Research International, 44: 781-788.

Fisher A V, Enser M, Richardson R I, et al. 2000. Fatty acid composition and eating quality of lamb types derived from four diverse breed production systems. Meat Science, 55: 141-147.

Fu X P, Ying Y B, Zhou Y, et al. 2007. Application of probabilistic neural networks in qualitative analysis of near infrared spectra: Determination of producing area and variety of loquats. Analytica Chimica Acta, 598: 27-33.

Germain C. 2003. Traceability implementation in developing countries, its possibilities and its constraints: A few case studies. Rome: FAO.

Guo B L, Wei Y M, Pan J R, et al. 2010. Stable C and N isotope ratio analysis for regional geographical traceability of cattle in China. Food Chemistry, 118(4): 915-920.

Hernández O M, Fraga J M G, Jiménez A I, et al. 2005. Characterization of honey from the Canary Islands: determination of the mineral content by atomic absorption spectrophotometery. Food Chemistry, 93: 449-458.

Iizuka K, Aishima T. 1997. Soy sauce classification by geographic region based on NIR spectra and chemo-metrics pattern recognition. Journal of Food Science, 62(1): 101-104.

Jaroslava Š, Miloslav S. 2005. Multivariate classification of wines from different Bohemian regions

(Czech Republic). Food Chemistry, 93: 659-663.

Kim S S, Rhyu M R, Kim J M, et al. 2003. Authentication of rice using near infrared reflectance. Cereal Chemistry, 80(3): 346-349.

Kovács Z, Dalmadi I, Lukács L. 2010. Geographical origin identification of pure Sri Lanka tea infusions with electronic nose, electronic tongue and sensory profile analysis. Journal of Chemometrics, 24: 121-130.

Liu L. 2006. Geographic classification of Spanish and Australian tempranillo red wines by visible and near-Infrared spectroscopy combined with multivariate analysis. Journal of Agricultural and Food Chemistry, 54: 6754-6759.

Longobardi F, Ventrella A, Casiello G, et al. 2012. Instrumental and multivariate statistical analyses for the characterization of the geographical origin of Apulian virgin olive oils. Food Chemistry, 133: 579-584.

Lucia G, Daria D V, Giorgio B. 2003. Classification of monovarietal Italian olive oils by unsupervised (PCA) and supervised (LDA) chemometrics. Food Agriculture, 83: 905-911.

Martinelli L A. 2011. Worldwide stable carbon and nitrogen isotopes of big mac(r)patties: An example of a truly "Glocal" Food. Food Chemistry, 127(4): 1712-1718.

Matter L, Schenker D, Husmann H, et al. 1989. Characterization of animal fats via the GC pattern of fame mixtures obtained by transesterification of the triglycerides. Chromatographia, 27: 1-2.

Moreda-Pineiro A, Fisher A, Hill S J. 2003. The classification of tea according to region of origin using pattern recognition techniques and trace metal data. Journal of Food Composition and Analysis, 16(2): 195-211.

Oliveri P. 2011. Comparison between classical and innovative class-modelling techniques for the characterisation of a PDO olive oil. Analytical and Bioanalytical Chemistry, 399(6): 2105-2113.

Ollivier D, Artaud J, Pinatel C, et al. 2003. Triacylglycerol and fatty acid compositions of French virgin olive oils. Characterisation by chemometrics. Journal of Agricultural and Food Chemistry, 51: 5723-5731.

Osorio M T. 2011. Beef authentication and retrospective dietary verification using stable isotope ratio analysis of bovine muscle and tail hair. Journal of Agricultural and Food Chemistry, 59(7): 3295-3305.

Picque D. 2005. Discrimination of red wines according to their geographical origin and vintage year by the use of mid-infrared spectroscopy. Sciences des Aliments, 25(33): 207-220.

Pilgrim T S, Watling R J, Grice K. 2010. Application of trace element and stable isotope signatures to determine the provenance of tea (Camelliasinensis) samples. Food Chemistry, 118(4): 921-926.

Pinalli R, Ghidini S, Dalcanale E, et al. 2006. Differentiation of mushrooms from three different geographic origins by artificial olfactory system (aos). Ann Fac Med Vet Parma, 26: 183-192.

Ranalli A, Mattia G, Ferrante M L, et al. 1998. Incidence of olive cultivation area on analytical characteristics of the oil. Rivista Italiana delle Sostanze Grasse, 74(11): 501-508.

Raspor P. 2005. Bio-markers: Traceability in food safety issues. Acta Biochimica Polonica, 3(52): 659-664.

Renou J P, Bielicki G, Deponge C, et al. 2004. Characterization of animal products according to geographic origin and feeding diet using nuclear magnetic resonance and isotope ratio mass spectrometry. Part II: Beef meat. Food Chemistry, 86: 251-256.

Rodríguez-Delgado M Á, González-Hernández G, Conde-González J, et al. 2002. Principal component analysis of the poly phenol content in young red wines. Food Chemistry, 78:

523-532.

Rossmann A. 2001. Determination of stable isotope ratios in food analysis. Food Reviews International, 17(3): 347-381.

Salvador M D, Aranda F, Gómez-Alonso S, et al. 2003. Influence of extraction system, production year and area on. Cornicabra virgin olive oil: a study of five crop seasons. Food Chemistry, 80: 359-366.

Sass-Kiss A, Kiss J, Havadi B, et al. 2008. Multivariate statistical analysis of botrytised wines of different origin. Food Chemistry, 110: 742-750.

Schmidt O. 2005. Inferring the origin and dietary history of beef from C, N and S stable isotope ratio analysis. Food Chemistry, 91: 545-549.

Stanimirova I, Üstün B, Cajka T, et al. 2010. Tracing the geographical origin of honeys based on volatile compounds profiles assessment using pattern recognition techniques. Food Chemistry, 118(1): 171-176.

Stefanoudaki E, Kotsifaki F, Koutsaftakis A. 1999. Classification of virgin olive oils of the two major cretan cultivars based on their fatty acid composition. Journal of American Oil Chemists Society, 76(5): 623-626.

Thiem I, Lüpke M, Seifert H. 2004. Factors influencing the $^{18}O/^{16}O$-ratio in meat juices. Isotopes in Environmental and Health Studies, 40(3): 191-197.

Vlachos A, Arvanitovannis I S. 2008. A review of rice authenticity/adulteration methods and results. Critical Reviews in Food Science and Nutrition, 48(6): 553-598.

第三篇　近红外漫反射光谱法对黑龙江大米产地溯源研究

第16章　近红外漫反射光谱法产地溯源技术研究概述

16.1　引　　言

由于种种食品问题的出现，食品安全成为人们最为关注的问题之一。民以食为天，食以安为先，食品的安全性与人们的健康是息息相关的。现在随着全球化经济的快速发展，各国间农产品的贸易交流越来越多，各国对食品安全问题很是关注。但是近年来出现的疯牛病事件让人们开始担心食用肉类的安全，阜阳"大头娃娃"事件让人们开始关注奶制品的安全等，这些事件让消费者人心惶惶，并越来越关注食品的安全性，也开始关注食品的产地溯源信息。为了保障食品安全，增加消费者的信心，确保从"农田"到"餐桌"的食品安全，各国开始应用食品可追溯性技术。在 2002 年，欧盟修订了《食品法总则》，里面规定了食品生产、加工及在加工、仓储和买卖过程中食品的所有信息，保证了从原料到成品的食品安全。同年修订的欧盟一般食品法律 No.178（2002 年）中规定了在欧盟范围内，从 2005 年 1 月 1 日起所有市售的食品必须都要标注其原产地信息，否则不予在市场销售。可见食品可追溯性在保障食品安全、市场的公平性中占有重要的作用。因此食品产地溯源技术对于食品原产地保护和保障食品安全、促进公平贸易至关重要。

食品可追溯性技术是指食品在原料阶段、加工、制成成品、销售过程中，可追溯食品原产地等信息的能力。食品产地溯源技术是其重要的内容之一，它是用来保护区域性产品和产品质量的有效手段，也保护了消费者的利益，防止敲诈欺骗，维持市场的公平竞争，减少不必要的损失。国外对食品产地溯源技术的研究开始于 20 世纪 90 年代，欧盟、美国等发达国家和地区规定食品、饲料等相关食品在整个加工、流通体系中需要建立产地溯源追踪系统，保障所食用食品的安全性。我国对食品产地溯源技术的研究起步较晚，但是也出台了保护食品安全的法律、法规。2009 年 2 月颁布的《中华人民共和国食品安全法》中明文规定了为解决食品安全问题，保障食品的安全性，国家必须建立食品召回制度。由此可见我国对食品的产地溯源越来越重视。但是近些年来，我国食品安全事故频频出现，给商家、消费者和国家经济带来严重的经济损失，影响了国家的形象，也让消费者难以安心购买食品。

水稻是我国主要的粮食作物之一，由于不同地域种植水稻的品种不同，水稻一般可以分为籼稻和粳稻、早稻和中晚稻、糯稻和非糯稻。将粳稻脱壳、碾磨后成粳米，粳米又被称为大米。其味甘淡，其性平和，每日食用可益脾胃，除烦渴。黑龙江位于中国最北端，是中国最北的水稻种植区，主要种植粳稻，是中国粳稻的主产区。黑龙江属于温带大陆性气候，早晚温差大，日照时间长，东部与南部多平原。由于地势和气候的缘故，加上省内多条河流进行天然灌溉，黑龙江种植出的米粒透明或半透明，色泽青白有光泽，芳香四溢、口感微甜，冷却后能保持良好的口感，不回生，受到越来越多消费者的关注，并且在我国北方地区占有很大的市场。目前江苏、浙江一带对黑龙江大米的需求量也在逐年递增，尤其五常大米的售价更是高出其他地域产的大米几倍甚至十几倍。因此很多不法商贩将眼光投向黑龙江大米的造假中，对一些陈年大米进行再次抛光后，掺入少量真正的黑龙江大米，再卖给消费者，目前消费者仅仅是靠外观、气味来区分真假黑龙江大米，这种方法很容易给不法商贩留下欺骗消费者的机会，于是市场上就出现了造假的五常大米。这种行为破坏了市场经济的平衡，损害了消费者的健康和利益，也让消费者很难再放心购买食品。这让人们迫切需要一种新的技术手段来更方便、准确、快速地区分大米产地，维护市场秩序，维护消费者的合法权益。

16.2　光谱技术研究现状

16.2.1　荧光光谱技术

食品组成成分都含有氨基酸、维生素等分子，这些分子中有部分基团具有荧光反应，通过荧光照射后产生特定的光谱，荧光光谱技术就是应用基团的荧光反应来鉴别食品的原产地。绕秀勤等（2009）应用 X 射线荧光技术鉴别茶叶，进行产地溯源研究。通过对中国 4 个著名茶叶产地的茶叶样本进行 X 射线荧光扫描，结合 PCA，成功鉴别出 4 个产地的茶叶样本，错误率仅为 4.2%。用荧光光谱技术对不同食品进行产地溯源分析时，为达到最好的检测效果，检测的分子基团是不同的。对奶制品主要检测色氨酸、有芳香性质的氨基酸和维生素等特定物质等，鉴别模型的正确率均达到 90%以上。对橄榄油主要检测含有芳烃的含羟基衍生物和叶绿素等含荧光基团的特定物质。对葡萄酒则检测其单宁和酚化合物等。

16.2.2　原子光谱技术

原子光谱技术是通过测定食品中微量元素含量来进行食品产地溯源的技术，通过分析食品中金属与非金属的原始含量来鉴别食物的产地。原子光谱技术的种类有很多，包括原子发射光谱法、原子吸收光谱法、原子荧光光谱法及 X 射线荧光光谱法等。

Simpkins 等（2000）将巴西和澳大利亚的 80 种橙汁作为试验样本，采用电感耦合等离子体原子发射光谱技术和电感耦合等离子体质谱技术相结合的方法测定了橙汁中 22 种微量元素的含量，并对其进行主成分分析，发现橙汁中主要含有三种微量元素，分别是 B、Ba 和 Rb，并且含量上都存在差异，可以用化学计量法建立模型鉴别橙汁的产地信息。Schwartz 和 Hecking（1991）选择了橙汁、夏威夷果和开心果中的特定元素，将电感耦合等离子体质谱技术同原子发射光谱法相结合，测定特定元素的含量，应用判别分析（discriminant analysis，DA）法建立模型，并对模型进行验证，验证结果为 75%以上。

16.2.3　红外光谱技术

对红外光谱的研究始于 20 世纪初期，在 20 世纪 40 年代开始出现红外光谱仪。红外光波长范围为 800～1 000 000nm。利用红外光谱技术进行农产品产地溯源的原理是：食品由分子构成，在分子中含有各种各样不同的基团，这些基团都具有不同的振动频率或者转动频率，当频率和红外光谱的频率一样时分子开始吸收能量，由原来的基态跃迁到能量较高的转动能级，分子吸收红外光照射后发生振动和转动能级的跃迁，该处波长的光就可以被物质吸收。所以红外光谱技术实质上是一种根据分子内部原子的相对振动和分子转动等信息来确定物质分子结构和鉴别化合物的分析方法。按红外射线的波长范围，红外光可粗略地分为近红外光谱区（波段为 800～2500nm）、中红外光谱区（波段为 2500～25 000nm）和远红外光谱区（波段为 25 000～1 000 000nm）。红外光谱技术简单、方便，可作为溯源分析的一种有效分析手段，其中近红外光谱和中红外光谱在产地溯源中的应用较多，但是红外光的灵敏度较低，这一点还有待提高。

Picque 等（2005）在中红外光谱区范围内，以红葡萄酒为样品，对其进行光谱扫描，成功地将全部红葡萄酒样品的年限鉴别出来，并且进行了正确的地域分类。Sivakesava 和 Irudayaraj（2000）对苹果汁进行中红外光谱扫描，准确地鉴别出掺有甜菜糖浆或甘蔗糖浆添加剂的掺假苹果汁。

16.2.4　拉曼光谱技术

由于拉曼散射光源并不稳定，拉曼光谱在刚发现后的几十年内，将其投入实际应用还有些困难，直到激光拉曼光谱仪的出现，才将拉曼光谱投入了实际的应用，现在拉曼光谱技术已应用于材料、环保、石油等。在农产品中的应用主要是在食品分析、检测、溯源方面。一束频率为 v_0 的单色光照射样品后，光的传播方向与激发光的频率发生改变，这种现象称为拉曼散射，所以拉曼光谱是一种散射光谱。拉曼光谱技术与分子内部的振动频率和振动能级信息有关，其对食品中的碳碳键与碳氮键具有高度的灵敏性，所以它对水分敏感性很低，可识别无机盐，因此可用于区分蜂蜜、橄榄油等食品。Paradkar 等（2002）将不同地域的蜂蜜作为样品，采用傅里叶变换拉曼光谱仪对样品进行扫描，结合 PCA、典型变量分析（canonical variate analysis，CVA）、偏最小二乘（partial least square，PLS）法对光谱进行分析，检测出蜂蜜中添加剂的含量。

16.3　近红外光谱产地溯源技术研究现状

16.3.1　近红外光谱技术的原理

近红外光是指波长为 $800 \sim 2500$nm、波数为 $4000 \sim 12\,500$cm^{-1} 的电磁波。近红外光谱技术是采用近红外光对被检测物质进行照射，被检测物质在近红外光谱区会显示出不同的信息，基于这些信息采用数学方法对食品中的有机物质进行定性和定量分析的一种新型的技术，有分析化学领域"巨人"的称号。

近红外光谱技术的检测原理是有机分子或部分无机分子都含有各种含氢基团，在近红外光照射下，这些基团的伸缩、振动产生了不同的倍频和吸收强度，加上有机分子中基团含量的不同，产生不同的吸收谱峰，从而形成近红外光谱图。通过相匹配的仪器分析软件，可以分析出有机物中不同有机分子的结构与含量。

16.3.2　近红外光谱技术的技术特点

近红外光谱技术在近年来越来越广泛的应用主要是由于其具有以下几个特点。

16.3.2.1　样品无须预处理、测量成本低

近红外光谱仪扫描的样品可以是液体、固体、半固体、胶体和气体等，所以样品进入近红外光谱仪扫描前，无须加入任何化学试剂进行预处理，仅需仪器用电即可完成近红外光谱的检测，使样品测量的成本大大降低。

16.3.2.2　光谱测量操作简便、样品分析速度快

近红外光谱仪操作简便，不需专门的训练就可以进行操作。近红外光谱仪可在不到 1min 内完成样品的测量，大大提高了样品的测量速度。

16.3.2.3　分析效率高

分析样品时可同时对一个样品的多种组成成分进行测定，即通过一次光谱扫

描和建立的模型，可以同时检测出样品的多个组成成分的光谱信息。

16.3.2.4　测试重现性好、便于在线分析

与常规方法相比，样品在进行近红外光谱扫描的时候受人为因素的影响较小，样品信息显示出较好的重现性。样品与仪器不在同一地点时还可通过网络对样品进行检测，确定样品相关信息，建立模型。

16.3.2.5　无损、无公害的技术

在检测过程中不消耗样品的量，不损伤样品的组成与外观。在生物学、临床医学和中药分析行业中得到了广泛的应用。

16.3.3　近红外光谱技术在农产品产地溯源中的流程

一般用近红外光谱技术分析样品的原产地的流程包括：采集样品品种与地点的选择；对样品进行适宜的预处理；用有效近红外光谱波段扫描样品；运用数学方法分析扫描数据，寻找不同地域指纹差异，确定不同地域特征波段；建立合适的产地溯源模型；数据库的建立及校正；对技术进行验证与示范。

16.3.4　近红外光谱技术在农产品产地溯源中的应用

近红外光谱技术在农产品检测中的应用越来越广泛，从开始的葡萄酒、果汁掺假鉴别拓展到了对玉米、橄榄油等的真假鉴别中。在我国对植物源农产品的研究中，赵海燕等（2011）对不同地域和不同品种的小麦籽粒进行近红外光谱检测，研究表明小麦的产地和品种都对近红外光谱结果有显著的影响，产地比品种的影响更显著。邬文锦等（2010）对 37 个商品玉米种子用近红外光谱技术鉴别产地，对近红外原始光谱进行矢量归一化等预处理后，采用仿生模式识别方法建立玉米产地鉴别模型，随机选取 15 个玉米种子对模型的准确度进行验证，产地鉴别平均正确率为94.13%。除了对种子用近红外光谱技术进行产地溯源鉴别，还用近红外光谱技术对橄榄油等液体的植物源农产品进行产地溯源的研究。近红外光谱技术在酒类产地溯源鉴别中的应用较广泛，但是近红外光谱技术也不是很完美的，例如，在样本的选择中，并不能对一个地域中的所有样本进行选择，必须选择标志性的样本，大大减少了样本的数目。如何将所选择的样本代表采集地点的全部信息成为接下来的研究目标。Liu 等（2006）将澳大利亚和西班牙的红葡萄酒采用部分紫外光与近红外光进行扫描，建模方法选择 Fisher 判别法与 PLS-DA，证明了近红外光谱技术可以应用于农产品产地溯源鉴别中，模型的识别率和预测正确率分别为 72%和 85%、100%和 84.17%。Liu 等（2008）又采用部分紫外光与近红外光对德国、新西兰、法国的

Riesling 干白葡萄酒进行扫描，对光谱进行 SNV 和二阶导数预处理，结合 Fisher 判别法与 PLS-DA 对光谱进行建模，结果表明 PLS-DA 法建模的模型识别率与预测正确率最高，且澳大利亚样品识别率最高，可能与葡萄种植条件有关。Niu 等（2008）应用近红外光谱技术对不同厂家的绍兴黄酒进行光谱的采集，采用 PCA 研究光谱的差异，建模的方法选择了 DA 和 PLS-DA，结果发现预测样本集对 PLS-DA 建立模型的预测正确率达到 100%。由对黄酒的产地溯源的研究表明，近红外光谱技术可用于分析判别食品地域来源，但是在目前的研究中采集的样品数量不多，而且仅是对部分地区的样品进行近红外产地溯源的检测。国外也采用近红外光谱技术对葡萄酒的产地溯源进行鉴别。Cozzolino 等（2003）对澳大利亚的 269 个白葡萄酒样品进行近红外光谱扫描，结合 PCA 与偏最小二乘回归（partial least square regression，PLSR）方法建立白葡萄酒的产地溯源模型，模型对白葡萄酒样品的识别率达到 95%以上。另外还对橄榄油进行溯源的研究。Casale 等（2008）对意大利北部的 195 个橄榄油样本进行近红外光谱扫描，结合 SIMCA 方法建立判别产地溯源的模型，结果表明模型的准确度较好，可以用于橄榄油产地溯源的鉴别。

近红外光谱对动物源农产品的成分分析检测技术已趋向成熟，但在产地溯源方面，还需将近红外光谱与多种检测手段结合，提高检测效率与正确率。我国近红外光谱技术已应用于牛羊肉的产地溯源鉴别。李勇等（2009）采集了我国 4 个省份屠宰场的牛后臀肉，脱脂、研磨后进行近红外光谱扫描后，用 OPUS/IDENT 光谱定性分析软件对扫描的近红外光谱进行分析，发现本试验选取的不同省份的牛肉近红外光谱大不相同，通过对建立的模型进行 CA 分析，可以区分出不同产地的牛肉，用随机选取的牛肉对模型进行验证，验证的正确率达 100%。张宁等（2008）将 4 个省份屠宰场的羊里脊肉研磨后扫描近红外光谱，结合 SIMCA 方法建立产地溯源模型，随机选取羊肉样本对模型进行验证，4 个省份羊肉验证识别率都为 80%以上。国外近红外光谱在动物源农产品产地溯源鉴别方面的应用更为广泛，Xiccato 和 Trocino（2004）对欧洲不同地区的鲈鱼进行了近红外光谱扫描，用 SIMCA 方法进行产地溯源鉴别。

16.3.5　近红外光谱技术的不足

近红外光谱技术经过 50 多年的发展，已经日益成熟，快速、便捷等优点让它已被广泛地应用于各行各业中，但是这不代表近红外光谱技术是完美的，它还是有以下几点值得注意的地方。

16.3.5.1　仪器价格昂贵

国外近红外光谱技术的发展比我国早，发展也较快，仪器方面的研究也较早。

我国近红外光谱技术与仪器的研究都较晚，所用的仪器大部分都是进口的，价格较为昂贵。所以伴随着近红外光谱技术的研究，也应开发我国生产的近红外光谱仪。

16.3.5.2　样品的状态

样品的均匀程度对样本的扫描结果有着重要的影响。将样本打碎、磨粉时，不同打磨方法磨出的样本颗粒大小不一，利用近红外光谱仪进行近红外光谱扫描的图谱也不同。在进行打磨时，应统一打磨的参数，避免误差，提高近红外图谱的准确度。

16.3.5.3　预处理与分析方法

在用采集的近红外光谱图结合化学计量法建立模型的时候，原始光谱预处理方法的选择和建立对模型方法的选择和模型的准确度有着一定的影响。不同光谱预处理方法区别光谱差异的程度是不一样的，结合不同的分析方法，最终模型的准确度也不同。所以在选用近红外光谱技术建立模型时，应多用几种预处理与判别分析方法结合，选择最优的组合。

16.3.5.4　采集样品的选择

在选择样品的时候，主要遵循的原则就是要让选择的样本能代表当地水稻的种植情况，这样能保证建立的模型具有较高的准确性，保证模型的可实施性。但是选择的试验样品数量不宜太少，否则反映不出样品信息的分布规律。另外样品受外界因素的影响，内部结构发生变化，从而影响模型的准确度。有人研究应用近红外光谱技术研究小麦的营养成分时发现，近红外光谱在不同温度条件下的敏感程度不同，导致吸光度不同，且变化无规律。所以在样品采集时，应统一样本的采集时间与气候等因素，在样品预处理后，保存条件应保持一致，减少外界因素的影响。

16.4　本篇研究目的及主要内容

16.4.1　研究目的

本试验选择操作技术简单、分析速度快、性价比高的近红外光谱分析技术，以 2012 年五常、佳木斯（建三江）、齐齐哈尔、双鸭山、牡丹江 5 个地域的水稻为研究对象，确定进行近红外光谱扫描的样本状态。对扫描分辨率和扫描次数进行研究，确定最佳扫描参数。对近红外原始光谱的预处理方法进行探索，确定最佳光谱预处理方式，优化 2012 年黑龙江不同地域水稻的近红外光谱图，并结合不同的化学计量法建立黑龙江 2012 年不同地域水稻近红外产地溯源判别模型，对近红外光谱技术溯源机制进行初探，为近红外光谱技术在黑龙江水稻的产地溯源中的应用提供依据与借鉴。

16.4.2 研究主要内容

16.4.2.1 样品采集地点的确定

为确保建立模型的可靠性和准确度，试验材料应具有代表性和真实性，采样地点选择黑龙江五常、佳木斯（建三江）、齐齐哈尔、双鸭山、牡丹江 5 个大米主产区的主产县、主产乡（镇、农场）、主产村（屯）的大面积种植地块，选择 5 个地域的主栽品种。本试验需要在水稻田中取样，采样时间选择在 2012 年水稻成熟期后、农户收割水稻前完成，每个采样点每个品种采集 2kg 水稻，记录采样地点、品种等信息。

16.4.2.2 样品扫描参数的选择

将从稻田采集的水稻晾晒后挑出石头、杂草等杂质，经过砻谷、碾米过程制成精米。采用对角线法将精米平均分成两份，一份作为大米粒状试验样品；另一份粉碎，过 60 目筛，得到大米粉末试验样品。分别对两种状态的样品进行近红外光谱扫描，确定最佳的进样状态。

扫描时的分辨率直接影响近红外光谱的扫描结果，影响分析的准确性。对扫描图像而言，适当的图像信息是最为重要的。分辨率过低时，近红外光谱图会掩盖一些有用信息，但分辨率并不是越大越好。当分辨率过大时，会造成近红外光谱图失真，而且扫描时间延长，图谱尺寸变大，所占存储空间增大。所以要确定本试验的扫描分辨率。

样品的扫描次数影响仪器的信噪比，仪器信噪比随着扫描次数的增加而增加。但扫描次数并不是越多越好，因为一个样品扫描次数越多，下一个样品等待扫描的时间就越久，而且提高信噪比只在扫描次数较低的时候效果特别明显，且对于光栅近红外分析仪来说时间更久。所以要确定本试验的最佳扫描次数。

16.4.2.3 样品近红外原始光谱预处理方式的确定

样品进行近红外光谱扫描时，机器的噪声、基线不稳定等因素会对采集的光谱造成信号干扰，减少图谱有用信息的含量。为消除仪器带来的基线不稳、噪声等因素对近红外光谱的影响，在建立谱库前需要对近红外原始光谱图进行预处理。近红外光谱的预处理就是消除近红外光谱仪的噪声。经过不同预处理方法后建立的模型正确率大不相同，适合的预处理方法建立的模型正确率高，稳定性好，所以建模前应对近红外原始光谱的预处理方法进行筛选，增加建立模型的正确率和稳定性。预处理方法可以单一或有两个及以上。

16.4.2.4　基于 Fisher 判别法的黑龙江大米产地溯源模型的建立

将本试验选择的 5 个不同地域的样本分为建模样本集和预测样本集。对样品的近红外原始光谱选择不同的预处理方式，并确定建模波长范围，确定 Fisher 自变量，选取建模样本集建立 Fisher 产地溯源判别模型，采用留一交叉法和预测样本集结合光谱分析软件对模型进行验证，建立基于 Fisher 判别法的 2012 年黑龙江水稻产地溯源判别模型。

16.4.2.5　基于 PLS-DA 法的黑龙江大米产地溯源模型的建立

将本试验选择的 5 个不同地域的样本分为建模样本集和预测样本集。对样品的近红外原始光谱选择不同的预处理方式，并确定建模波长范围，确定有效主成分数，选取建模样本集建立 PLS-DA 产地溯源判别模型，采用预测样本集结合光谱分析软件对模型进行验证，建立基于 PLS-DA 法的 2012 年黑龙江水稻产地溯源判别模型。

16.4.3　技术路线

技术路线如图 16-1 所示。

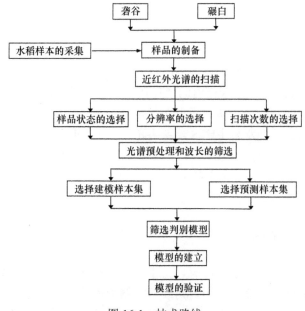

图 16-1　技术路线

第 17 章　大米近红外光谱库的建立

17.1　试验样品、材料及仪器

17.1.1　试验样品、材料

水稻，网袋。

17.1.2　试验仪器

FC2K 砻谷机，日本佐竹公司。

VP-32 实验碾米机，日本佐竹公司。

FW100 高速万能粉碎机，天津泰斯特仪器有限公司。

DA7200 型固定光栅连续光谱近红外分析仪，瑞典波通仪器公司。

17.2　试验样品收集与制备

17.2.1　试验样品的收集

为确保试验样品品种和采样地域的真实性与代表性，试验样品的采集选择在水稻田中直接代表性取样，采样时间选择在 2012 年水稻成熟期后、农户收割水稻前完成，每个采样点的每个品种采集 2kg 水稻，记录采样地点、品种等信息。采样地点选择黑龙江 5 个水稻主产区，包括五常、佳木斯（建三江）、齐齐哈尔、双鸭山、牡丹江，分别选择其主产县、主产乡（镇或农场）、主产村（屯）的大面积种植地块，采样品种选择 5 个主产区的主栽品种。所有试验品种均为粳米，共 118 份试验样品，具体地域、品种及数目信息见表 17-1。

17.2.2　试验样品的制备

将从稻田采集的水稻进行晾晒，待水稻晒干后挑出石头、杂草等杂质，经过砻谷、碾米过程制成精米。采用对角线法将精米平均分成两份，一份作为大米粒状试验样品；另一份进行粉碎，并过 60 目筛，得到大米粉末试验样品。

表 17-1　样品信息表

地域	品种	数量/份	总计/份
五常	五优稻 4 号	5	26
	东农 425	5	
	松粳 12	4	
	松粳 16	4	
	松粳香 2 号	4	
	松粳 3 号	4	
佳木斯	龙粳 31	5	26
	空育 131	5	
	龙粳 26	4	
	龙粳 25	4	
	龙粳 36	4	
	龙粳 29	4	
齐齐哈尔	龙粳 31	10	20
	空育 131	10	
双鸭山	垦 08-191	4	20
	垦 08-196	4	
	龙粳 31	4	
	10001	4	
	9129	4	
牡丹江	垦 08-191	5	26
	垦 08-196	5	
	龙粳 31	4	
	10001	4	
	9129	4	
	2551	4	

17.3　近红外光谱仪测试条件

本试验选择瑞典波通仪器公司的近红外光谱仪（图 17-1），检测速度快，灵敏度高，5s 内即可检测出结果；采用固定信息全波长扫描，二极管阵列检测技术；检测成本低。用其对采集的大米样品进行光谱扫描，选择了仪器自带的 SimPlicity 光谱采集软件采集大米样品的近红外光谱信息。近红外光谱仪测试条件见表 17-2。样品建模和分析选择 Unscrambler 9.7 光谱分析软件。

图 17-1　DA 7200 型固定光栅连续光谱近红外分析仪

表 17-2　近红外光谱仪测试条件

参数	指标
近红外光谱扫描波长范围	950～1650nm
数据光谱收集速率	100 次/s
室温	25℃
光源	卤钨灯和汞灯光源

17.4　试验样品近红外光谱的采集

　　将近红外光谱仪接通电源，打开开关，预热 30min，无论是大米粒状样品还是粉末样品，都将其自然倾倒进样品盒中并过量加入，然后将样品盒口用钢尺刮平，使样品在杯中分布均匀，以保证重复测量的精准度。将样品盒放入仪器中并立即进行光谱扫描，以防样品水分蒸发。

17.5　近红外光谱仪参数的选择

17.5.1　样品状态的选择

　　将大米样品制成粒状样品和粉末样品，对两种样品分别进行近红外光谱的扫描。虽然漫反射光谱可以分析粉末状和粒状的样品，但大米是不规则粒状样本，进行近红外光谱扫描时，大米粒表面对近红外光的散射不同，扫描的图谱反映的信息不同。将大米磨粉过筛后使样品状态均匀，扫描时可以减少误差。所以通常将样品先粉碎后再进行近红外光谱的扫描。

17.5.2　扫描分辨率的选择

分辨率就是屏幕图像的精密度，是指显示器所能显示的像素的多少。显示器的像素与画面的质感呈正相关关系，画面的质感随着像素的增加变得精细，能读取的信息含量就增加，反之亦然。由此可见扫描分辨率直接影响近红外光谱的扫描结果和准确性。对扫描图像而言，适当的图像信息是最为重要的。分辨率过低时，会掩盖近红外光谱图的一些有用信息。当分辨率过高时，则会造成近红外光谱图失真，而且扫描时间延长，图谱尺寸变大，所占存储空间增大。所以在不影响图谱质量的前提下，扫描时的分辨率不适合太高。查阅参考文献发现，选用 DA 7200 型固定光栅连续光谱近红外分析仪进行近红外光谱扫描时，一般都采用仪器校准时的分辨率。所以本试验选择的分辨率是波通近红外光谱仪校准时的分辨率，为 5nm。

17.5.3　扫描次数的选择

仪器扫描会对信噪比造成影响。信噪比与杂音呈负相关关系，信噪比越高杂音越小，反之亦然。增加样品的扫描次数可以提高信噪比，增加近红外光谱的信息含量。但是扫描次数有限制，并不是次数越多越好。因为一个样品扫描次数越多，下一个样品等待扫描的时间就越久，并且提高信噪比只在扫描次数较少的时候效果特别明显，对于光栅近红外分析仪来说时间更久。查阅的参考文献中显示扫描次数一般为三次，对三次扫描结果求平均值，再对平均值光谱进行分析。因此本试验选择的扫描次数为每个样品扫描三次。

17.6　近红外光谱库的建立

本试验选择大米粉末样品，扫描参数为分辨率 5nm，样品扫描次数为三次，对 2012 年黑龙江大米样品进行近红外光谱扫描，每个样品得到三条近红外光谱图。将样品所有近红外原始光谱图存入计算机中，采用 Unscrambler 9.7 光谱分析软件求其平均值光谱，如图 17-2 所示，即建立的大米近红外光谱库。由图 17-2 可以看出，1450nm 处是水分二倍频的特征峰，因为水分随温度变化较快，其含量不稳定，是近红外图谱的主要干扰因素，所以在建立产地溯源模型研究时，应先将水分峰扣除再进行研究。由图 17-2 还可以看出，990nm、1540nm 和 1580nm 处是淀粉的特征峰。

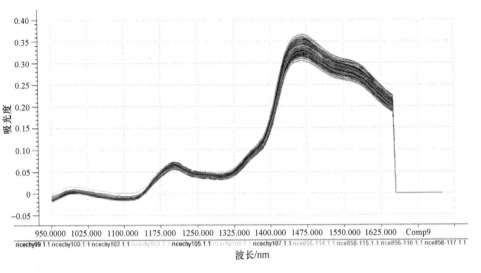

图 17-2 大米样品近红外原始光谱图（彩图请扫封底二维码）

17.7 近红外光谱的预处理方法

样品进行近红外光谱扫描时，机器的噪声、基线不稳定等因素会对采集的光谱造成信号干扰，减少图谱有用信息的含量。为消除基线漂移、噪声等因素对样品近红外光谱的影响，在建立谱库前需要对样本原始光谱图进行预处理。近红外光谱的预处理即消除近红外光谱仪的噪声。

对近红外光谱图的预处理方法有很多种，主要分为五大类：第一类为滤波方法，包括积分法、平滑（smoothing）等；第二类为信号分离方法，包括差谱法、求导（derivative）等；第三类为基线扣除和校正方法，包括多元散射校正（multiple scattering correction，MSC）等；第四类为在数据统计过程中可用的标准正态变量变换（standard normal variable transformation，SNV）、矢量归一化（vector normalization，VN）等；第五类为将信号与噪声背景分离的方法，包括傅里叶变换（Fourier transform）、小波变换（wavelet transform，WT）等。预处理方法影响所建立模型的正确度与可实施性，若选择了适合的预处理方法，建立的模型其正确率高，稳定性好，所以建模前应对近红外原始光谱的预处理方法进行选择。本节将详细介绍试验中涉及的预处理方法。

17.7.1 平滑处理

平滑处理主要是消除仪器的噪声。平滑处理按照平滑点数、多项式次数等可以分为多种方法，包括厢车平均法（boxcar average）、移动平均值、卷积（Savitzky-Golay，SG）平滑法、中值滤波和高斯滤波等。进行平滑预处理时，点数的选择非常重要。选择的点数过少会造成近红外光谱有效信息的遗失，若选择的点数过多则会造成近红外光谱包含的信息数据磨光、丢失，使近红外光谱图失真。无论选择点数过多或者过少，都会使建立的产地溯源判别模型的准确率和稳定性降低。

在众多平滑预处理方法中，SG 平滑法是应用最为广泛的一种方法。所以本试验选择 SG 平滑法对原始光谱进行预处理。SG 平滑法对光谱进行预处理的原理是：将光谱中的点看成连续的，并作为一个整体的窗口，对每个点进行编号并作为变量（分别为 0，±1，±2，…，±n），通过多项式实现对采集的光谱上的数据进行最小二乘拟合，即对数据进行加权平均，对中心点的中心作用加以强调，应用时应注意先对多项式进行优化。拟合后，编号为 0 的多项式对应的数值即为 SG 的平滑值。将平滑值进行线性组合，系数即为平滑值。通过移动窗口，得到不同的平滑值，将这些数值进行线性组合，进而得到 SG 的平滑谱。

17.7.2　求导

对近红外原始光谱进行求导预处理主要消除光谱中基线不稳的现象，提高信噪比。求导预处理包含多种方法，较为常用的主要有两种，分别为直接差分法和 SG 求导法。若波长采样点多，可用导数光谱与实际差距不大的直接差分法对光谱进行预处理；波长采样点少，则可用 SG 求导法进行光谱的预处理。

本试验波长采样点数量较少，因此本试验选择 SG 求导法进行光谱的预处理。SG 求导法的原理与 SG 平滑法原理相同，顾名思义就是对光谱进行求导。将光谱中的点看成连续的，并作为一个整体的窗口，对每个点进行编号并作为变量（分别为 0，±1，±2，…，±n），通过多项式实现对采集的光谱上的数据进行最小二乘拟合，即对数据进行加权平均，对中心点的中心作用加以强调，应用时应注意先对多项式进行优化。拟合后，对 SG 平滑值求导，得到的数值即 SG 的导数值。将各个导数值进行线性组合，系数即为各个导数值。通过移动窗口，得到不同的导数值，将这些值进行线性组合，进而得到 SG 的导数谱。

17.7.3　MSC

MSC 即多元散射校正，研究发现，经过 MSC 处理后的近红外光谱可以消除基线不稳等现象，提高光谱的质感等，所以 MSC 法是一种多变量散射矫正技术。

本试验的样品其颗粒大小不一，造成散射不同，对近红外光谱图有影响，所以选择了 MSC 法对光谱进行预处理，消除样本颗粒大小及分布不均匀而产生不同散射对光谱造成的影响。MSC 原理及方法为：先将所有样品的光谱进行平均求值，得到平均光谱。假设各个样品在全部波长范围内都可以进行相同的散射，将每个样品的光谱进行移动，使其发生变化，与平均光谱呈线性关系。对样品进行编号，分别为 1，2，3，…，i，通过最小二乘拟合法计算每个光谱与平均光谱的线性关系，并得出线性方程为公式 17-1。对公式 17-1 中的 a_i 和 b_i 进行求值，再代入公式 17-2 中，计算 $x_{i,\mathrm{MSC}}$，即为进行 MSC 变换。

$$x_i = la_i + xb_i \tag{17-1}$$
$$x_{i,\mathrm{MSC}} = (x_i - la_i)\ \mathrm{P}b_i \tag{17-2}$$

式中，i 为样品编号；x_i 为第 i 个光谱的平均光谱；l 为残差光谱，理想地认为它是与化学性质相关的信息；a 和 b 分别为线性回归的截距与斜率。

17.7.4　SNV

SNV 即标准正态变量变换，其对光谱预处理的目的与 MSC 基本相同，都是来校正因样品颗粒不均匀造成的散射不同而给近红外光谱造成的误差。

SNV 法认为近红外光谱的波长点数服从某种分布，对每一条光谱上的波长点数都进行预处理，对样品进行编号，分别为 1，2，3，…，i。对波长点数进行编号，分别为 1，2，3，…，k。分别按公式 17-3 对每一条光谱进行计算，得到经过 SNV 预处理后的光谱。对预处理后的光谱采用标准偏差（standard deviation，SD）校正。

$$X_{i,SNV} = \frac{X_{i,k} - X_i}{\sqrt{\dfrac{\sum\limits_{k=1}^{m}(X_{i,k} - X_i)^2}{m-1}}} \tag{17-3}$$

式中，i 为样品编号；m 为波长点数；X 为样品光谱平均值。

17.8　小　　结

将采集的水稻晾晒干，挑出杂质后进行砻谷、碾米过程，制成精米，将样品分为粒状试验样品和粉末试验样品。对样品状态、近红外光谱的采集参数进行选择，结果如下。

（1）本试验通过对大米粒状样品和粉末样品进行近红外光谱扫描，发现大米粒状样品的近红外光谱受不规则散射影响比大米粉末样品大，图谱信息不完全，所以本试验选择大米粉末样品进行近红外光谱的扫描。

（2）根据参考文献中对扫描分辨率的选择，发现采用 DA 7200 型固定光栅连续光谱近红外分析仪对样品进行扫描都选择近红外光谱仪校准时的分辨率，即 5nm。所以本试验也选择近红外光谱仪校准时的分辨率。

（3）适当的扫描次数可以提高信噪比，使近红外光谱信息量增加。通过分析参考文献，发现采用 DA 7200 型固定光栅连续光谱近红外分析仪对样品的扫描次数通常选为三次，并且对三次扫描光谱求平均值，对求过平均值后的光谱进行建模分析。所以本试验的样品扫描次数为三次。

第 18 章　基于 Fisher 判别法的黑龙江大米产地溯源模型的建立

18.1　引　　言

Fisher 判别法是 Fisher 在 20 世纪 40 年代提出的。Fisher 判别法就是先对样本进行方差分析，将样本的种类进行鉴别，然后依据方差分析的结果进行线性判别分析，区分不同个体。其基本思想是投影（或是降维），即将总体分为不同类别，使各个类别的方差尽可能小，不同类别间的差距尽可能大，从而将样本区分开。将 Fisher 判别法与近红外光谱结合已应用于茶叶、葡萄酒的品种和产地的鉴别中。周健等（2009）将不同品种的茶叶样本作为试验样本，对试验样本进行了近红外光谱的采集，通过 PCA 筛选出 8 个主成分，用 Fisher 判别法建立的判别模型对茶叶样本进行识别分析，识别准确率为 96.8%。刘巍等（2010）以我国不同地域产的三种葡萄酒为试验样本，对试验样本进行近红外光谱的扫描，采用 Fisher 判别法对试验样本进行产地溯源的鉴别，结果达到定性分析的要求。但应用近红外光谱结合 Fisher 判别法在大米产地溯源中的应用还未见报道，因此，本研究提出采用近红外光谱技术结合 Fisher 判别方法建立黑龙江大米产地溯源模型，为研究黑龙江大米产地溯源提供依据。

18.2　Fisher 判别法的原理

Fisher 判别法的宗旨是让类别间的差距越大越好，类别内的差距越小越好。Fisher 判别法首先将各类别的平均值进行投影，然后对相邻投影的两个值求其平均值，并将求得的平均值作为类别间的临界值，以这个临界值作为判别准则，用作对各类进行判别。然后从总体样本中抽取适量的 n 个样本（为了模型的稳定性，样本不宜过少），这 n 个样品都具有 g 个指标，对 n 个样本构造一个判别函数或者模型，$y=c_1x_1+c_2x_2+c_3x_3+\cdots+c_gx_g$，选择系数 c_1，c_2，c_3，$\cdots$，c_g 的原则是类别间的离差最大，类别内的离差最小，即建立判别模型。从样本中抽取一个新样品，将它的 p 个指标代入模型中求出 y 值，与临界值进行比较，即可判别出模型的归属。

对于指标的筛选通常用逐步回归判别法（stepwise regression analysis，SRA），即从得出的 Wilk λ 统计量中最小的数据开始，陆续将其放入函数中进行运算，得

出函数的 F 检验值。F 检验值小于或者等于 2.71 时，F 检验值对应的 Wilk λ 统计量不被加入函数中；F 检验值大于或者等于 3.84 时，F 检验值对应的 Wilk λ 统计量需要加入函数中。

18.3　Fisher 判别模型的建立

18.3.1　试验材料的选取

本试验材料的选择参照 17.2.1，选择 2012 年黑龙江五常、佳木斯（建三江）、齐齐哈尔、双鸭山、牡丹江 5 个地域共 118 份样品进行 Fisher 判别法产地判别模型的建立。选择全部样本量的 2/3 样本作为建模样本集，用于建立模型，1/3 样本作为预测样本集，用于验证模型。各地用于建模和预测的样本数见表 18-1。

表 18-1　建模与预测样品表

产地	建模样本个数	预测样本个数	总计
五常	18	8	26
佳木斯	18	8	26
齐齐哈尔	12	8	20
双鸭山	12	8	20
牡丹江	18	8	26
总计	78	40	118

18.3.2　试验方法

通过采集 2012 年黑龙江五常、佳木斯（建三江）、齐齐哈尔、双鸭山、牡丹江 5 个地域的 118 份近红外原始光谱，采用 Unscrambler 9.7 光谱分析软件进行光谱扫描，得到近红外原始光谱图。将原始光谱转化为 TCAMP-DX 格式，采用 Unscrambler 9.7 光谱分析软件，选择原始光谱的预处理方法与建模波长范围；然后将样本光谱除去水分峰，采用主成分分析给数据降维，筛选 Fisher 自变量；用 SPSS 18.0 软件分析数据，用建模样本集建立 Fisher 判别模型，用预测样本集对模型进行验证，计算模型的产地判别正确率。

18.3.3　光谱预处理方法的选择

样品进行近红外光谱扫描时会有基线不稳的现象，产生基线的漂移和平移，基线的漂移和平移会掩盖光谱中的有用信息，影响光谱建立模型的准确度，因此需要对近红外原始光谱进行预处理。本试验选择了 MSC、SNV、平滑、求导 4 种常用的光谱预处理方法，分别对全部样本的近红外原始光谱进行预处理后，将样本近红外光谱图中的水分峰扣除，消除水分对建模结果的影响。对表 18-1 中的建模样本集在全波长范围采用 Fisher 判别法建立判别模型，采用表 18-1 中的预测样本集对模型的正确率进行验证，选择高预测正确率对应的预处理方式为本试验的近红外原始光谱预处理方式。对于平滑和求导预处理来说，可以选择的点数有很多，但是点过少对光谱预处理的效果并不明显，点数过多会造成光谱的失真。所以本试验对平滑和求导预处理的点数选择范围为 5 点、7 点、9 点、11 点，即 5 点、7 点、9 点、11 点平滑处理；5 点、7 点、9 点、11 点一阶求导处理，5 点、7 点、9 点、11 点二阶求导处理。

不同预处理建模的效果见表 18-2。将预处理后建模预测的结果与原始光谱建模预测的结果对比，发现原始光谱与经过不同预处理后的近红外光谱建立的 Fisher 判别模型对预测样本集的识别率均为 100%，但是预测正确率大不相同。经过一阶和二阶求导预处理建模的预测正确率比经过原始光谱、MSC、SNV、平滑预处理建模的预测正确率高。说明近红外原始光谱经过预处理后，是可以提高模型的正确度的。并且经过 9 点二阶求导预处理后建立模型的预测正确率最高，5 个地域的预测正确率分别为 75%、75%、75%、87.5%、75%。

表 18-2　预处理对建模效果的影响

产地	预处理	识别率/%	预测正确率/%
五常	原始	100	75
佳木斯	原始	100	75
齐齐哈尔	原始	100	62.5
双鸭山	原始	100	62.5
牡丹江	原始	100	62.5
五常	MSC	100	75
佳木斯	MSC	100	75
齐齐哈尔	MSC	100	62.5
双鸭山	MSC	100	62.5
牡丹江	MSC	100	75
五常	SNV	100	75
佳木斯	SNV	100	75
齐齐哈尔	SNV	100	62.5
双鸭山	SNV	100	62.5
牡丹江	SNV	100	75
五常	5 点平滑	100	75
佳木斯	5 点平滑	100	75

续表

产地	预处理	识别率/%	预测正确率/%
齐齐哈尔	5 点平滑	100	62.5
双鸭山	5 点平滑	100	75
牡丹江	5 点平滑	100	75
五常	7 点平滑	100	75
佳木斯	7 点平滑	100	75
齐齐哈尔	7 点平滑	100	62.5
双鸭山	7 点平滑	100	75
牡丹江	7 点平滑	100	75
五常	9 点平滑	100	75
佳木斯	9 点平滑	100	75
齐齐哈尔	9 点平滑	100	75
双鸭山	9 点平滑	100	62.5
牡丹江	9 点平滑	100	75
五常	11 点平滑	100	75
佳木斯	11 点平滑	100	75
齐齐哈尔	11 点平滑	100	62.5
双鸭山	11 点平滑	100	75
牡丹江	11 点平滑	100	75
五常	5 点一阶求导	100	75
佳木斯	5 点一阶求导	100	75
齐齐哈尔	5 点一阶求导	100	62.5
双鸭山	5 点一阶求导	100	62.5
牡丹江	5 点一阶求导	100	75
五常	7 点一阶求导	100	75
佳木斯	7 点一阶求导	100	75
齐齐哈尔	7 点一阶求导	100	75
双鸭山	7 点一阶求导	100	75
牡丹江	7 点一阶求导	100	62.5
五常	9 点一阶求导	100	75
佳木斯	9 点一阶求导	100	75
齐齐哈尔	9 点一阶求导	100	75
双鸭山	9 点一阶求导	100	75
牡丹江	9 点一阶求导	100	62.5
五常	11 点一阶求导	100	75

续表

产地	预处理	识别率/%	预测正确率/%
佳木斯	11 点一阶求导	100	75
齐齐哈尔	11 点一阶求导	100	75
双鸭山	11 点一阶求导	100	75
牡丹江	11 点一阶求导	100	62.5
五常	5 点二阶求导	100	75
佳木斯	5 点二阶求导	100	75
齐齐哈尔	5 点二阶求导	100	75
双鸭山	5 点二阶求导	100	75
牡丹江	5 点二阶求导	100	75
五常	7 点二阶求导	100	75
佳木斯	7 点二阶求导	100	75
齐齐哈尔	7 点二阶求导	100	75
双鸭山	7 点二阶求导	100	75
牡丹江	7 点二阶求导	100	75
五常	9 点二阶求导	100	75
佳木斯	9 点二阶求导	100	75
齐齐哈尔	9 点二阶求导	100	75
双鸭山	9 点二阶求导	100	87.5
牡丹江	9 点二阶求导	100	75
五常	11 点二阶求导	100	75
佳木斯	11 点二阶求导	100	75
齐齐哈尔	11 点二阶求导	100	75
双鸭山	11 点二阶求导	100	75
牡丹江	11 点二阶求导	100	75

两种不同方法结合对近红外原始光谱进行预处理，对建立模型的正确度进行比较研究，本试验选择了在 9 点二阶求导的基础上，分别结合 MSC、SNV、5 点平滑、7 点平滑、9 点平滑、11 点平滑对全部样本的近红外原始光谱进行预处理后，采用表 18-1 中的建模样本集在全波长范围采用 Fisher 判别法建立判别模型，采用表 18-1 中的预测样本集对模型的正确度进行验证，并选择高预测正确率对应的预处理方式为本试验的近红外原始光谱预处理方式，验证结果见表 18-3。由表 18-3 可以看出两种预处理后的近红外光谱建立的 Fisher 判别模型对预测样本集的识别率均为 100%，但是预测正确率大不相同，总体来说比表 18-2 中的预测正确率高。说明本试验中将两种预处理方法结合对近红外原始光谱进行处理比采用一

种预处理方法的效果好，可以提高模型的正确率。由表 18-3 还可发现，经过 9 点二阶求导和 5 点平滑预处理后建立模型的预测正确率最高，5 个地域的预测正确率分别为 87.5%、87.5%、87.5%、100%、100%。所以本研究最终选择 9 点二阶求导和 5 点平滑对近红外原始光谱进行预处理，预处理后的近红外光谱图如图18-1 所示。

表 18-3　预处理对建模效果的影响

产地	预处理	识别率/%	预测正确率/%
五常	9 点二阶求导，MSC	100	87.5
佳木斯	9 点二阶求导，MSC	100	87.5
齐齐哈尔	9 点二阶求导，MSC	100	87.5
双鸭山	9 点二阶求导，MSC	100	87.5
牡丹江	9 点二阶求导，MSC	100	100
五常	9 点二阶求导，SNV	100	87.5
佳木斯	9 点二阶求导，SNV	100	87.5
齐齐哈尔	9 点二阶求导，SNV	100	87.5
双鸭山	9 点二阶求导，SNV	100	87.5
牡丹江	9 点二阶求导，SNV	100	87.5
五常	9 点二阶求导，5 点平滑	100	87.5
佳木斯	9 点二阶求导，5 点平滑	100	87.5
齐齐哈尔	9 点二阶求导，5 点平滑	100	87.5
双鸭山	9 点二阶求导，5 点平滑	100	100
牡丹江	9 点二阶求导，5 点平滑	100	100
五常	9 点二阶求导，7 点平滑	100	87.5
佳木斯	9 点二阶求导，7 点平滑	100	87.5
齐齐哈尔	9 点二阶求导，7 点平滑	100	87.5
双鸭山	9 点二阶求导，7 点平滑	100	87.5
牡丹江	9 点二阶求导，7 点平滑	100	87.5
五常	9 点二阶求导，9 点平滑	100	87.5
佳木斯	9 点二阶求导，9 点平滑	100	87.5
齐齐哈尔	9 点二阶求导，9 点平滑	100	87.5
双鸭山	9 点二阶求导，9 点平滑	100	87.5
牡丹江	9 点二阶求导，9 点平滑	100	87.5
五常	9 点二阶求导，11 点平滑	100	87.5
佳木斯	9 点二阶求导，11 点平滑	100	87.5
齐齐哈尔	9 点二阶求导，11 点平滑	100	87.5
双鸭山	9 点二阶求导，11 点平滑	100	87.5
牡丹江	9 点二阶求导，11 点平滑	100	87.5

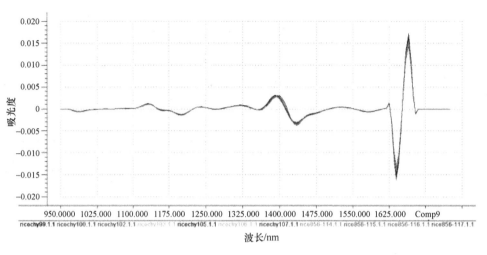

图 18-1　预处理后的大米近红外光谱图（彩图请扫封底二维码）

18.3.4　波长范围的选择

本试验选择的近红外光谱仪波长范围为 950～1650nm。在全波长包含很多光谱信息，且信息较为完整，波长的精准度也影响着建立模型的准确度及模型的可行度。所以为确定最佳建模波长的范围，需要对全波长进行分段建模，通过预测建立模型的正确率选择最优的波段进行建模。在对全波长进行分段时，分段太多会将近红外光谱中的有效信息分散，降低建立模型的准确度，所以将全范围波长分为间隔 100nm 的 7 个波段。

对所有样本进行 9 点二阶求导结合 5 点平滑预处理后，对全光谱范围进行分段。对表 18-1 中的建模样本集采用 Fisher 判别法在全波长范围和分段光谱范围分别建立 Fisher 判别模型，采用表 18-1 中的预测样本集对 Fisher 判别模型的正确度进行验证，选择高预测正确率对应的波长范围为本试验建立的 Fisher 判别模型的波长范围，不同波长范围建立 Fisher 判别模型的识别率和预测正确率见表 18-4。比较各个波段样本建模的结果，发现不同波段建立 Fisher 判别模型的识别率均为 100%，而预测正确率各不相同，但是均为 75% 以上，其中分段波长建立模型的预测正确率最高的为 1150～1250nm 波长范围，5 个地域的模型预测正确率分别为 87.5%、87.5%、87.5%、87.5%、100%。全波长建立模型的预测正确率见表 18-3，5 个地域的模型预测正确率分别为 87.5%、87.5%、87.5%、100%、100%，总体比 1150～1250nm 波段建立模型的预测正确率高，所以本试验选择全波长范围 950～1650nm 进行 Fisher 判别模型的建立。

表 18-4　不同波长范围对建模效果的影响

产地	波长范围/nm	模型识别率/%	预测正确率/%
五常	950~1050	100	87.5
佳木斯	950~1050	100	87.5
齐齐哈尔	950~1050	100	87.5
双鸭山	950~1050	100	75
牡丹江	950~1050	100	75
五常	1050~1150	100	87.5
佳木斯	1050~1150	100	87.5
齐齐哈尔	1050~1150	100	87.5
双鸭山	1050~1150	100	75
牡丹江	1050~1150	100	87.5
五常	1150~1250	100	87.5
佳木斯	1150~1250	100	87.5
齐齐哈尔	1150~1250	100	87.5
双鸭山	1150~1250	100	87.5
牡丹江	1150~1250	100	100
五常	1250~1350	100	87.5
佳木斯	1250~1350	100	87.5
齐齐哈尔	1250~1350	100	87.5
双鸭山	1250~1350	100	87.5
牡丹江	1250~1350	100	87.5
五常	1350~1450	100	87.5
佳木斯	1350~1450	100	87.5
齐齐哈尔	1350~1450	100	87.5
双鸭山	1350~1450	100	75
牡丹江	1350~1450	100	75
五常	1450~1550	100	87.5
佳木斯	1450~1550	100	87.5
齐齐哈尔	1450~1550	100	87.5
双鸭山	1450~1550	100	75
牡丹江	1450~1550	100	75
五常	1550~1650	100	87.5
佳木斯	1550~1650	100	87.5
齐齐哈尔	1550~1650	100	87.5
双鸭山	1550~1650	100	75
牡丹江	1550~1650	100	87.5

对五常、佳木斯（建三江）、齐齐哈尔、双鸭山、牡丹江全部样本进行主成分分析，结果如图 18-2 所示。图 18-2 是 1150～1250nm 和全波段主成分对光谱信息的贡献率，可以看出主成分位数为 3 时，两种波段累计贡献率达到了 99%；主成分数为 9 时，累计贡献率为 100%。但比较前三个主成分发现，同一主成分数时全光谱的贡献率高于 1150～1250nm 的贡献率，进一步证明应选择全光谱进行建模。

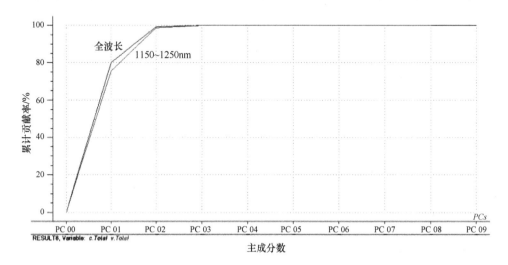

图 18-2 大米近红外光谱前 9 个主成分的累计贡献率（彩图请扫封底二维码）

18.3.5 Fisher 自变量的筛选

在建立识别模式函数时，对所有样本采用 SRA 建立 Fisher 判别函数。对所有样本进行主成分分析，选择 Wilk λ 统计量的方法，如 18.2 小节中所示，最终建立 5 个判别函数。表 18-5 是构成函数的主成分数、Wilk λ 和 F 检验值。

表 18-5 构成函数的三个主成分的 Wilk λ 和 F 检验值

入选主成分	Wilk λ	F 检验值
PC1	0.429	6.083
PC2	0.348	4.976
PC3	0.290	4.107

18.3.6 模型的建立

应用 SPSS 18.0 软件分析中的分类判别建立 Fisher 判别函数。由于样本分为五常、佳木斯（建三江）、齐齐哈尔、双鸭山、牡丹江 5 个地域，因此需要建立 5 类判别函数，分别为 F_4、F_5、F_1、F_2 和 F_3，函数见表 18-6。对待测样本进行分析后，将相应的主成分分别代入 5 类判别函数中计算其分值，根据分值判断其所属类别，比较不同类别，哪个值大就属于哪一类。

表 18-6 用于鉴别 5 个地域大米样品的 Fisher 识别函数

类别	判别方程
五常	$F_4=1.743PC1-1.116PC2-0.841PC3-2.355$
佳木斯	$F_5=-1.169PC1+0.943PC2-0.793PC3-2.278$
齐齐哈尔	$F_1=1.923PC1-1.254PC2+0.978PC3-2.934$
双鸭山	$F_2=-1.526PC1+1.023PC2+0.953PC3-2.720$
牡丹江	$F_3=0.966PC1+1.102PC2-0.887PC3-2.341$

18.3.7 模型的验证

利用识别函数 F_1、F_2、F_3、F_4 和 F_5 分别对 40 个预测样本进行判别，确定识别函数对预测样本的分类效果。另外为了全面地检测模型的预测能力，本研究还选择了留一交叉验证法对建立的模型进行验证，即从 78 个样本中随机抽取一个进行判别，用剩下的 77 个样本建模型后对其产地进行鉴别，鉴别结果见表 18-7。结果表明，5 个地域的留一交叉验证和预测集校验对全光谱建立模型的检测结果分别为 94.4%、94.4%、91.7%、91.7%、94.4% 和 87.5%、87.5%、87.5%、100%、100%。预测结果正确率均为 80% 以上，均达到了定性判别的要求，初步说明 Fisher 判别可以用于黑龙江大米产地溯源鉴别中。

表 18-7 Fisher 判别函数鉴别 5 个地域大米样品的结果

验证方式	类别	正确个数	错误个数	正确率/%	样本总数
留一交叉验证	五常	17	1	94.4	18
	佳木斯	17	1	94.4	18
	齐齐哈尔	11	1	91.7	12
	双鸭山	11	1	91.7	12
	牡丹江	17	1	94.4	18
	总计	73	5	93.6	78
预测集校验	五常	7	1	87.5	8
	佳木斯	7	1	87.5	8
	齐齐哈尔	7	1	87.5	8
	双鸭山	8	0	100.0	8
	牡丹江	8	0	100.0	8
	总计	37	3	92.5	40

18.4 小　　结

本试验选择五常、佳木斯（建三江）、齐齐哈尔、双鸭山、牡丹江的 118 份大米粉末样品进行近红外光谱的扫描，得到原始近红外光谱图。确定近红外原始光谱图的预处理方法为 9 点二阶求导结合 5 点平滑，最佳波长范围为全波长。在建立模型前对预处理后的近红外光谱进行主成分分析，证明了本试验可以采用 Fisher 判别法建立产地溯源判别模型。对模型的 Fisher 自变量进行选择，对建模样本集采用 Fisher 判别法建立产地溯源判别模型后，采用建模样本集进行留一交叉验证和预测样本集校验的验证，模型识别率为 100%，5 个地域的验证结果分别为 94.4%、94.4%、91.7%、91.7%、94.4% 和 87.5%、87.5%、87.5%、100%、100%。正确率均在 80% 以上，达到定性分析的要求，初步说明 Fisher 判别可用于黑龙江大米产地溯源模型的建立。

第19章　基于 PLS-DA 法的黑龙江大米
产地溯源模型的建立

19.1　引　　言

PLS-DA 法是 20 世纪 80 年代由伍德和阿巴诺等提出的一种新型的统计数据的方法，被称为第二代回归分析方法。它通过最小化误差的平方和找到一组数据的最佳函数匹配。用最简的方法求得一些绝对不可知的真值，而令误差平方和为最小，通常用于曲线拟合。很多其他的优化问题也可通过最小化能量或最大化熵用最小二乘形式表达。PLS-DA 法在植物源性和动物源性农产品的产地溯源研究中应用较为广泛。郝勇等（2010）选择了优质的脐橙苗，将其进行培育，对培育后的脐橙进行近红外光谱的扫描，通过结合 SIMCA 和 PLS-DA 法进行脐橙产地溯源模型的构建，校正结果相关系数大于 0.970，模型对样品的识别率均是 100%。孙淑敏等（2011）对我国山东省的一个牧区、内蒙古自治区的三个牧区和重庆市的一个牧区共 5 个牧区的 99 份羊右后腿肉进行近红外光谱扫描，选择了 PLS-DA 法和线性判别分析（linear discriminant analysis，LDA）法分别对预处理后的近红外光谱图进行分析，结果表明全光谱经 MSC 和 9 点二阶求导预处理后，5 个牧区的羊肉近红外光谱差异明显，两种分析方法建模后对模型的识别率均为 100%，PLS-DA 法建立模型预测的正确率为 91.2%，SIMCA 建立模型预测的正确率为 76.7%，这说明 PLS-DA 法可以用于羊肉产地溯源的模型中。所以本试验采用 PLS-DA 法对黑龙江大米建立产地溯源模型，并对模型进行验证，研究 PLS-DA 法用于对大米建立模型判别产地的可行性。

19.2　试验方法与结果分析

19.2.1　试验材料的选取

本试验材料的选择参照 17.2.1，选择 2012 年黑龙江五常、佳木斯（建三江）、齐齐哈尔、双鸭山、牡丹江 5 个地域共 118 份样品，进行基于 PLS-DA 法的不同品种黑龙江大米产地溯源研究的初探，本试验样本来源如表 19-1 所示。

表 19-1　建模与预测样品表

产地	建模样本个数	预测样本个数	总计
五常	18	8	26
佳木斯	18	8	26
齐齐哈尔	12	8	20
双鸭山	12	8	20
牡丹江	18	8	26
总计	78	40	118

19.2.2　试验方法

通过采集五常、佳木斯（建三江）、齐齐哈尔、双鸭山、牡丹江 5 个地域的 118 份近红外原始光谱，采用 Unscrambler 9.7 光谱分析软件对光谱进行预处理方式与波长范围的筛选，采用 Unscrambler 9.7 光谱分析软件和 SPSS 18.0 软件确定用于建立模型的最佳主成分数。采用 Unscrambler 9.7 光谱分析软件将 5 个地域的样品分别赋值，将齐齐哈尔市赋值为-2，双鸭山市赋值为-1，牡丹江市赋值为 0，五常市赋值为 1，佳木斯市赋值为 2。将赋值的地域作为分类变量 Y，近红外光谱数据作为分类变量 X，对预处理后建模样本集建立分类变量 Y（地域）与 X（近红外光谱）回归关系的 PLS-DA 判别模型，用表 19-1 中的预测样本集对建立的 PLS-DA 模型进行模型正确度的检测，计算出预测样本集样本的分类变量值，从而判断样本的产地来源。

19.2.3　近红外光谱预处理的选择

本试验选择在全波长 950～1650nm 范围内，先分别对光谱进行 MSC，SNV，5 点、7 点、9 点、11 点平滑处理，5 点、7 点、9 点、11 点一阶求导处理，5 点、7 点、9 点、11 点二阶求导处理，考察单一预处理对近红外原始光谱的预处理效果。将样本近红外光谱图中的水分峰扣除，消除水分对建模结果的影响，对表 19-1 中的建模样本集采用 PLS-DA 法建立模型，采用表 19-1 中的预测样本集对模型的正确度进行验证，选择校正均方根误差（root mean square error correction，RMSEC）数值最小、R^2 数值最大对应的预处理方式为本试验的近红外原始光谱预处理方式，并将预处理后建模预测的结果与原始光谱建模预测的结果对比，不同预处理建模的效果见表 19-2。如表 19-2 所示，原始光谱与经过不同预处理后的近红外光谱建立的 PLS-DA 模型预测样本集的 RMSEC 和 R^2 大不相同，经过预处理后建立 PLS-DA 模型预测样本集的 RMSEC 比原始光谱建立 PLS-DA 模型预测样本集的 RMSEC 小，R^2 大，说明近红外原始光谱经过预处理后可以提高 PLS-DA 模型的准确度。在各种预处理方法中，9 点二阶求导预处理后建立 PLS-DA 模型预测样本集的 RMSEC 最小，R^2 最大，5 个地域的 RMSEC 和 R^2 分别为 0.149 和 0.951。

表 19-2　不同预处理对建模效果的影响

产地	预处理	RMSEC	R^2
齐齐哈尔	原始	0.195	0.927
双鸭山	原始	0.195	0.927
牡丹江	原始	0.195	0.927
五常	原始	0.195	0.927
佳木斯	原始	0.195	0.927
齐齐哈尔	MSC	0.173	0.931
双鸭山	MSC	0.173	0.931
牡丹江	MSC	0.173	0.931
五常	MSC	0.173	0.931
佳木斯	MSC	0.173	0.931
齐齐哈尔	SNV	0.173	0.933
双鸭山	SNV	0.173	0.933
牡丹江	SNV	0.173	0.933
五常	SNV	0.173	0.933
佳木斯	SNV	0.173	0.933
齐齐哈尔	5 点平滑	0.159	0.937
双鸭山	5 点平滑	0.159	0.937
牡丹江	5 点平滑	0.159	0.937
五常	5 点平滑	0.159	0.937
佳木斯	5 点平滑	0.159	0.937
齐齐哈尔	7 点平滑	0.168	0.942
双鸭山	7 点平滑	0.168	0.942
牡丹江	7 点平滑	0.168	0.942
五常	7 点平滑	0.168	0.942
佳木斯	7 点平滑	0.168	0.942
齐齐哈尔	9 点平滑	0.163	0.941
双鸭山	9 点平滑	0.163	0.941
牡丹江	9 点平滑	0.163	0.941
五常	9 点平滑	0.163	0.941
佳木斯	9 点平滑	0.163	0.941
齐齐哈尔	11 点平滑	0.151	0.942
双鸭山	11 点平滑	0.151	0.942
牡丹江	11 点平滑	0.151	0.942
五常	11 点平滑	0.151	0.942
佳木斯	11 点平滑	0.151	0.942
齐齐哈尔	5 点一阶求导	0.168	0.933
双鸭山	5 点一阶求导	0.168	0.933
牡丹江	5 点一阶求导	0.168	0.933

续表

产地	预处理	RMSEC	R^2
五常	5 点一阶求导	0.168	0.933
佳木斯	5 点一阶求导	0.168	0.933
齐齐哈尔	7 点一阶求导	0.163	0.937
双鸭山	7 点一阶求导	0.163	0.937
牡丹江	7 点一阶求导	0.163	0.937
五常	7 点一阶求导	0.163	0.937
佳木斯	7 点一阶求导	0.163	0.937
齐齐哈尔	9 点一阶求导	0.151	0.937
双鸭山	9 点一阶求导	0.151	0.937
牡丹江	9 点一阶求导	0.151	0.937
五常	9 点一阶求导	0.151	0.937
佳木斯	9 点一阶求导	0.151	0.937
齐齐哈尔	11 点一阶求导	0.155	0.942
双鸭山	11 点一阶求导	0.155	0.942
牡丹江	11 点一阶求导	0.155	0.942
五常	11 点一阶求导	0.155	0.942
佳木斯	11 点一阶求导	0.155	0.942
齐齐哈尔	5 点二阶求导	0.168	0.933
双鸭山	5 点二阶求导	0.168	0.933
牡丹江	5 点二阶求导	0.168	0.933
五常	5 点二阶求导	0.168	0.933
佳木斯	5 点二阶求导	0.168	0.933
齐齐哈尔	7 点二阶求导	0.155	0.942
双鸭山	7 点二阶求导	0.155	0.942
牡丹江	7 点二阶求导	0.155	0.942
五常	7 点二阶求导	0.155	0.942
佳木斯	7 点二阶求导	0.155	0.942
齐齐哈尔	9 点二阶求导	0.149	0.951
双鸭山	9 点二阶求导	0.149	0.951
牡丹江	9 点二阶求导	0.149	0.951
五常	9 点二阶求导	0.149	0.951
佳木斯	9 点二阶求导	0.149	0.951
齐齐哈尔	11 点二阶求导	0.151	0.937
双鸭山	11 点二阶求导	0.151	0.937
牡丹江	11 点二阶求导	0.151	0.937
五常	11 点二阶求导	0.151	0.937
佳木斯	11 点二阶求导	0.151	0.937

为研究两种不同方法结合对近红外原始光谱进行预处理后，所建立模型的正确率，本试验选择了在 9 点二阶求导的基础上，分别结合 MSC、SNV、5 点平滑、

7 点平滑、9 点平滑、11 点平滑对全部样本的近红外原始光谱进行预处理后，采用表 19-1 中的建模样本集应用 PLS-DA 法建立模型，采用表 19-1 中的预测样本集对模型的正确率进行验证，并选择 RMSEC 数值最小、R^2 数值最大对应的预处理方式为本试验的近红外原始光谱预处理方式，验证结果见表 19-3。由表 19-3 可以看出两种预处理后的近红外光谱建立的 PLS-DA 模型预测样本集的 RMSEC 和 R^2 大不相同，其中 9 点二阶求导结合 7 点平滑预处理后建立 PLS-DA 模型预测样本集的 RMSEC 最小，为 0.143，R^2 最大，为 0.955，比 9 点二阶求导预处理的效果好，所以本研究最终选择 9 点二阶求导结合 7 点平滑对近红外原始光谱进行预处理，预处理后的近红外光谱图如图 19-1 所示。

表 19-3　不同预处理对建模效果的验证结果

产地	预处理	RMSEC	R^2
齐齐哈尔	9 点二阶求导，MSC	0.149	0.951
双鸭山	9 点二阶求导，MSC	0.149	0.951
牡丹江	9 点二阶求导，MSC	0.149	0.951
五常	9 点二阶求导，MSC	0.149	0.951
佳木斯	9 点二阶求导，MSC	0.149	0.951
齐齐哈尔	9 点二阶求导，SNV	0.149	0.952
双鸭山	9 点二阶求导，SNV	0.149	0.952
牡丹江	9 点二阶求导，SNV	0.149	0.952
五常	9 点二阶求导，SNV	0.149	0.952
佳木斯	9 点二阶求导，SNV	0.149	0.952
齐齐哈尔	9 点二阶求导，5 点平滑	0.143	0.951
双鸭山	9 点二阶求导，5 点平滑	0.143	0.951
牡丹江	9 点二阶求导，5 点平滑	0.143	0.951
五常	9 点二阶求导，5 点平滑	0.143	0.951
佳木斯	9 点二阶求导，5 点平滑	0.143	0.951
齐齐哈尔	9 点二阶求导，7 点平滑	0.143	0.955
双鸭山	9 点二阶求导，7 点平滑	0.143	0.955
牡丹江	9 点二阶求导，7 点平滑	0.143	0.955
五常	9 点二阶求导，7 点平滑	0.143	0.955
佳木斯	9 点二阶求导，7 点平滑	0.143	0.955
齐齐哈尔	9 点二阶求导，9 点平滑	0.147	0.955
双鸭山	9 点二阶求导，9 点平滑	0.147	0.955
牡丹江	9 点二阶求导，9 点平滑	0.147	0.955
五常	9 点二阶求导，9 点平滑	0.147	0.955
佳木斯	9 点二阶求导，9 点平滑	0.147	0.955
齐齐哈尔	9 点二阶求导，11 点平滑	0.143	0.951
双鸭山	9 点二阶求导，11 点平滑	0.143	0.951
牡丹江	9 点二阶求导，11 点平滑	0.143	0.951
五常	9 点二阶求导，11 点平滑	0.143	0.951
佳木斯	9 点二阶求导，11 点平滑	0.143	0.951

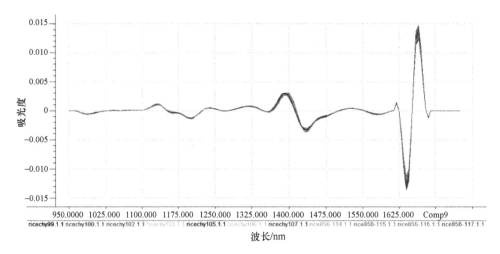

图 19-1 预处理后的大米近红外光谱图（彩图请扫封底二维码）

19.2.4 波长范围的选择

对所有样本进行 9 点二阶求导结合 7 点平滑预处理后，对全光谱范围进行分段选择最佳波长范围进行建模。参考 18.3.4 对全光谱范围进行分段。在全光谱 950～1650nm 范围和分选光谱范围内，建立 PLS-DA 模型，采用 RMSEC 和 R^2 为模型预处理方法评判标准，比较各个波段样本建模的结果，结果如表 19-4 所示。结果表明，在不同的波长范围内，PLS-DA 模型的 RMSEC 和 R^2 的差异较大，根据 RMSEC 数值越小，R^2 数值越大，对应的波长范围越适合这一建立模型的规则，可知分段波长范围建模效果最好的是 1150～1250nm，RMSEC 和 R^2 分别为 0.143 和 0.952。对比全波长范围建立模型的效果，发现全波长建立模型的效果较好，所以本试验选择全波长范围 950～1650nm 进行 PLS-DA 模型的建立。

表 19-4 不同波长范围对建模效果的影响

产地	波长范围/nm	RMSEC	R^2
齐齐哈尔	950～1050	0.147	0.951
双鸭山	950～1050	0.147	0.951
牡丹江	950～1050	0.147	0.951
五常	950～1050	0.147	0.951
佳木斯	950～1050	0.147	0.951
齐齐哈尔	1050～1150	0.143	0.946
双鸭山	1050～1150	0.143	0.946
牡丹江	1050～1150	0.143	0.946
五常	1050～1150	0.143	0.946

续表

产地	波长范围/nm	RMSEC	R^2
佳木斯	1050～1150	0.143	0.946
齐齐哈尔	1150～1250	0.143	0.952
双鸭山	1150～1250	0.143	0.952
牡丹江	1150～1250	0.143	0.952
五常	1150～1250	0.143	0.952
佳木斯	1150～1250	0.143	0.952
齐齐哈尔	1250～1350	0.143	0.951
双鸭山	1250～1350	0.143	0.951
牡丹江	1250～1350	0.143	0.951
五常	1250～1350	0.143	0.951
佳木斯	1250～1350	0.143	0.951
齐齐哈尔	1350～1450	0.147	0.951
双鸭山	1350～1450	0.147	0.951
牡丹江	1350～1450	0.147	0.951
五常	1350～1450	0.147	0.951
佳木斯	1350～1450	0.147	0.951
齐齐哈尔	1450～1550	0.147	0.951
双鸭山	1450～1550	0.147	0.951
牡丹江	1450～1550	0.147	0.951
五常	1450～1550	0.147	0.951
佳木斯	1450～1550	0.147	0.951
齐齐哈尔	1550～1650	0.147	0.946
双鸭山	1550～1650	0.147	0.946
牡丹江	1550～1650	0.147	0.946
五常	1550～1650	0.147	0.946
佳木斯	1550～1650	0.147	0.946

19.2.5　主成分数的确立

在全波长范围内对表 19-1 中的建模样本建立 PLS-DA 模型，选择 RMSEC 和预测均方根误差（root mean square error prediction，RMSEP）作为评判标准，提取有效的主成分信息，以提高建立的模型的稳定性。结果如图 19-2 所示。理论上应对 RMSEC 和 RMSEP 数值大对应的主成分数进行建模，但是主成分数过大，图谱会出现过拟合现象；主成分数过少，图谱则出现拟合现象。主成分数为 1 的时候，RMSEC 和 RMSEP 的数值较大，分别为 0.074 和 0.07，但是呈现欠拟合现象。随着主成分数的增加，RMSEC 和 RMSEP 的数值出现波动。在主成分数为 3 的时候出现拐点，在拐点之后虽然 RMSEC 变化范围较小，但是 RMSEP 呈下降趋势，可能造成过拟合现象。因此本试验大米产地的近红外光谱 PLS-DA 模型的主成分数确定为 3。图 19-3 是通过 SPSS 18.0 软件进行主成分分析，由主成分得分作图，可以看出 5 个地域的样本区分明显，证明可用全光谱、三个主成分数建立 PLS-DA 产地溯源判别模型。

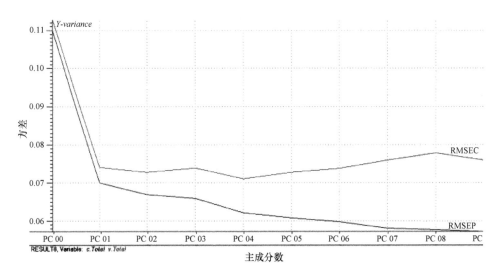

图 19-2　主成分数与 RMSE 的关系（彩图请扫封底二维码）

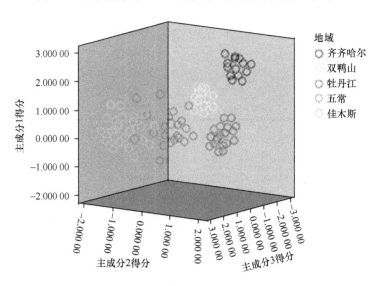

图 19-3　不同地域水稻样品主成分得分图（彩图请扫封底二维码）

19.2.6　模型的建立

对五常、佳木斯（建三江）、齐齐哈尔、双鸭山、牡丹江 5 个地域的试验样本进行近红外光谱扫描后，按表 19-1 对得到的图谱建立建模样本集和预测样本集。对所有样本的近红外原始光谱进行 9 点二阶求导结合 7 点平滑预处理后，选择全波长范围、主成分数为 3 的条件建立 PLS-DA 模型。模型的 RMSEC 和 R^2 分别为 0.147 和 0.955。

19.2.7　模型的验证

为了检测 PLS-DA 模型的正确度，判断模型的稳定性，本试验采用 Unscrambler 9.7 光谱分析软件及表 19-1 中的预测样本集对模型进行验证，计算预测样本集的预测值和偏差，结果见表 19-5。表 19-5 是对 5 个地域 PLS-DA 模型的预测值和偏差，由表 19-5 可以看出，建立的 PLS-DA 模型对预测样本集样本的识别率为 100%，五常样品的预测值为 0.34～1.08，佳木斯样品的预测值为 0.33～1.01，齐齐哈尔样品的预测值为 0.51～0.95，双鸭山样品的预测值为−0.55～1.10，牡丹江样品的预测值为 0.70～1.14。

表 19-5　模型对样品的预测值与定义值及偏差结果

序号	定义值	预测值	偏差	序号	定义值	预测值	偏差
1	−2	0.75	0.024 75	21	0	0.99	0.032 67
2	−2	0.66	0.021 78	22	0	1.03	0.033 99
3	−2	0.65	0.021 45	23	0	0.88	0.029 04
4	−2	0.95	0.031 35	24	0	0.80	0.026 4
5	−2	0.62	0.020 46	25	1	1.08	0.035 64
6	−2	0.88	0.029 04	26	1	0.64	0.021 12
7	−2	0.51	0.016 83	27	1	0.97	0.032 01
8	−2	0.54	0.011 22	28	1	0.52	0.017 16
9	−1	0.95	0.031 35	29	1	0.34	0.011 22
10	−1	1.10	0.036 3	30	1	0.83	0.027 39
11	−1	0.68	0.022 44	31	1	0.97	0.032 01
12	−1	0.69	0.022 77	32	1	0.53	0.017 49
13	−1	0.74	0.024 42	33	2	0.64	0.021 12
14	−1	0.99	0.032 67	34	2	0.89	0.029 37
15	−1	−0.55	−0.014 85	35	2	0.86	0.028 38
16	−1	−0.53	−0.017 49	36	2	1.01	0.033 33
17	0	1.14	0.037 62	37	2	0.92	0.030 36
18	0	0.70	0.023 1	38	2	0.95	0.031 35
19	0	0.86	0.028 38	39	2	0.33	0.017 9
20	0	0.76	0.025 08	40	2	0.86	0.028 38

一般来说，$0.5 \leqslant |$预测值$| \leqslant 1.5$ 时，说明预测样本产地判别正确。通过计算表 19-5 中的正确预测样本产地的个数计算预测正确率，得出表 19-6。由表 19-6 可以看出，5 个地域的 PLS-DA 预测正确率分别为 87.5%、87.5%、100%、100% 和 100%。

表 19-6　PLS-DA 鉴别 5 个地域大米样品的结果

验证方式	类别	正确个数	错误个数	正确率/%	样本总数
预测集校验	五常	7	1	87.5	8
	佳木斯	7	1	87.5	8
	齐齐哈尔	8	0	100	8
	双鸭山	8	0	100	8
	牡丹江	8	0	100	8
	总计	38	2	95	40

19.3　小　结

本试验选择五常、佳木斯（建三江）、齐齐哈尔、双鸭山、牡丹江的 118 份大米粉末样品进行近红外光谱的扫描，得到原始近红外光谱图。确定近红外原始光谱图的预处理方法为 9 点二阶求导结合 7 点平滑，最佳波长范围为全波长。在建立模型前需要对预处理后的近红外光谱进行主成分分析，提取了三个有效的主成分，分别为 PC1、PC2、PC3，并且通过主成分分析证明了本试验可以采用 PLS-DA 法建立产地溯源判别模型。分别对不同地域的样品进行赋值，采用 PLS-DA 法对建模样本集进行模型的建立，采用预测样本集对建立的模型进行验证。

（1）本试验选择五常、佳木斯（建三江）、齐齐哈尔、双鸭山、牡丹江的 118 份大米粉末样品采用 Unscrambler 9.7 光谱分析软件进行光谱扫描，得到原始近红外光谱图。对原始光谱图采用 9 点二阶求导结合 7 点平滑的光谱预处理，选择全波长范围，进行 PLS-DA 模型的建立。对预处理后的近红外光谱进行主成分分析，提取了三个有效的主成分，并证明了本试验可以采用 PLS-DA 建立产地溯源判别模型。对建模样本集采用 PLS-DA 法进行大米产地溯源模型构建。用预测样本集对模型进行验证，5 个地域的模型识别率均为 100%，预测正确率分别为 87.5%、87.5%、100%、100% 和 100%。

（2）5 个地域采用 Fisher 判别法和 PLS-DA 法建立产地溯源模型的识别率均为 100%，预测率均达到 80% 以上，达到了定性分析的要求，可以用于定性分析，初步断定可用于 2012 年黑龙江大米产地溯源模型的建立。比较预测样本集对两种方法建立模型的预测正确率，发现五常、佳木斯、双鸭山和牡丹江的预测正确率结果相同，齐齐哈尔的 PLS-DA 法建立模型的预测正确率比 Fisher 判别法建立模型的预测正确率高，说明 PLS-DA 法建立的模型较为稳定。

参 考 文 献

北京食品学会. 2010. 第 3 届国际食品安全高峰论坛论文集. 内部资料.

北京食品学会. 2011. 第 4 届国际食品安全高峰论坛论文集. 内部资料.

陈辉. 2010. 近红外光谱技术在农产品和食品安全检测中的应用研究进展. 畜牧与饲料科学, 31(8): 88-90.

褚小立, 袁洪福, 陆婉珍. 2004. 近红外分析中光谱预处理及波长选择方法进展与应用. 化学进展, 16(4): 528-542.

崔洋, 张兰桐, 孔德志, 等. 2010. 河北道地药材连翘的高效毛细管电泳指纹图谱研究. 中国中药杂志, 35(18): 2440-2443.

段民孝, 邢锦丰, 郭景伦, 等. 2002. 近红外光谱技术及其在农业中的应用. 北京农业科学, 20(1): 11-14.

方炎, 高观, 范新鲁, 等. 2005. 我国食品安全追溯制度研究. 农业质量标准, (2): 37-39.

郭波莉, 魏益民, 潘家荣, 等. 2007. 碳、氮同位素在牛肉产地溯源中的应用研究. 中国农业科学, 40(2): 365-372.

郝勇, 孙旭东, 高荣杰, 等. 2010. 基于可见/近红外光谱与 SIMCA 和 PLS-DA 的脐橙品种识别. 农业工程学报, 26(12): 373-377.

胡桂仙, Gomes A H, 王俊, 等. 2005. 电子鼻无损检测柑橘成熟度的实验研究. 食品与发酵工业, 31(8): 57-60.

胡晓航, 李海洋. 2007. 近红外光谱技术在农产品品质分析中的应用. 林业科技情报, 39(11): 6-8.

黄志勇, 杨妙峰, 庄峙厦, 等. 2003. 利用铅同位素比值判断丹参不同产地来源. 分析化学, 31(7-12): 1036-1040.

康海宁, 杨妙峰, 陈波, 等. 2005. 利用矿质元素的测定数据判别茶叶的产地和品种. 岩矿测试, 25(1): 22-26.

李冰, 杨红霞. 2003. 电感耦合等离子体质谱技术最新进展. 分析实验室, 22(1): 94-100.

李琴, 郑雷玉, 袁红梅. 2011. 近红外光谱技术在鉴别食品真伪和产地属性的应用研究进展. 硅谷, (12): 43, 68.

李延华, 王伟军, 张兰威, 等. 2011. 食品原产地保护检测技术应用进展. 食品工业科技, 32(6): 427-430.

李勇, 魏益民, 潘家荣, 等. 2009. 基于 FTIR 指纹光谱的牛肉产地溯源技术研究. 光谱学与光谱分析杂志, 29(3): 647-651.

梁高峰, 贾宏汝, 谷运红, 等. 2007. 近红外光谱技术及其在农业研究中的应用. 安徽农业科学, 35(29): 9113-9115.

刘巍, 李德美, 刘国杰, 等. 2010. 利用近红外光谱技术对葡萄酒原产地进行 Fisher 判别. 酿酒科技, (7): 65-69.

芦永军, 曲艳玲, 宋敏. 2007. 近红外相关光谱的多元散射校正处理研究. 光谱学与光谱分析,

27(5): 877-880.

马冬红, 王锡昌, 刘利平, 等. 2011. 近红外光谱技术在食品产地溯源中的研究进展. 光谱学与光谱分析, 131(14): 877-881.

尼珍, 胡昌勤, 冯芳. 2008. 近红外管够分析中光谱预处理方法的作用及其发展. 药物分析杂志, 28(5): 824-829.

彭玉魁, 李菊英, 祁振秀. 1997. 近红外光谱技术在小麦营养成份鉴定上的应用. 麦类作物, 17(2): 33-35.

祁茹, 林英庭. 2010. 同位素溯源技术在动物产品和饲料成分溯源中的应用. 中国奶牛, (5): 45-49.

绕秀勤, 应义斌, 黄海波, 等. 2009. 基于 X 射线荧光技术的茶叶产地鉴别方法研究. 光谱学与光谱分析, 29(3): 837-839.

宋君, 雷绍荣, 郭灵安, 等. 2012. DNA 指纹技术在食品掺假、产地溯源检验中的应用. 安徽农业科学, 40(6): 3226-3228, 3233.

孙丰梅, 王慧文, 杨曙明. 2008. 稳定同位素碳、氮、硫、氢在鸡肉产地溯源中的应用研究. 分析测试学报, 27(9): 925-929.

孙淑敏, 郭波莉, 魏益民, 等. 2011. 近红外光谱指纹分析在羊肉产地溯源中的应用. 光谱学与光谱分析, 31(4): 937-941.

王成, 赵多勇, 王贤, 等. 2012. 食品产地溯源及确证技术研究进展. 农产品质量与安全, 27(B9): 59-61.

邬文锦, 王红武, 陈绍江, 等. 2010. 基于近红外光谱的商品玉米品种快速鉴别方法. 光谱学与光谱分析, 30(15): 1248-1251.

吴秀琴, 金达生. 1995. 近红外光谱技术在农作物抗虫中应用研究. 中国农业科学, 28(5): 92.

谢建军, 陈小帆, 陈文锐, 等. 2013. 气相色谱指纹图谱法进行红葡萄酒产地溯源表征. 食品科学, 34(18): 253-257.

谢军, 潘涛, 陈洁梅, 等. 2010. 血糖近红外光谱分析的 Savitzky-Golay 平滑模式与偏最小二乘法因子数的联合优选. 分析化学研究报告, 38(3): 342-346.

严衍禄. 2005. 近红外光谱分析基础与应用. 北京: 中国轻工业出版社.

尹春丽, 丁春晖, 李华. 2008. 昌黎原产地干红葡萄酒的三维荧光光谱特征研究. 分析测试学报, 27(6): 641-643.

于慧春, 王俊. 2008. 电子鼻技术在茶叶品质检测中的应用研究. 传感技术学报, (5): 748-752.

张灵帅, 邢军, 谷运红, 等. 2008. 烟草近红外光谱分析结果影响因素综述. 安徽农业科学, 36(21): 9097-9099.

张宁, 张德权, 李淑荣, 等. 2008. 近红外光谱结合 SIMCA 法溯源羊肉产地的初步研究. 农业工程学报, 24(12): 309-312.

张晓静, 胡清源, 朱风鹏, 等. 2008. 电感耦合等离子体质谱在同位素分析中的研究进展. 分析试验室, 27(B12): 389-394.

张晓焱, 苏学素, 焦必宁, 等. 2010. 农产品产地溯源技术研究进展. 食品科学, 31(3): 271-277.

张延会, 吴良平, 孙真荣. 2006. 拉曼光谱技术应用进展. 化学教学, (4): 32-35.

张银, 周孟然. 2007. 近红外光谱技术的数据处理方法. 红外技术, 29(6): 345-348.

赵海燕. 2011. 产地和品种对小麦籽粒近红外光谱的影响//北京食品学会、北京食品协会. 第四届中国北京国际食品安全高峰论坛论文集. 北京: 北京食品学会、北京食品协会: 4.

赵海燕, 郭波莉, 魏益民. 2011. 谷物原产地溯源技术研究进展. 核农学报, 25(4): 768-772.

郑咏梅, 张铁强, 张军, 等. 2004. 平滑、导数、基线校正对近红外光谱 PLS 定量分析的影响研究. 光谱学与光谱分析, 24(12): 1546-1548.

周健, 成浩, 叶阳, 等. 2009. 基于近红外的 Fisher 分类法识别茶叶原料品种的研究. 光学学报, 29(1): 1117-1121.

Barbaste M, Robinson K, Guilfoyle S, et al. 2002. Precise determination of the strontium isotope ratios in wineby inductively coupled plasma sector field multicollector mass spectrometry (ICP-SF-MC-MS). Journal of Analytical Atomic Spectrometry, 2(17): 135-137.

Barnes R J, Dhanoa M S, Lister S J. 1989. Standard normal variate transformation and detrending of near-infrared diffuse reflectance spectra. Spectrosc, 43(5): 772-777.

Bettina M F, Gremaud G, Hadorn R, et al. 2005. Geographic origin of meat-element of an analytical approach to its authentication. European Journal of Food Technology, 221(3-4): 493-503.

Braneh S, Burke S, Evans P, et al. 2003. A preliminary study in determining the geographical origin of wheat using isotope ratio inductively coupled plasma mass spectrometry with ^{13}C, ^{15}N mass spectrometry. Journal of Analytical Atomic Spectrometry, 18(1): 17-22.

Casale M, Casolino C, Ferrari G, et al. 2008. Near infrared spectroscopy and class modelling techniques for the geographical authentication of Ligurian extra virgin olive oil. Journal of Near Infrared Spectroscopy, 16(1): 39-47.

Cho K H, Lee E J, Tsuge T, et al. 2010. Comparative genomic analysis of Korean and Japanese green tea trees by using molecular markers. Canadian Journal of Plant Science, 90(3): 293-298.

Cozzolino D, Smyth H E, Gishen M. 2003. Feasibility study on the use of visible and near-infrared spectroscopy together with chemometrics to discriminate between commercial white wines of different varietal origins. Journal of Agricultural and Food Chemistry, 51(26): 7703-7708.

Delgado C, Tomas-Baeberan F A, Talou T, et al. 1994. Capillary electrophoresis as an alternative to HPLC for determination of honey flavonoids. Chromatographia, 38(1-2): 71-78.

Dupuy N, Le-Dreau Y, Olliver D, et al. 2005. Origin of French virgin olive oil registered designation of origins predicted by chemometric analysis of synchronous excitation-emission fluorescence spctra. Journal of Agricultural and Food Chemistry, 53(24): 9361-9368.

Fernández P L, Pablos F, Martín M J, et al. 2002. Study of catechin and xanthine tea profiles as geographical tracers. Journal of Agricultural and Food Chemistry, 50(7): 1833-1839.

Gonzalvez A, Llorens A, Cervera M L, et al. 2009. Elemental fingerprint of wines from the protected designation of origin valencia. Food Chemistry, 112(1): 26-34.

Guadarama A, Rodriguez-Mendez M L, Sanz C, et al. 2001. Electronic nose based on conducting polymers for the quality control of the olive aroma-discrimination of quality, variety of olive and geographic origin. Analytica Chemica Acta, 432(2): 283-292.

Guo B L, Wei Y M, Pan J R, et al. 2010. Stable C and N isotope ratio analysis for regional geographical traceability of cattle in China. Food Chemistry, 118(4): 915-920.

Heaton K, Kelly S D, Hoogewerff J, et al. 2008. Verifying the geographical origin of beef: the application of multi-element isotope and trace element analysis. Food Chemistry, 107(1): 506-515.

Herberger K, Csomos E, Simon-Sarkadi L. 2003. Principal component and linear discriminant analyses of free amino acids and biogenic amines in Hungarian Wines. Journal of Agricultural and Food Chemistry, 51(27): 8055-8060.

Herbert S, Riou N M, Devaux M F, et al. 2000. Monitoring the identity and the structure of soft cheeses by fluorescence spectroscopy. Lait, 80(6): 621-634.

Karoui R, Martin B, Durour E. 2005. Potentiality of front-face fluorescence spectroscopy to determine the geographic origin of milks from the haute-loire department(France). Lait, 85(3): 223-236.

Kodama S, Ito Y, Nagase H, et al. 2007. Usefulness of catechins and caffeine profiles to determine growing areas of green tea leaves of a single variety, Yabukita, in Japan. Journal of Health Science, 53(4): 491-495.

Kovács Z, Dalmadi I, Lukács L, et al. 2010. Geographical origin identification of pure sri lanka tea infusions with electronic nose, electronic tongue and sensory profile analysis. Journal of Chemometrics, 24(3-4): 121-130.

Kritsunankul O, Pramote B, Jakmunee J. 2009. Flow injection on-line dialysis coupled to high performance liquid chromatography for the determination of some organic acids in wine. Talanta, 79(4): 1043-1049.

Liu L, Cozzolino D, Cynkar W U, et al. 2006. Geographic classification of Spanish and Australian tempranillo red wines by visible and near-infrared spectroscopy combined with multivariate analysis. Journal of Agricultural and Food Chemistry, 54(18): 6754-6759.

Liu L, Cozzolino D, Cynkar W U, et al. 2008. Preliminary study on the application of visible-near infrared spectroscopy and chemometrics to classify riesling wines from different countries. Food Chemistry, 106(2): 781-786.

Margui E, Iglesias M, Queralt I, et al. 2007. Precise and accurate determination of lead isotope ratios in mining wastes by ICP-QMS as a tool to identify their source. Talanta, 73(4): 700-709.

Niu X Y, Yu H Y, Ying Y B. 2008. The application of near-infrared spectroscopy and chemometrics to classify Shaoxing Wines from different breweries. Transactions of the ASABE, 51(4): 1371-1376.

Nunez M, Pena R M, Herrero C, et al. Analysis of some metals in wine by means of capillary electrophoresis application to the differentiation of ribeira sacra Spanish red wines. Analusis, 28(5): 432-437.

Paradkar M M, Irudayaraj J. 2002. Discrimination and classification of beet and cane inverts in honey by FT-Raman spectroscopy. Food Chemistry, 76(2): 231-239.

Piasentier E, Valusso R, Camin F, et al. 2003. Stable isotope ratio analysis for authentication of lamb meat. Meat Science, 64(3): 239-247.

Picque D, Cattenoz T, Corrieu G, et al. 2005. Discrimination of redwines according to their geographical origin and vintage year by the use of mid-infrared spectroscopy. Sciences des Aliments, 25(3): 207-220.

Radovic B S, Careri M, Mangia A, et al. 2001. Contribution of Dynamic Headspace GC-MS analysis of aroma compounds to authenticity testing of honey. Food Chemistry, 72(4): 511-520.

Risticevic S, Carasek E, Pawliszyn J. 2008. Headspace solid-phase microextraction-gas chromatographic-time-of-flight mass spectrometric methodology for geographical origin verification of coffee. Analytica Chimica Acta, 617(1/2): 72-84.

Rossmann A, Koziet J, Martin G J, et al. 1997. Determination of the carbon-13 content of sugars and pulp from fruit juices by isotope-ratio mass spectrometry (internal reference method) a European interlaboratory comparision. Analytica Chimica Acta, 340(1): 21-29.

Sacco D, Brescia M A, Buccoloeri A, et al. 2005. Geographical origin and breed discrimination of apulian lamb meat samples by means of analytical and spectroscopic determinations. Meat Science, 71(3): 542-548.

Schwartz R S, Hecking L T. 1991. Determination of geographic origin of agricultural products by multivariate analysis of trace element composition. Journal of Analytical Atomic Spectrometry,

6(8): 637-642.

Simpkins W A, Louie H, Wu M, et al. 2000. Trace elements in Australian orange juice and other products. Food Chemistry, 71(4): 423-433.

Sivakesava S, Irudayaraj J. 2000. Determination of sugars in aqueous mixtures using mid-infrared spectroscopy. Applied Engineering in Agriculture, 16(5): 543-550.

Xiccato G, Trocino A. 2004. Prediction of chemical composition and origin identification of European sea bass (*Dicentrarchus labrax* L.) by near infrared reflectance spectroscopy (NIRS). Food Chemistry, 86(2): 275-281.

Ye N S. 2010. Geographical classification of green teas based on MEKC with laser-induced fluorescence detection. Chromatographia, 71(5-6): 529-532.

Zunin P, Boggia R, Salvadeo P, et al. 2004. Direct thermal extraction and gas chromatographic–mass spectrometric determination of volatile compounds of extra-virgin olive oils. Journal of Chromatography A, 1023(2): 271-276.

第四篇　大米挥发性物质指纹图谱产地溯源技术的研究

第20章 挥发性指纹图谱技术研究概述

20.1 电子鼻技术在农产品分类识别中的研究进展

20.1.1 电子鼻技术的研究概况

随着对生物嗅觉系统的研究的不断发展，一些学者思考能否根据仿生学原理制造出一种类似于生物嗅觉系统的设备，于是人工嗅觉系统（电子鼻技术）进入一些科学家的视线，并逐渐成为研究的热点。电子鼻技术的相关研究开始于20世纪80年代，1982年，英国研究人员Dodd和Persaud根据人类嗅觉系统的结构和机制第一次提出了传感器阵列技术的概念，之后各国学者进行了较多的相关研究，人工嗅觉系统技术出现了较快的发展。由于气味形成与挥发性物质的组成有着非常复杂的关系，很难用某种模型来表达，因此，采用阵列传感器系统来模拟人类嗅觉系统，试验结果证明效果是可接受的。

随着传感器技术和计算机技术的发展，电子鼻技术也进入了快速发展阶段，并且有一些在工业上已经得到了应用。目前市场上可以看到的有英国Aromascan公司生产制造的数字气味分析系统、英国Neotronics Scientific Ltd.生产制造的NOSE系统、美国Cyrano Sciences公司生产制造的Cyranose 320便携式电子鼻、德国的PEN3便携式电子鼻系统和法国Alpha MOS公司生产制造的FOX 4000系统；国内还没有成熟的电子鼻产品，相关的研究多数处于实验室阶段，虽然目前没有比较大的突破，但复旦大学、中国科学技术大学、浙江大学等高校的学者也在这一领域进行了有意义的尝试。

20.1.2 电子鼻技术在农产品分类鉴别中的应用

电子鼻技术是一整套系统，这个系统由气敏传感器阵列和模式识别系统组成，气敏传感器能够捕捉气体分子，形成电信号，反馈给计算机，通过模式识别技术能够对气体成分进行分析。电子鼻能够获得样品中气味的整体信息，而且具有操作简单、鉴别迅速等优点，目前在烟草、饮料、肉类、乳酪、牛奶和茶叶质量控制及等级区分方面有着广泛的应用。

Yu等（2007）开发了一种电子鼻技术，收集了不同地点和等级的茶叶气味指纹图谱信息，然后对采集到的数据整理聚类，进行分析。结果表明，该方法可以判别同一类茶叶的品质等级，而且判别效果较好。Cozzolino 等（2005）是来自西班牙葡萄酒研究所的研究人员，他们进行了将电子鼻系统用于不同葡萄酒品牌鉴别的研究。结果表明，此技术对不同品牌的葡萄酒的区分效果很好，准确率达到 100%。郭奇慧等（2008）应用电子鼻技术对酸奶的货架期进行了测定，将酸奶储存在 4℃ 的条件下，然后测定不同储存时间的酸奶，再结合分类方法对不同储藏时间的酸奶进行分类，结果表明，该技术可以对不同货架期的酸奶进行鉴别。

20.2　本篇研究目的及主要内容

20.2.1　研究目的

本篇选择黑龙江地理标志大米作为研究对象，利用电子鼻系统装置，采集大米和米饭完整的气味信息，然后运用统计模式识别技术，分析大米和米饭气味特征数据，探索利用电子鼻技术对黑龙江水稻品种和产地进行快速分类鉴别的现实方法。

20.2.2　研究的主要内容

为确保建立模型的可靠性和准确度，实验材料应具有代表性和真实性，所以采样地点选择黑龙江的五常、佳木斯（建三江）、齐齐哈尔（查哈阳）三个大米主产区的主产县、主产乡（镇、农场）、主产村（屯）的大面积种植地块，选择三个地域的主栽品种。本试验样品采于 2013 年 9 月中旬，这时水稻已经完全成熟，每个采样地点收集水稻 2kg 左右，然后记录下品种信息。

针对上述目标，我们进行了以下研究。

（1）分析利用电子鼻系统对大米和米饭进行检测时的影响因素。分析顶空容积、顶空生成时间、样品质量等因素对电子鼻系统响应信号的影响，确定较佳的试验、分析条件和方法。

（2）构建大米和米饭的气味指纹图谱。对不同地域的大米和米饭样品利用电子鼻系统进行检测，探讨实现大米产地分类的最合适的方式。

（3）基于主成分分析和线性判别技术对大米进行模式识别和分类。通过 Fisher 线性判别的模式识别方法，对不同产地大米进行分类判别。

20.2.3　技术路线

技术路线如图 20-1 所示。

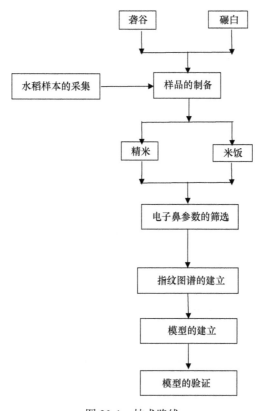

图 20-1　技术路线

第 21 章　大米挥发性物质的检测和数据处理方法

21.1　研究对象与试验方案

21.1.1　研究对象

根据前期调查研究和前期试验的结果，根据本课题研究目的和研究内容的需要，选取黑龙江地区地理标志大米作为研究对象，如表 21-1 所示。

表 21-1　大米采样地域和品种

地域	品种
查哈阳（31）	龙粳 31（31）
建三江（30）	空育 131（5）、龙粳 31（18）、龙粳 36（2）、龙粳 26（3）、龙粳 29（1）、龙粳 40（1）
五常（51）	五优稻 4 号（稻花香 2 号）（21）、松粳 9（1）、松粳 12（8）、松粳 15（1）、松粳 16（2）、松粳（18）

在气味挥发性物质信息采集的过程中，按照不同产地和不同种类来选择具有代表性的样品进行采集，供试样品要有完整的采样原始记录。

21.1.2　试验方案

试验分以下三个阶段进行。

第一阶段，选取挥发性物质特征显著的一种大米样品（查哈阳大米）和米饭样品进行试验，用电子鼻系统对样品进行检测时，每种样品均分别取一定量，放入一定容积的烧杯中，再用在超市购买的双层食品保鲜膜将烧杯口覆盖并且密封好，然后常温下静置一段时间，直至烧杯中的顶空气体稳定后，再进行检测。主要探讨各试验条件及参数对传感器响应的影响，以确定最适合电子鼻技术检测的试验条件。

第二阶段，在最优试验条件下采集大米和米饭样品的气味指纹图谱，通过主成分分析方法对气味信息进行降维处理，然后进行样品区分。

第三阶段，应用线性判别分析法对样品进行产地和品种分类，对比大米样品和米饭样品的分类效果，选择分类效果好的样品的数据进行分类模型的建立，然后对模型进行验证。

21.2　大米的电子鼻技术检测原理

21.2.1　生物嗅觉系统构成与工作机制

随着分子生物科学和医学科学的发展，目前已经从分子水平上认识了生物嗅觉系统的组成和传导机制。当气味受体接触到某种能够产生气味的物质时，会产生电信号，电信号传递到大脑后，就会产生嗅觉。科学家从基因水平对嗅觉系统进行了研究，发现人体嗅觉系统中的嗅觉受体是由人体基因的 3%来编码的。主细胞呈圆瓶状，也称嗅细胞。细胞的底端有长突，细胞顶端有 5 条或 6 条较短的纤毛，长突和纤毛组成嗅丝，嗅丝有能力穿过筛骨直接进入嗅球。空气中的气体分子接触到嗅细胞的纤毛后，纤毛受到刺激产生神经冲动，神经冲动通过嗅神经一步步传向嗅觉中枢，引起嗅觉。生物嗅觉系统构成可用图 21-1 描述，总体包含三个部分：①鼻腔上皮组织（初级），这里接触到气体分子，并且产生电信号；②嗅觉球（二级），不同种类的气体的镜像在这里形成；③大脑，气味信息的最后一站，并在这里存储形成记忆。具体的过程是这样的，不同的嗅细胞都对应着一种或几种气味，当接触到对应的气体分子的时候，气体分子与嗅上皮接触时，在细胞膜的蛋白质分子上产生一系列的反应，细胞膜外的 Na^+、Ca^{2+}等进入细胞内，这样在细胞内就形成了膜电势，电信号就这样开始传递了，信号通过突触传递到神经系统，最后传入中枢神经。

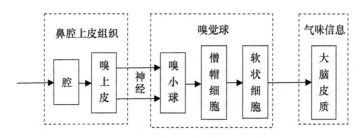

图 21-1　人体嗅觉系统构成与工作机制

21.2.2　电子鼻系统的构成

电子鼻系统的构成和原理可以用图 21-2 说明，气体摄取部分由气敏传感器阵列构成，气敏传感器受到气体的刺激之后，形成的电信号经过一系列处理之后，形成相应的气体的数据，然后对数据进行模式识别，就会相应地识别气体的种类。

目前电子鼻系统中传感器主要有 6 类：导电型传感器、压电型传感器、电容-电荷耦合型传感器、光学嗅觉传感器、基于图谱方法的传感器和新型纳米气敏传感器。导电型传感器是技术相对最成熟的，功能要求能达到预期目标，价格成本也是比较低的，所以是目前使用最广泛的。

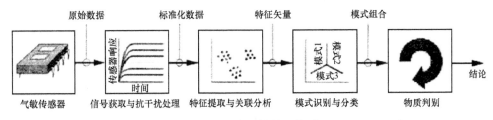

图 21-2　电子鼻系统的工作原理

气敏传感器阵列的组成单元是气敏元件，这些气敏元件具有对气体的广谱响应特性，较大的交叉灵敏度，对不同气味的灵敏度差异较大，相当于人体嗅觉感受器。气敏感受器阵列的响应，不是对单一某种气体成分的反应，而是对所有气体成分的反应，所以不能够检测存在哪种气体，只能检测存在哪一类气体。

21.3　PEN3 便携式电子鼻

本试验中所使用的电子鼻系统是由德国 Airsense 公司设计和生产的 PEN3 便携式电子鼻（portable electronic nose）系统，如图 21-3 所示。PEN3 电子鼻体积小巧，检测快捷、高效。该系统经过一定方法的训练后，即将一些被检测样品的数据储存在系统中，形成数据库，当需要检测的样品的数据被输入系统中，运用不同的模式识别算法，可以快速地判别样品的分类，具有很广的应用范围。

图 21-3　PEN3 便携式电子鼻

PEN3 电子鼻主要由三部分组成：①传感器通道；②采样通道；③计算机。其结构及工作原理如图 21-4 所示。

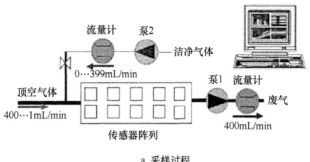

a. 采样过程

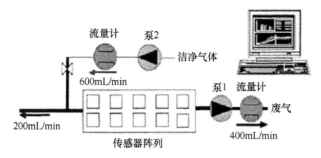

b. 清洗过程

图 21-4　PEN3 电子鼻结构组成及工作原理示意图

图中 "…" 代表气体流量范围

　　PEN3 电子鼻传感器阵列中各个传感器的名称及敏感气体的类型和灵敏度见表 21-2。每个传感器对不同气体的化学成分的灵敏度是不相同的，如传感器 W3S 对芳香烷烃等成分具有较高的灵敏度。传感器 W1W、W2W、W5S 和 W5C 灵敏度很高，其最低检测限达到了 1ppm（即 1mL/m^3）。每个传感器对不同的气体成分具有不同的反应，生成不同的响应值。PEN3 电子鼻的生成响应信号为每个传感器的相对电导率 G/G_0 或 G_0/G，当传感器接触到样品气体时，气体中的某些成分会形成电导率，即为 G；传感器在接触空气（经过活性炭清洗的）时的电导率，即为 G_0。

　　PEN3 电子鼻的采样系统内置一种智能泵吸系统，这个系统在移动使用或者过程控制应用中具有非常好的效果，而且 PEN3 电子鼻系统还能够进行自动调整、自动校准和系统自动富集。

　　PEN3 的工作过程为：密封的待测样品放置一段时间后，智能泵吸系统将顶空气体吸入到 PEN3 传感器阵列室中，挥发性气体与传感器接触后，会附着在上面，传感器的电导率会发生变化，计算机就会自动记录信息。气体信息采集完成后，系统将空气吸入到传感器阵列室中，吸入的空气在进入之前是经过活性炭过滤的，经过过滤的空气对传感器阵列进行清洗，还原到基准状态。之后可以进行下次的样品气味信息的采集。

表 21-2　PEN3 电子鼻的标准传感器阵列

传感器	传感器	性能描述	挥发性成分
R_1	W1C	对芳香成分灵敏	芳香苯类
R_2	W5S	对氮氧化合物灵敏	氮氧化物
R_3	W3C	对芳香成分灵敏	氨类
R_4	W6S	对氢气有选择性	氢气
R_5	W5C	对烷烃、芳香成分灵敏	烷烃
R_6	W1S	对甲烷灵敏	甲烷
R_7	W1W	对硫化物灵敏	硫化氢
R_8	W2S	对乙醇灵敏	乙醇
R_9	W2W	对有机硫化物灵敏	硫化氢类
R_{10}	W3S	对烷烃灵敏	芳香烷烃

　　PEN3 电子鼻配套软件 WinMuster 具有多种模式识别功能，如线性判别分析（LDA）、主成分分析（PCA）、欧氏（Euclidean）距离分类法、相关性分析、马氏（Mahalanobis）距离分类法、确定有限自动机（DFA）、神经网络技术和偏最小二乘法（PLS）等，当被测样本的数据传入系统中，会与系统内部的数据库进行联系，得出样本的合格与否，或其他预设的结果。

21.3.1　大米样品和米饭样品的准备

　　每次试验时，将用于电子鼻检测的大米样品（样品质量为 5g、10g、25g 或 50g）用双层薄膜密封在一定容积（50mL、100mL、150mL 或 200mL）的烧杯中，由于大米在烧杯中的密封时间在一定程度上决定了烧杯内挥发性气体的含量及气味特征，所以需静置一定时间（0.5h、1h、2h 或 3h），以使杯内顶空气体达到稳定的饱和状态。室温保持稳定在（25±2）℃。

　　在电饭锅中按质量比 1∶1.2 加入米和水，待米饭熟后降至室温，将米饭样品（样品质量为 5g、10g、25g 或 50g）用双层薄膜密封在一定容积（50mL、100mL、150mL 或 200mL）的烧杯中，由于米饭在烧杯中的密封时间在一定程度上决定了烧杯内挥发性气体的含量及气味特征，因此需静置一定时间（0.5h、1h、2h 或 3h），以使杯内顶空气体达到稳定的状态，室温保持稳定在（25±2）℃。

21.3.2　电子鼻的试验过程

　　首先连接 PEN3 电子鼻和电脑，电子鼻使用前需要预热 30min，运行 WinMuster

软件，然后对样品进行数据采集，每个样品采集完成后，选择保存检测结果的文件夹及路径，并对采集到的样品数据进行命名，保存样品的数据，最后对电子鼻进行清洗，进行下一个样品数据的采集。

21.4 数据处理方法

本研究采用主成分分析（PCA）实现数据的降维。然后使用线性判别分析（LDA）研究不同种类、不同产地大米的分类鉴别。

21.4.1 主成分分析

主成分分析是一种线性变换的方法，其目的是找到能够代表原始数据的一组向量，在尽量少丢失原始数据的原则下，用低维空间表现高维空间。运用主成分分析方法，在大量的数据中找出重要的变量对样本进行分类是非常典型的一种方法。主成分分析在几何上则可认为是坐标轴的旋转，旋转后得到的新的正交坐标轴就是按照样本变量方差最大的方向把原始变量进行旋转得到的，之后按照大小来排列得到的变量。

21.4.2 线性判别分析

线性判别分析通常是指将输入的变量组建线性关系来形成线性判别函数的方法。LDA 可以使得类别内分离性最小，而类别间分离性最大，从而使样本的分类效果比较好。目前线性判别分析有多个常用的准则函数，包括最小平方误差（MSE）准则、Fisher 准则、感知准则及最大散度差准则等，最常用的是 Fisher 鉴别准则。

21.5 小 结

本章介绍了准备样品的过程和试验方案，并简要讲述所采取的试验手段、方法、试验仪器原理、工作过程及对采集到的样品气味信息所用的分析、处理方法。在数据处理方法上，采用主成分分析方法来进行数据降维和特征选择，采用线性判别分析方法来进行种类和产地分类鉴别。

第 22 章　精米样品气味指纹图谱
采集及溯源模型建立

组成电子鼻的核心部件——金属氧化物半导体传感器工作要求较高，周围环境的温度要适当，既不能太高，也不能太低，并且被识别样本的浓度及样本环境的温度、湿度等参数都极大地影响着传感器的响应特性，进而影响响应信号。本研究从不同的样品顶空体积、顶空生成时间及样品质量三方面来探索传感器响应特性，并通过试验研究系统不同检测条件的设定对响应信号的影响，然后对大米的气味指纹图谱进行采集，并建立大米的溯源模型。

22.1　精米传感器响应特性及其影响因素

通常情况下，来自同一样品组的同一品种精米各个样品的传感器响应特性曲线应该是相同的，但是由于各种因素（可控因素和不可控因素）的影响，会产生响应信号不一致的情况。引起传感器响应信号不相同的原因主要包括以下三个方面：顶空体积、顶空生成时间及样品质量。为了获得最好的试验条件，对顶空体积、顶空生成时间及样品质量这三个因素对电子鼻每个传感器响应的影响进行分析，顶空体积取 4 个水平（50mL、100mL、150mL、200mL），顶空生成时间取 4 个水平（0.5h、1h、2h、3h），样品质量取 4 个水平（5g、10g、25g、50g），分别进行试验分析。

22.1.1　样品顶空体积对传感器响应特性的影响

在样品量、顶空生成时间和密封温度一致的情况下，采用不一样的顶空体积，样品气相中挥发性成分的浓度会有一定差异，从而传感器响应信号间也应该存在一定差异。

22.1.1.1　不同顶空体积的传感器响应曲线

以查哈阳精米作为试验对象，取 50mL、100mL、150mL、200mL 的烧杯各三个，分别密封 10g 精米，并且室温 25℃下静置 1h，然后用电子鼻进行检测，采样时间为 60s，进样流速为 600mL/min。图 22-1、图 22-2 分别为不同顶空体积时，被测精米样品的气味指纹图谱和电子鼻各传感器的响应信号曲线。

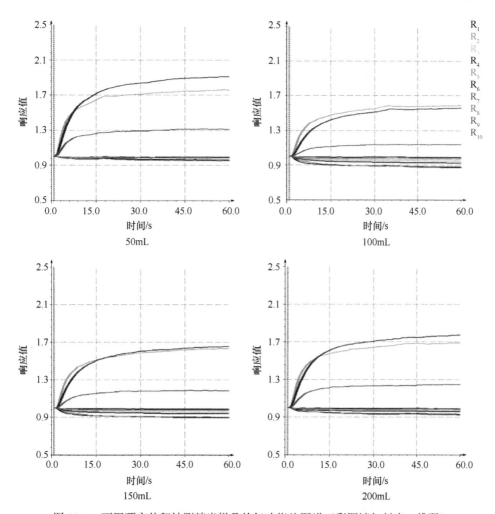

图 22-1　不同顶空体积被测精米样品的气味指纹图谱（彩图请扫封底二维码）

不同颜色分别代表不同传感器（R_1~R_{10} 对应传感器名称见表 21-2）

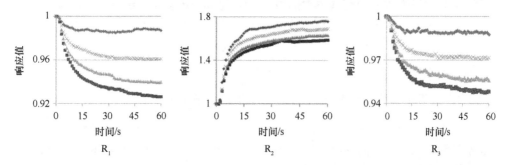

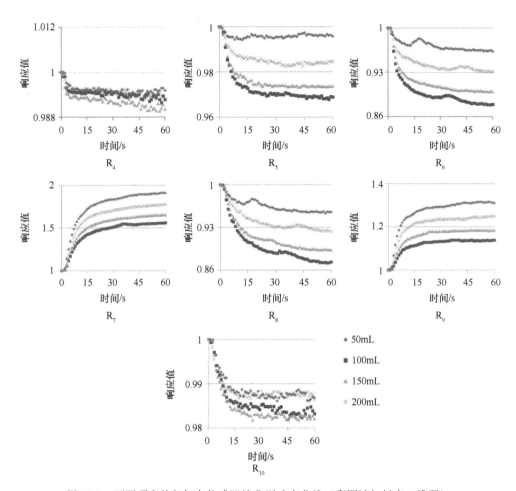

图 22-2　不同顶空体积每个传感器的典型响应曲线（彩图请扫封底二维码）

图 22-1 和图 22-2 中横轴为采样时间，纵轴为 G/G_0，G 为每个传感器处于所采集样品挥发性成分顶空气体中的电导，G_0 为每个传感器在经过活性炭净化的空气中的电导；从图 22-2 中可以看出，在不同顶空体积条件下，10 个传感器具有比较类似的响应特性，但是传感器 R_2、R_7 和 R_9 响应最为强烈；传感器 R_4 和 R_{10} 响应最弱。各传感器响应曲线在 30s 之后趋于稳定。

22.1.1.2　不同顶空体积每个传感器响应值的方差分析

从图 22-1 中可以看出，自第 15s 后，随着顶空体积不同，各传感器的响应曲线差异渐趋明显。我们取电子鼻各传感器第 45s 的响应值（传感器 R_1 的响应值为 R_1，依此类推）进行显著性分析，分析结果如表 22-1 所示。

表 22-1　不同顶空体积 10 个传感器响应值的方差分析结果

项目	R_1	R_2	R_3	R_4	R_5
P 值	0	0	0	0.084	0
50mL	1.0080±0.0052c	1.7535±0.0077a	1.0072±0.0046c	—	1.0010±0.0022c
100mL	1.0679±0.0080a	1.5997±0.0212c	1.0481±0.0051a	—	1.0283±0.0029a
150mL	1.0577±0.0070a	1.6240±0.0164c	1.0424±0.0038a	—	1.0255±0.0021a
200mL	1.0311±0.0099b	1.7024±0.0221b	1.0228±0.0067b	—	1.0121±0.0038b

项目	R_6	R_7	R_8	R_9	R_{10}
P 值	0	0	0	0	0.043
50mL	0.9736±0.0101a	1.9159±0.0245a	0.9647±0.0096a	1.3230±0.0140a	0.9858±0.0015ab
100mL	0.8938±0.0101c	1.5821±0.0363d	0.8878±0.0087c	1.1564±0.0204d	0.9827±0.0008bc
150mL	0.9073±0.0073c	1.6595±0.0307c	0.9018±0.0069c	1.1976±0.0150c	0.9817±0.0012c
200mL	0.9484±0.0104b	1.7974±0.0497b	0.9402±0.0089b	1.2635±0.0251b	0.9869±0.0035a

注：不同小写字母表示显著性差异（$P<0.05$）。—表示 R_4 多重比较结果差异不显著，故无此数据

从对 10 个传感器响应值的显著性分析中，可以看出，顶空体积对电子鼻的响应信号有显著影响。不同顶空体积传感器 R_1、R_2、R_3、R_5、R_6、R_7、R_8、R_9、R_{10} 的响应值差异显著（$P<0.05$），传感器 R_4 的响应值差异不显著（$P>0.05$）。

为了进一步分析 10 个传感器在 4 个不同顶空体积两两之间响应值的差异，采用最小显著性差异（least significant difference，LSD）方法来进行多重比较分析，结果如表 22-1 所示。从表 22-1 可以看出，R_1、R_2、R_3、R_5、R_6、R_8 的响应值在 50mL 和 200mL 条件下差异显著，100mL 和 150mL 条件下差异不显著；R_7 和 R_9 的响应值在 4 个顶空体积下差异均显著，R_{10} 在 200mL 时与 50mL 差异不显著，与 100mL 和 150mL 差异显著。总体分析，各传感器在 100mL 和 150mL 条件下响应值差异不显著，50mL、100mL 和 200mL 分别差异显著，50mL、150mL 和 200mL 分别差异显著。

22.1.1.3　各传感器在不同顶空体积下响应值的稳定性分析

从上面的分析得知，不同的顶空体积对传感器响应信号有显著的影响，所以为了确定在一定的试验条件下，采用什么体积的顶空体积最合适，我们对不同顶空体积（50mL、100mL、150mL 和 200mL）下的响应信号作进一步分析，用相对标准差来评估传感器的响应值的稳定性，计算得到第 45s 的传感器响应值的相对标准差，结果如表 22-2 和图 22-3 所示。

表 22-2　不同顶空体积下各传感器响应值的相对标准差（%）

时刻	顶空体积	R_1	R_2	R_3	R_4	R_5	R_6	R_7	R_8	R_9	R_{10}
	50mL	0.52	0.44	0.45	0.11	0.22	1.04	1.28	1.00	1.06	0.16
	100mL	0.75	1.32	0.49	0.17	0.29	1.13	2.30	0.98	1.76	0.08
45s	150mL	0.67	1.01	0.36	0.10	0.21	0.80	1.85	0.76	1.25	0.12
	200mL	0.96	1.30	0.66	0.18	0.37	1.09	2.77	0.94	1.98	0.36

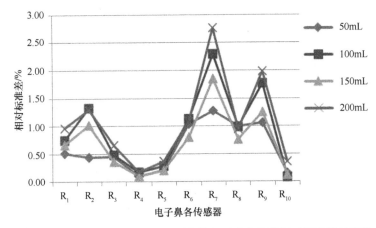

图 22-3　第 45s 各传感器在不同顶空体积下响应值的相对标准差的变化

从表 22-2 的分析数据和图 22-3 可以看出，在不同顶空体积下，各传感器响应值的相对标准差随着顶空体积的增大而增大。可见顶空体积为 50mL 的时候传感器的响应值最稳定。经过一段时间的静置，各不同顶空体积中虽然都富集了一定浓度的精米挥发性成分，但是在样品量相同的条件下，较大的顶空体积中大米挥发性成分浓度较小，外界因素对其浓度的影响较大，进而传感器信号的波动就会比较大，而相对较小的顶空体积精米挥发性成分的浓度较大，使得外界因素对其浓度的影响程度较小，所以信号相对稳定。故在后面的试验中，使用 50mL 的烧杯来作为样品容器，生成顶空气体。

22.1.2　样品顶空生成时间对传感器响应特性的影响

一定质量的精米样品，顶空生成时间（即静置时间）不同，顶空中挥发性成分的浓度也会随之变化，相应的传感器响应信号也会随着浓度增大而不断变大。如果烧杯口密封良好，经过一定时间后，顶空体积中的挥发性成分会达到饱和。

22.1.2.1　不同顶空生成时间的传感器响应曲线

取 50mL 的烧杯 12 个，分别密封 10g 大米，并且室温 25℃下分别静置 0.5h、1h、2h 和 3h，然后用电子鼻进行检测，采样时间为 60s，每个样品做三次重复。图 22-4 和图 22-5 分别给出了不同顶空生成时间下，被测样品的气味指纹图谱及电子鼻各传感器的响应信号曲线。

从传感器的响应信号曲线中可以看出，各传感器的响应值的大小和顶空生成时间有一定的规律性，静置时间 1h 和 2h 传感器 R_1、R_3、R_5 和 R_6 的响应值没有太大的差别，但总体上所有传感器响应值都随着静置时间的增大而增大。

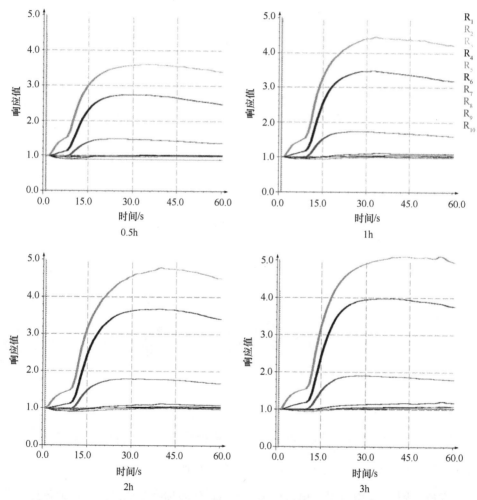

图 22-4　不同顶空生成时间下被测样品的气味指纹图谱（彩图请扫封底二维码）
不同颜色分别代表不同传感器（R_1~R_{10} 对应传感器名称见表 21-2）

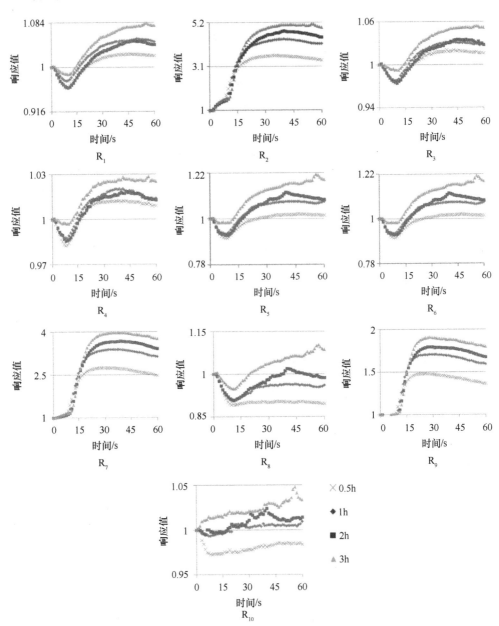

图 22-5　不同顶空生成时间下 10 个传感器的典型响应曲线（彩图请扫封底二维码）

22.1.2.2　不同顶空生成时间下各传感器响应值的方差分析

　　同样从图 22-4 中可以看出，自第 15s 后，随着顶空生成时间不同，各传感器的响应曲线差异也是渐趋明显。对第 45s 的响应值进行方差分析，结果如表 22-3 所示。从结果中可以看出，在不同顶空生成时间条件下传感器 R_2、R_7、R_9 的响应值差异显著（$P<0.05$），R_1、R_3、R_4、R_5、R_6、R_8、R_{10} 的响应值差异不显著（$P>0.05$）。为了进一步检验不同顶空生成时间两两之间的差异，采用最小显著性差异（LSD）方法来进行多重比较分析，结果如表 22-3 所示。由多重比较结果可以看出，R_2 在 0.5h 条件下的响应值与 1h、2h 和 3h 差异显著，1h、2h 和 3h 条件下的响应值差异不显著。R_7 和 R_9 在 0.5h 条件下的响应值与 1h、2h 和 3h 差异显著，1h、3h 和 2h 之间的响应值差异不显著。

表 22-3　不同顶空生成时间 10 个传感器响应值的方差分析结果

项目	R_1	R_2	R_3	R_4	R_5
P 值	0.606	0.004	0.838	0.776	1
0.5h		3.7871±0.3664c			
1h		4.4701±0.1694a			
2h		4.7615±0.0059a			
3h		4.9192±0.3629a			

项目	R_6	R_7	R_8	R_9	R_{10}
P 值	0.588	0.001	0.418	0	0.617
0.5h		2.8135±0.2758c		1.4826±0.0826c	
1h		3.3888±0.0778b		1.6801±0.01903b	
2h		3.6467±0.0082ab		1.7687±0.0066ab	
3h		3.8246±0.2238a		1.8367±0.0629a	

22.1.2.3　各传感器在不同顶空生成时间下响应值的稳定性分析

从上面的分析得知，不同的顶空生成时间对传感器 R_2、R_7 和 R_9 的响应信号有着显著的影响，所以为了确定在一定试验的条件下，采用多长的顶空生成时间最合适，我们对不同顶空生成时间（0.5h、1h、2h 和 3h）下的电子鼻信号作进一步分析。用相对标准差来评估传感器的响应值的稳定性，计算得到第 45s 的传感器响应值的相对标准差，结果如表 22-4 所示。各传感器在不同的顶空生成时间下，响应值的相对标准差随着时间的增大逐渐增大，如图 22-6 所示。而且整体上看，顶空生成时间为 1h 时各传感器响应值标准差值也是处于最低水平的，如图 22-6 所示。所以，以后的试验中，对大米样品的顶空生成时间采用 1h 即可。

表 22-4　各传感器在不同顶空生成时间下响应值的相对标准差（%）

时刻	顶空时间	R_1	R_2	R_3	R_4	R_5	R_6	R_7	R_8	R_9	R_{10}
45s	0.5h	0.33	3.79	0.25	0.74	0.09	0.90	2.29	1.35	1.13	0.44
	1h	1.12	1.07	0.61	0.86	0.60	1.04	0.23	0.85	0.37	0.68
	2h	1.74	7.38	1.26	0.29	0.70	3.49	5.85	3.59	3.43	1.34
	3h	1.56	9.68	1.09	6.38	0.62	7.50	9.80	8.91	5.57	2.42

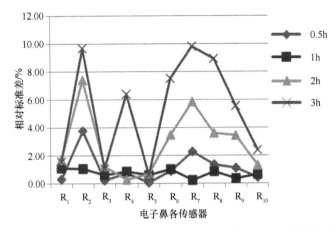

图 22-6 各传感器在不同顶空生成时间下响应值的相对标准差的变化

22.1.3 样品质量对传感器响应特性的影响

22.1.3.1 不同样品质量的传感器响应曲线

同样以查哈阳精米作为试验对象，取 50mL 的烧杯 12 个，分别密封 5g、10g、25g 和 50g 大米，并在室温 25℃ 下静置 1h，然后用电子鼻进行检测，采样时间为 60s，每个样品做三次重复。图 22-7 和图 22-8 分别给出了不同样品质量下，被测样品的气味指纹图谱及电子鼻各传感器的响应信号曲线。

从传感器的响应信号曲线中可以看出，不同样品质量下各传感器的响应值的大小有一定的规律性，样品质量 5g 的时候的响应值最小（除了 R_4 和 R_{10}），10g、25g 和 50g 各传感器响应值差别很小。

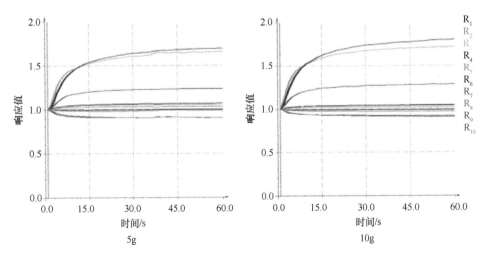

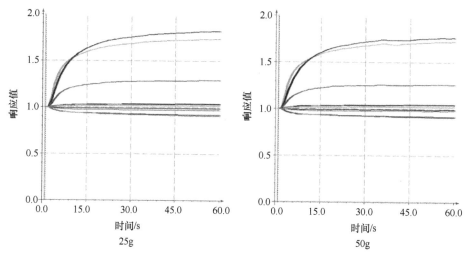

图 22-7　不同样品质量下被测精米样品的气味指纹图谱（彩图请扫封底二维码）

不同颜色分别代表不同传感器（R_1~R_{10} 对应传感器名称见表 21-2）

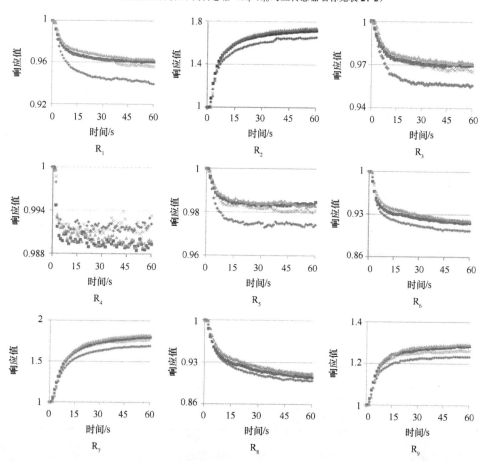

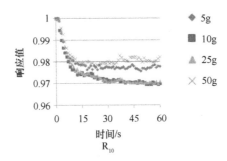

图 22-8 各个传感器在不同样品质量下的典型响应曲线（彩图请扫封底二维码）

22.1.3.2 不同样品质量下各传感器响应值的显著性分析

同样从图 22-8 中可以看出，自第 15s 后，各传感器的响应曲线差异也渐趋明显。取电子鼻各传感器第 45s 的响应值分别进行方差分析，结果如表 22-5 所示。从结果中可以看出，传感器 R_1、R_2、R_3、R_5、R_7、R_9 的响应值差异显著（$P<0.05$），R_4、R_6、R_8、R_{10} 的响应值差异不显著（$P>0.05$）。为了进一步检验不同顶空生成时间两两之间的差异，采用最小显著性差异（LSD）方法来进行多重比较分析，结果如表 22-5 所示。由多重比较结果可以看出，R_1、R_3 和 R_5 在样品质量 5g 条件下的响应值与 10g 和 50g 差异显著，与 25g 差异不显著，10g、25g、50g 相互差异不显著。R_2 在样品质量 5g 条件下响应值与 10g、25g、50g 差异显著，10g、25g 和 50g 相互差异不显著。R_7 和 R_9 在样品质量 5g 条件下的响应值与 10g 和 25g 差异显著，与 50g 差异不显著，说明样本质量对传感器响应值有影响。

表 22-5 不同样品质量对电子鼻传感器响应值显著性分析

项目	R_1	R_2	R_3	R_4	R_5
P 值	0.019	0.004	0.025	0.266	0.006
5g	1.0546±0.0077a	1.6638±0.0324b	1.0413±0.0053a		1.0235±0.0030a
10g	1.0335±0.0067b	1.7257±0.0223a	1.0256±0.0046b		1.0133±0.0031b
25g	1.0424±0.0069ab	1.7156±0.0195a	1.0323±0.0050ab		1.0181±0.0036ab
50g	1.0370±0.0071b	1.7217±0.0140a	1.0292±0.0056b		1.0166±0.0030b

项目	R_6	R_7	R_8	R_9	R_{10}
P 值	0.051	0.015	0.183	0.033	0.515
5g		1.7123±0.0385b		1.2468±0.0187b	
10g		1.7951±0.0213a		1.2872±0.0112a	
25g		1.7743±0.0409a		1.2744±0.0235a	
50g		1.7680±0.0211ab		1.2652±0.0100ab	

22.1.3.3　各传感器在不同样品质量下响应值的稳定性分析

从上面的分析得知，不同的样品质量对传感器 R_1、R_2、R_3、R_5、R_7、R_9 的响应信号有着显著的影响，所以为了确定在一定的试验条件下，采用质量为多大的样品最合适，我们对不同质量样品（5g、10g、25g 和 50g）下的电子鼻信号作进一步分析。用相对标准差来评估传感器的响应值的稳定性，计算得到第 45s 的传感器响应值的相对标准差，结果如表 22-6 所示。从图 22-9 所示的相对标准差分布的总体结果来看，样品质量为 50g 时，响应值的相对标准差最小，说明样品质量为 50g 时传感器的响应值最稳定。因此试验以 50g 的样品质量为宜。

表 22-6　各传感器在不同样品质量下响应值的相对标准差（%）

时刻	样品质量	R_1	R_2	R_3	R_4	R_5	R_6	R_7	R_8	R_9	R_{10}
45s	5g	0.73	1.95	0.51	0.30	0.30	1.41	2.25	1.28	1.50	0.72
	10g	0.65	1.29	0.45	0.39	0.31	1.65	1.18	1.80	0.87	0.82
	25g	0.66	1.14	0.49	0.13	0.35	0.66	2.31	0.47	1.84	0.65
	50g	0.69	0.81	0.55	0.15	0.30	0.64	1.19	0.41	0.79	0.38

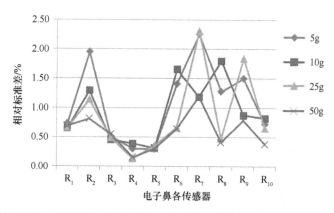

图 22-9　各传感器在不同样品质量下响应值的相对标准差的变化

22.2　样品检测与图谱构建

精米样品按照产地的不同，可分为三类，每类分别准备 31 个、30 个和 28 个重复样品，5 个用作测试，其他的用作训练。根据 22.1 得出的分析结果，每个精米样品的质量均为 50g，放入容积为 50mL 的烧杯中，再用双层食品保鲜膜把烧杯口覆盖封严，然后静置 1h，以形成稳定的顶空气体，再用 PEN3 电子鼻进行检测。样品进气流量均为 600mL，采样时间为 60s，传感器清洗时间为 180s。电子鼻对三个不同产地不同品种的精米样品的响应信号如图 22-10 所示。图中横轴为采样时间（t），采样持续时间为 60s；纵轴为传感器响应值（G/G_0）。图 22-10 中各分图分别显示出电子鼻的整个传感器阵列对不同样品的响应信号图谱，不同的样品对应的响应图谱也不同，每个图谱均反映出对应样品独有的特征信息，所以

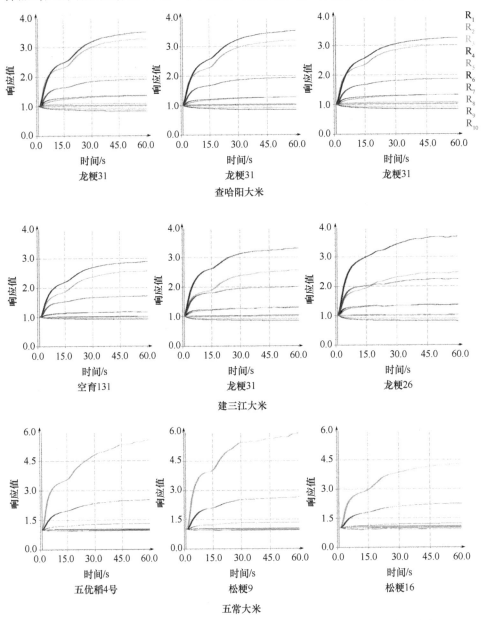

图 22-10　各地域不同品种的精米样品的气味指纹图谱（彩图请扫封底二维码）

不同颜色分别代表不同传感器（R_1~R_{10} 对应传感器名称见表 21-2）

电子鼻传感器阵列的响应图谱又称为样品的"气味指纹图谱"。但是，从图谱通过直观观察不能区分精米样品，因为同一地区的相同品种的大米精米样品的图谱也是有差异的，如图 22-10 中查哈阳的三个品种为'龙粳 31'的样品，而从建三江和五常的精米样品的图谱上也可以看出，相同地域的不同品种的精米样品的图谱，不同地区相同品种的精米样品的图谱，不同地域不同品种的精米样品的图谱，都是存在差异的，这种差异可能由地域产生，也可能由品种产生，还有可能是由地域和品种共同产生的。

由上述分析可见，利用电子鼻构建的精米气味指纹图谱能够从宏观上反映出不同地域和不同品种样品本身独有的特征信息。通过对各个传感器响应曲线的变化情况进行分析，能够从直观上看出部分样品之间的差异。但是要实现对样品的种类、产地进行正确分类和鉴别，还需要提取样品的气味图谱信息，继而通过某种模式识别算法来对样品进行区分。

22.3　不同地域精米样品的特征提取与选择

原始数据的数量很大，为提高计算效率，需要合理地降低数据的位数，原则是尽量不丢失对分类有贡献的信息。

22.3.1　主成分分析

主成分分析（principal component analysis，PCA）法可以寻找到多种变量中最重要的变量来进行样本的分类，因为 PCA 能够在二维空间表现出多维空间的信息。但是 PCA 之后的数据存在把对于分类最有用的信息丢失的可能。所以在本研究中，我们只利用 PCA 方法来实现数据降维。

22.3.2　特征提取与选择

对大米样品的原始特征参数进行 PCA，得到 10 个变量（传感器）的方差贡献率和累计贡献率，如表 22-7 所示。可见，前两个主成分的累计方差贡献率已经超过 85%，这表明仅用二维数据，就可以综合原始特征参数向量大部分的信息。根据前两个主成分的得分值可画出三个不同地域精米样品的二维分布图，如图 22-11 所示，其中每一个点代表一个精米样品。可见通过 PCA 就能够将部分样品分开，但是查哈阳样品和建三江样品存在大量的重叠。出现重叠的原因是，如果所测样品的图谱相似，所得到的主成分得分值也会相似，这样就不能明显地区分开样品的数据点。查哈阳与建三江纬度相近，种植品种相近，所以精米的挥发性成分会有一定的相似性。

表 22-7　精米样品前 10 个主成分的特征值及方差贡献率

主成分	特征值	方差贡献率/%	累计贡献率/%
1	6.317	63.175	63.175
2	2.270	22.696	85.871
3	0.950	9.498	95.369
4	0.323	3.228	98.597
5	0.106	1.062	99.659
6	0.021	0.209	99.868
7	0.010	0.102	99.970
8	0.002	0.018	99.988
9	0.001	0.009	99.997
10	0.000	0.003	100.000

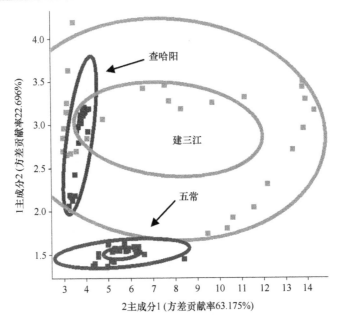

图 22-11　三种不同产地精米样品特征参数的 PCA（彩图请扫封底二维码）

22.4　基于线性判别分析的精米样品分类鉴别

对三个不同地域的精米样品的原始特征参数进行线性判别分析（LDA），其结果如图 22-12 所示。第 1 判别因子的贡献率为 65.67%，第 2 判别因子的贡献率为 18.35%，前两个判别因子累计贡献率仅占总方差的 84.02%。PCA 分类结果中，查哈阳和建三江样品点大量交叉在一起，而在 LDA 分析结果中，仅有部分样品点相互交叉，而且不同地域的精米样品点的集中程度也有很大的提高。这是因为 LDA 的主要思路就是让类别内散布最小化，然而类别间散布却能够最大化。说明线性判别分析法识别可以很好地区分五常大米和查哈阳大米，以及五常大米和建三江大米，但是，还不能说明是地域因素还是大米的品种因素使气味上产生了这种差异，所以还需要对相同地域不同品种的精米样品的电子鼻数据进行分析。

对建三江和五常不同品系的精米样品数据进行线性判别分析，结果如图 22-13

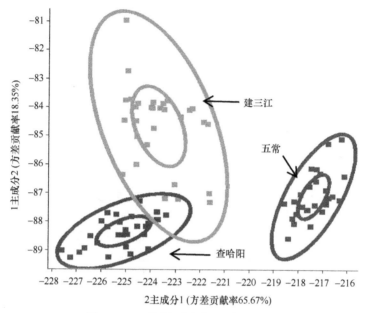

图 22-12　不同地域大米线性判别分析

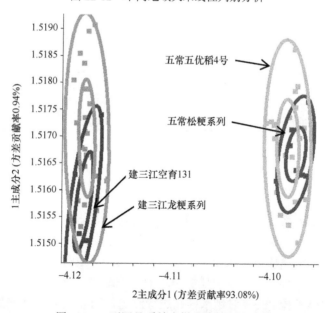

图 22-13　不同品系精米样品线性判别分析

所示，第 1 判别因子的贡献率为 93.08%，第 2 判别因子的贡献率只有 0.94%，使得不同品系样品点有交叉，虽然同一地域内品系之间无法很好分开，但五常地域种植品种和建三江地域种植品种差异很大，说明同一地域种植不同品系大米，其气味中含有相似挥发性成分，这可能与当地的气候与环境有关。以上研究表明，同一地域不同品系精米的挥发性成分中含有相似的成分，运用线性判别分析法不能对品系进行区分，也说明了精米的产地对其挥发性成分具有较大的影响。

22.5　模型建立与验证

应用精米的气味指纹数据建立模型。将采集的所有精米样品的电子鼻信息输入 SPSS 软件中建立线性判别分析模型。建立的模型如下：

$$Y（查哈阳）= -12\,003.458R_1 + 130.991R_2 - 52\,080.415R_3 + 92\,288.706R_5$$
$$-3\,772.084R_6 + 80.241R_7 - 721.756R_8 + 17\,951.084R_{10} - 21\,292.320$$

$$Y（建三江）= -11\,114.831R_1 + 127.479R_2 - 52\,067.321R_3 + 91\,337.971R_5$$
$$-3\,051.982R_6 + 66.806R_7 - 1\,066.817R_8 + 17\,037.853R_{10} - 20\,664.455$$

$$Y（五常）= -11\,660.526R_1 + 124.850R_2 - 49\,089.811R_3 + 87\,869.609R_5$$
$$-3\,111.697R_6 + 73.033R_7 - 1\,098.256R_8 + 16\,920.222R_{10} - 19\,451.130$$

R_1、R_2、R_3、R_5、R_6、R_7、R_8 和 R_{10} 为传感器响应值，将样本电子鼻各传感器测定值代入方程，产地归属为 Y 值最大的。

每个地域随机选出 10 个样品作为预测样品，其他的作为模型建立样品。测试样品的 LDA 分类判别结果如表 22-8 所示。

表 22-8　三类不同产地的精米待测样本的线性判别结果

分类	正确识别数	错误识别数	识别率/%
查哈阳样品	8	2	80
建三江样品	7	3	70
五常样品	10	0	100

22.6　小　结

本章通过单因素试验对 PEN3 电子鼻在测定样品过程中的重要影响因素进行考察，通过基于统计学的方差分析和多重比较方法，对不同顶空体积、不同顶空生成时间和不同样品质量影响传感器响应特性的因素进行了研究，以使得后续试验中对精米样品进行测定时，由仪器引起的误差最小。具体研究结论如下。

（1）采用电子鼻 PEN3 对精米样品进行测定，当环境温度为 25℃、样品上样量为 50g、顶空生成时间为 1h，顶空体积为 50mL 时，PEN3 对样品多次独立检测时的响应特性曲线的重复性及稳定性较好，由仪器分析时引起的误差较小，测定的效果较好。

（2）利用电子鼻构建的精米气味指纹图谱能够从宏观整体上反映出精米本身独有的特征信息，对不同产地的精米样品进行检测所得出的图谱也会不同。

（3）运用主成分分析法，大米样品采用前两个主成分的得分值作为新的特征参数，特征参数由 10 维降为二维，而且也保留了 85%以上的信息。对样品进行分类效果欠佳。

（4）利用线性判别分析方法分析精米样品的气味指纹图谱来对大米的产地进行分类，五常大米样品可以被准确地鉴别，查哈阳和建三江大米样品有部分交叉现象。不能对大米的品种进行区分。地域因素是大米精米挥发性成分产生差异的主要因素。

（5）建立精米样品 LDA 模型，经验证，模型对查哈阳、建三江和五常大米的识别率分别为 80%、60%和 100%。

第23章 米饭样品气味指纹图谱
采集及溯源模型建立

从第22章中研究结果可以看出，用电子鼻测定大米精米的气味指纹图谱，并结合 PCA 和 LDA 对查哈阳、建三江和五常大米的产地进行鉴别，准确率分别为80%、60%和100%。鉴别效果差强人意，可能是大米的挥发性物质浓度较低导致的。下面把每个大米样品做成米饭，使米中的挥发性成分更多地释放出来。试验过程类似于大米的试验过程。

23.1 米饭传感器响应特性及其影响因素

一般情况下，来自同一样品组的米饭各个样品的传感器响应特性曲线应该是相同的，但是由于各种因素（可控因素和不可控因素）的影响，往往会引起响应信号的差异。造成传感器响应信号不相同的因素主要包括以下三个方面：顶空体积、顶空生成时间及样品质量。

为了得到最好的试验条件，对顶空体积、顶空生成时间及样品质量这三个因素对电子鼻各传感器响应的影响进行分析，我们把顶空体积取 4 个水平（50mL、100mL、150mL、200mL），顶空生成时间取 4 个水平（0.5h、1h、2h、3h），样品质量取 4 个水平（5g、10g、25g、50g），分别进行试验分析。

23.1.1 样品顶空体积对传感器响应特性的影响

在样品量和顶空生成时间一致的情况下，采用不一样的顶空体积，样品气相中挥发性成分的浓度会有一定差异，从而传感器响应信号间也应该存在一定差异。

23.1.1.1 各传感器在不同顶空体积下的响应曲线

以查哈阳大米米饭作为试验对象，取 50mL、100mL、150mL、200mL 的烧杯各三个，分别密封 10g 米饭，并且室温 25℃下静置 1h，然后用电子鼻进行检测，采样时间为 60s，进样流速为 600mL/min。图 23-1、图 23-2 分别给出了顶空体积不同时，被测样品的气味指纹图谱和电子鼻各传感器的响应信号曲线变化情况。

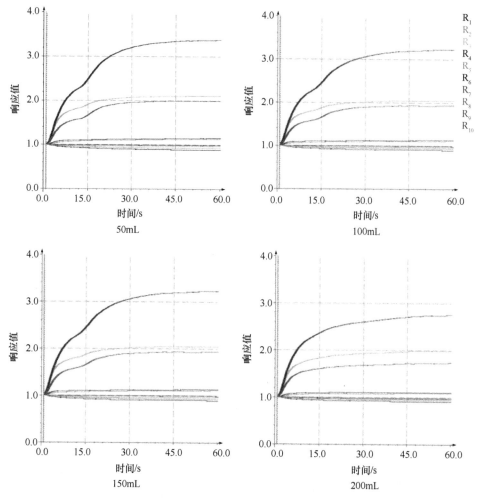

图 23-1　不同顶空体积被测米饭样品的气味指纹图谱（彩图请扫封底二维码）

不同颜色分别代表不同传感器（$R_1 \sim R_{10}$ 对应传感器名称见表 21-2）

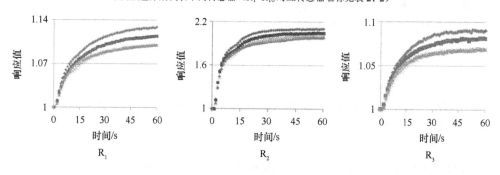

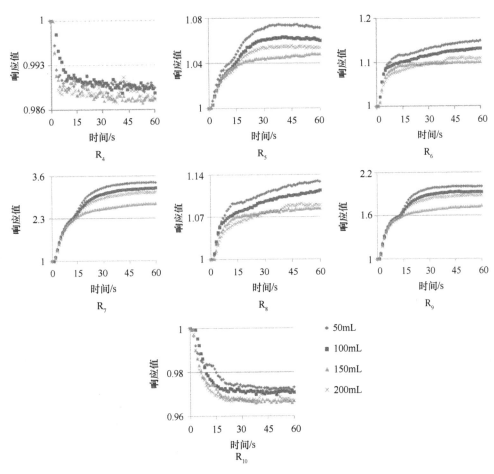

图 23-2　不同顶空体积各个传感器的典型响应曲线（彩图请扫封底二维码）

从图 23-1 和图 23-2 中可以看出，10 个传感器对各顶空体积的响应特性比较类似，但是传感器 R_2、R_7 和 R_9 响应最为强烈，传感器 R_4 和 R_{10} 响应最弱。各传感器响应曲线在 30s 之后趋于稳定。

23.1.1.2　不同顶空体积各传感器响应值的方差分析

从图 23-1 中可以看出，自第 15s 后，随着顶空体积不同，各传感器的响应曲线差异渐趋明显。我们取电子鼻各传感器第 45s 的响应值进行显著性分析，分析结果如表 23-1 所示。

从对各传感器响应值的显著性分析中可以看出，顶空体积对电子鼻的响应信号有显著影响。不同顶空体积传感器 R_1、R_2、R_3、R_5、R_6、R_7、R_8、R_9 的响应值差异显著（$P<0.05$），传感器 R_4 和 R_{10} 的响应值差异不显著（$P>0.05$）。

表 23-1　不同顶空体积传感器响应值的方差分析结果

项目	R_1	R_2	R_3	R_4	R_5
P 值	0	0	0	0.232	0
50mL	0.8890±0.0015c	2.1043±0.0098a	0.9167±0.0020c		0.9307±0.0011c
100mL	0.9254±0.0021b	1.8806±0.0069b	0.9439±0.0018b		0.9592±0.0013b
150mL	0.9309±0.0015a	1.8273±0.0015c	0.9488±0.0001a		0.9639±0.0013a
200mL	0.9363±0.0036a	1.8248±0.0276c	0.9526±0.0029a		0.9650±0.0028a

项目	R_6	R_7	R_8	R_9	R_{10}
P 值	0	0	0	0	0.051
50mL	1.1445±0.0033a	3.3763±0.0308a	1.1242±0.0043a	2.0029±0.0105a	
100mL	1.1036±0.0035b	2.4394±0.0138b	1.0796±0.0023ab	1.6515±0.0091ab	
150mL	1.0934±0.0010c	2.3527±0.0018d	1.0709±0.0004c	1.6066±0.0047c	
200mL	1.0810±0.0059c	2.3908±0.0606c	1.0582±0.0065c	1.6313±0.0346d	

注：不同小写字母表示有显著性差异（$P<0.05$）

为了进一步分析各传感器在各个不同顶空体积两两之间响应值的差异，采用最小显著性差异（least significant difference，LSD）方法来进行多重比较分析，结果如表 23-1 所示。从表 23-1 多重比较结果可以看出，响应值 R_1、R_2、R_3、R_5、R_6 在 150mL 和 200mL 条件下差异不显著，在 50mL、100mL 和 150mL 条件下差异显著，在 50mL、100mL 和 200mL 条件下差异也显著。响应值 R_7 在 50mL、100mL、150mL 和 200mL 条件下差异显著，响应值 R_8 在 50mL 和 100mL 条件下差异不显著，在 50mL 和 150mL 条件下，以及 50mL 和 200mL 条件下差异显著，在 150mL 和 200mL 条件下差异不显著。响应值 R_9 在 50mL 和 100mL 条件下差异不显著，在 50mL、150mL 和 200mL 条件下差异显著，在 100mL、150mL 和 200mL 条件下差异显著。

23.1.1.3　各传感器在不同顶空体积下响应值的稳定性分析

从上面的分析得知，不同的顶空体积对传感器响应信号有显著的影响，所以为了确定在一定的试验条件下，采用多大的顶空体积最合适，我们对不同顶空体积（50mL、100mL、150mL 和 200mL）下的响应信号作进一步分析，用相对标准差来评估传感器的响应值的稳定性，计算得到第 45s 的传感器响应值的相对标准差，结果如表 23-2 和图 23-3 所示。

表 23-2　在不同顶空体积下各传感器响应值的相对标准差（%）

时刻	顶空体积	R_1	R_2	R_3	R_4	R_5	R_6	R_7	R_8	R_9	R_{10}
	50mL	0.17	0.46	0.22	0.06	0.11	0.29	0.91	0.38	0.52	0.09
45s	100mL	0.36	0.84	0.29	0.08	0.34	0.49	1.87	0.49	1.37	0.09
	150mL	0.41	0.62	0.24	0.07	0.39	0.68	4.06	0.66	2.78	0.16
	200mL	0.42	1.16	0.29	0.19	0.24	0.81	2.52	0.82	1.64	0.42

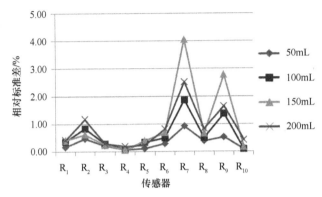

图 23-3　第 45s 各传感器在不同顶空体积下响应值的相对标准差的变化

从表 23-2 的分析数据和图 23-3 中可以看出，在不同顶空体积下，各传感器（除了 R_7 和 R_9）响应值的相对标准差随着顶空体积的增大而增大。可见顶空体积为 50mL 的时候传感器的响应值最稳定。经过一段时间的静置，各不同顶空体积中虽然都富集了一定浓度的大米挥发性成分，但是在样品量相同的条件下，较大的顶空体积中大米挥发性成分浓度较小，外界因素对其浓度的影响较大，进而传感器信号的波动就会比较大，而相对较小的顶空体积大米挥发性成分的浓度较大，使得外界因素对其浓度的影响程度较小，所以信号相对稳定。故在以后的试验中，我们使用 50mL 的烧杯来作为样品容器，生成顶空气体。

23.1.2　样品顶空生成时间对传感器响应特性的影响

一定质量的米饭样品，顶空生成时间（即静置时间）不同，顶空中挥发性成分的浓度也会随之变化，相应的传感器响应信号也会随着浓度增大而不断变大。如果烧杯口密封良好，经过一定时间后，顶空体积中的挥发性成分会达到饱和。

23.1.2.1　不同顶空生成时间的传感器响应曲线

同样以查哈阳大米米饭作为试验对象，取 50mL 的烧杯 12 个，分别密封 10g 米饭，并且室温 25℃下分别静置 0.5h、1h、2h 和 3h，然后用电子鼻进行检测，采样时间为 60s，每个样品做三次重复。图 23-4 和图 23-5 分别给出了不同顶空生成时间下，被测样品的气味指纹图谱及电子鼻各传感器的响应信号曲线。

从传感器的响应信号曲线中可以看出，各传感器的响应值的大小和顶空生成时间有一定的规律性，静置时间 1h 和 2h 传感器 R_1、R_3、R_5 和 R_6 的响应值没有太大的差别，但总体上所有传感器响应值都随着静置时间的增大而增大。

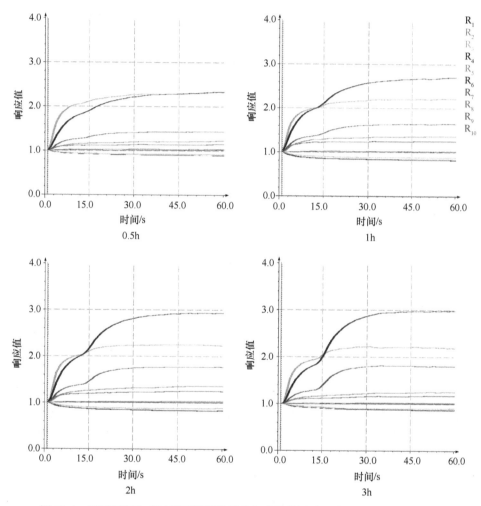

图 23-4　不同顶空生成时间下被测样品的气味指纹图谱（彩图请扫封底二维码）

不同颜色分别代表不同传感器（R_1~R_{10} 对应传感器名称见表 21-2）

23.1.2.2　各传感器在不同顶空生成时间下响应值的方差分析

同样从图 23-4 中可以看出，自第 15s 后，随着顶空生成时间不同，各传感器的响应曲线差异也是渐趋明显。对第 45s 的响应值进行方差分析，结果如表 23-3

所示。从结果中可以看出，在不同顶空生成时间条件下传感器 R_1、R_2、R_3、R_5、R_6、R_7、R_8、R_9 的响应值差异显著（$P<0.05$），R_4 和 R_{10} 的响应值差异不显著（$P>0.05$）。为了进一步检验不同顶空生成时间两两之间的差异，采用最小显著性差异（LSD）方法来进行多重比较分析，结果如表 23-3 所示。

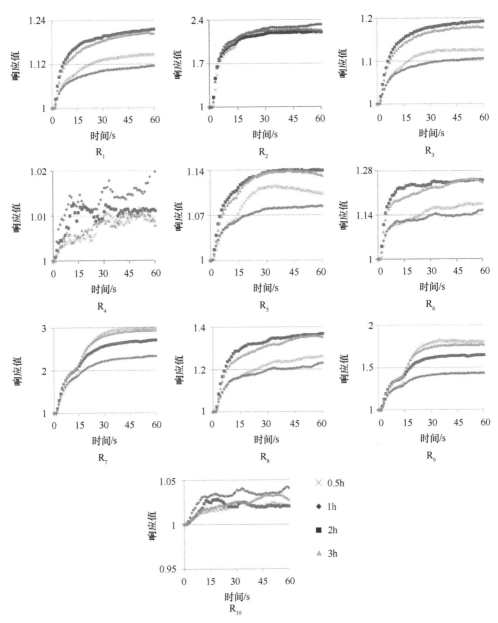

图 23-5　不同顶空生成时间下各个传感器的典型响应曲线（彩图请扫封底二维码）

表 23-3　不同顶空生成时间各传感器响应值的显著性分析结果

项目	R_1	R_2	R_3	R_4	R_5
P 值	0	0.002	0	0.072	0
0.5h	0.8993±0.0027a	2.3214±0.0351a	0.9077±0.0002a		0.9245±0.0004a
1h	0.8252±0.0070d	2.2188±0.0269b	0.8406±0.0066d		0.8785±0.0033cd
2h	0.8444±0.0109c	2.2511±0.0028b	0.8583±0.0083c		0.8840±0.0044d
3h	0.8819±0.0060b	2.2222±0.0090b	0.8944±0.0046b		0.9048±0.0039b

项目	R_6	R_7	R_8	R_9	R_{10}
P 值	0	0	0	0	0.109
0.5h	1.1398±0.0012d	2.3413±0.0489c	1.2058±0.0012c	1.4544±0.0260b	
1h	1.2565±0.0258a	2.6396±0.0363b	1.3689±0.0271a	1.6314±0.0127ab	
2h	1.2134±0.0315b	2.9084±0.0051a	1.3051±0.0401b	1.7682±0.0016a	
3h	1.1531±0.0096cd	2.8811±0.0893a	1.2241±0.0133c	1.7651±0.0450a	

　　由多重比较结果可以看出，R_1 和 R_3 在 0.5h、1h、2h 和 3h 条件下的响应值差异显著，R_2 在 0.5h 与 1h、2h 和 3h 条件下差异显著，在 1h、2h 和 3h 条件下差异不显著。R_5 在 0.5h、1h 和 3h 条件下的响应值差异显著，在 0.5h、2h 和 3h 条件下的响应值差异显著，在 1h 和 2h 条件下的响应值差异不显著。R_6 在 0.5h、1h 和 2h 条件下的响应值差异显著，在 1h、2h 和 3h 条件下的响应值差异显著，在 0.5h 和 3h 条件下的响应值差异不显著。R_7 在 0.5h、1h 和 2h 条件下的响应值差异显著，在 0.5h、1h 和 3h 条件下的响应值差异显著，在 2h 和 3h 条件下的响应值差异不显著。R_8 在 0.5h、1h 和 2h 条件下的响应值差异显著，在 1h、2h 和 3h 条件下的响应值差异显著，在 0.5h 和 3h 条件下的响应值差异不显著。R_9 在 1h、2h 和 3h 条件下的响应值差异不显著，在 0.5h 和 1h 条件下差异不显著，在 0.5h 与 2h 和 3h 条件下差异显著。

23.1.2.3　各传感器在不同顶空生成时间下响应值的稳定性分析

　　从上面的分析得知，不同的顶空生成时间对传感器 R_1、R_2、R_3、R_5、R_6、R_7、R_8、R_9 的响应信号有着显著的影响，所以为了确定在一定试验的条件下，采用多长的顶空生成时间最合适，我们对不同顶空生成时间（0.5h、1h、2h 和 3h）下的电子鼻信号作进一步分析。用相对标准差来评估传感器的响应值的稳定性，计算得到第 45s 的传感器响应值的相对标准差，结果如表 23-4 所示。在不同的顶空生成时间下，各传感器响应值的相对标准差没有规律性，如图 23-6 所示。但 0.5h 条件下各传感器的相对标准差都是最小的，表明在 0.5h 时各传感器的响应值都比较稳定，结合各传感器的显著性分析结果，以后的试验中，对米饭样品的顶空生成时间采用 0.5h 即可。

表 23-4　各传感器在不同顶空生成时间下响应值的相对标准差（%）

时刻	顶空时间	R_1	R_2	R_3	R_4	R_5	R_6	R_7	R_8	R_9	R_{10}
	0.5h	0.30	0.21	0.02	0.04	0.05	0.11	1.09	0.10	0.59	0.17
45s	1h	0.85	1.21	0.79	0.24	0.37	2.05	1.38	1.98	0.78	0.98
	2h	1.29	0.23	0.97	0.63	0.50	2.60	1.18	3.07	0.89	1.31
	3h	0.68	0.41	0.51	0.22	0.43	0.83	3.10	1.09	2.55	0.10

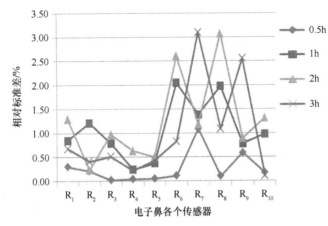

图 23-6　各传感器在不同顶空生成时间下响应值的相对标准差的变化

23.1.3　样品质量对传感器响应特性的影响

23.1.3.1　不同样品质量的传感器响应曲线

同样以查哈阳大米米饭作为试验对象，取 50mL 的烧杯 12 个，分别密封 5g、10g、25g 和 50g 大米，并且室温 25℃下静置 1h，然后用电子鼻进行检测，采样时间为 60s，每个样品做三次重复。图 23-7 和图 23-8 分别给出了不同样品质量下，被测样品的气味指纹图谱及电子鼻各传感器的响应信号曲线。

从传感器的响应信号曲线中可以看出，不同样品质量下各传感器的响应值的大小有一定的规律性，随着样品质量的增加，响应信号也逐渐增大。

23.1.3.2　不同样品质量下各传感器响应值的显著性分析

同样从图 23-8 中可以看出，自第 15s 后，不同样品质量下各传感器的响应曲线差异也渐趋明显。取电子鼻各传感器第 45s 的响应值分别进行显著性分析，结果如表 23-5 所示。从结果中可以看出，传感器 R_1、R_2、R_3、R_4、R_5、R_6、R_7、R_8、R_9 和 R_{10} 的响应值差异显著（$P<0.05$）。为了进一步检验不同样品质量两两

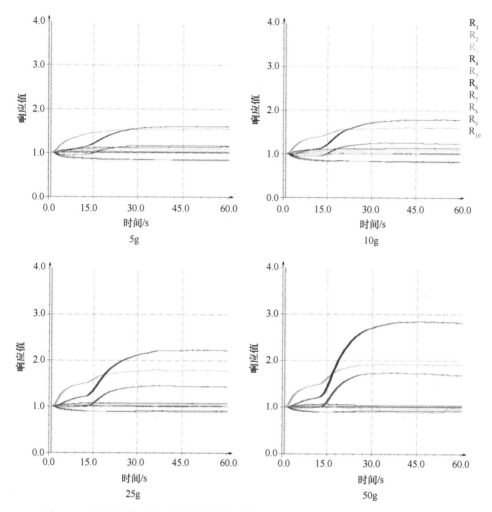

图 23-7　不同样品质量下被测米饭样品的气味指纹图谱（彩图请扫封底二维码）
不同颜色分别代表不同传感器（R_1~R_{10} 对应传感器名称见表 21-2）

之间的差异，采用最小显著性差异（LSD）方法来进行多重比较分析，结果如表 23-5 所示。由多重比较结果可以看出，R_1 和 R_5 在样品质量 50g 条件下的响应值与 5g、10g 和 25g 差异显著，5g 条件下与 10g 条件下差异不显著，与 25g 条件下差异显著，10g 与 25g 差异不显著；R_2、R_7 和 R_9 在 50g 条件下的响应值与 5g、10g 和 25g 条件下差异显著，5g 条件下与 10g 条件下差异不显著，与 25g 条件下差异显著，10g 条件下与 25g 条件下差异不显著；R_3 在 5g、25g 和 50g 条件下差异显著，在 10g、25g 和 50g 条件下差异显著，在 5g 和 10g 条件下差异不显著；R_4 在 5g 条件下与 10g、25g 和 50g 条件下差异显著，10g、25g 和 50g 条件下相互差异不显著；R_6 和 R_8 在 50g 条件下与 5g、10g 和 25g 条件下差异显著，5g、10g 和 25g

条件下相互差异不显著；R_{10} 在 5g 条件下与 50g 条件下差异不显著，与 10g 和 25g 条件下差异显著，10g、25g 和 50g 条件下相互差异不显著。说明样本质量对传感器响应值有影响。

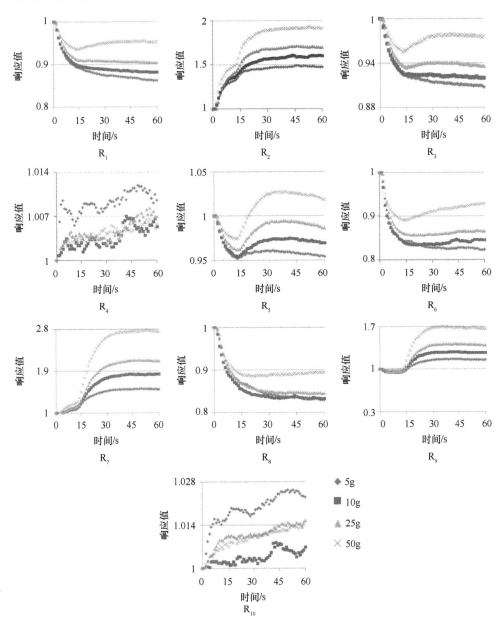

图 23-8　不同样品质量下各个传感器的典型响应曲线（彩图请扫封底二维码）

表 23-5　不同样品质量对电子鼻传感器响应值显著性分析

项目	R_1	R_2	R_3	R_4	R_5
P 值	0	0	0	0.038	0
5g	1.1400±0.0097a	1.5211±0.0322d	1.0908±0.0056a	1.0098±0.0014a	1.0393±0.0042a
10g	1.1305±0.0006ab	1.5998±0.0032cd	1.0836±0.0014a	1.0062±0.0020b	1.0274±0.0005ab
25g	1.1092±0.0196b	1.6785±0.0699bc	1.0671±0.0147b	1.0050±0.0012b	1.0124±0.0135b
50g	1.0515±0.0078c	1.8863±0.0530a	1.0247±0.0058c	1.0066±0.0020b	0.9771±0.0079c

项目	R_6	R_7	R_8	R_9	R_{10}
P 值	0	0	0	0	0.03
5g	0.8378±0.0096b	1.5721±0.0504d	0.8390±0.0042b	1.1478±0.0230d	1.0197±0.0041a
10g	0.8388±0.0072b	1.8047±0.0249cd	0.8293±0.0080b	1.2621±0.0169cd	1.0070±0.0046b
25g	0.8579±0.0238b	2.0223±0.2042bc	0.8417±0.0181b	1.3607±0.0974bc	1.0087±0.0061b
50g	0.9208±0.0048a	2.6750±0.2118a	0.8927±0.0043a	1.6519±0.1003a	1.0137±0.0015ab

23.1.3.3　各传感器在不同样品质量下响应值的稳定性分析

从上面的分析得知,不同的样品质量对 10 个传感器响应信号都有着显著的影响,所以为了确定在一定的试验条件下,采用质量为多大的样品最合适,我们对不同质量样品(5g、10g、25g 和 50g)下的电子鼻信号作进一步分析。用相对标准差来评估传感器的响应值的稳定性,计算得到第 45s 的传感器响应值的相对标准差,结果如表 23-6 所示。从图 23-9 所示的相对标准差分布的总体结果来看,

表 23-6　各传感器在不同样品质量下响应值的相对标准差(%)

时刻	样品质量	R_1	R_2	R_3	R_4	R_5	R_6	R_7	R_8	R_9	R_{10}
45s	5g	0.85	2.11	0.51	0.14	0.40	1.14	3.20	0.50	2.01	0.40
	10g	0.05	0.20	0.13	0.20	0.05	0.86	1.38	0.96	1.34	0.46
	25g	1.76	4.16	1.38	0.12	1.33	2.78	10.10	2.15	7.16	0.60
	50g	0.74	2.81	0.56	0.20	0.81	0.52	7.92	0.48	6.07	0.14

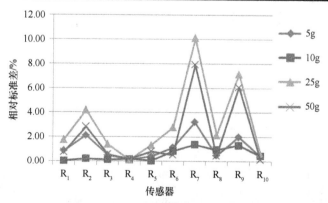

图 23-9　各传感器在不同样品质量下响应值的相对标准差的变化

样品质量为 10g 时，响应值的相对标准差最小，说明样品质量为 10g 时传感器的响应值最稳定。因此试验以 10g 的样品质量为宜。

23.2 样品检测与图谱构建

米饭样品按照产地的不同，可分为三类，每类分别准备 31 个、30 个和 28 个重复样品，5 个用作测试，其他的用作训练。根据 23.1 得出的分析结果，米饭样品的质量为 10g，放入容积为 50mL 的烧杯中，再用双层食品保鲜膜覆盖密封烧杯口，静置 0.5h。样品进气流量均为 600mL，采样时间为 60s，传感器清洗时间为 180s。电子鼻对三个不同产地不同品种的米饭样品的响应信号如图 23-10 所示。图中横轴为采样时间（t），采样持续时间为 60s；纵轴为传感器响应值（G/G_0）。图 23-10 中各分图分别显示出电子鼻的整个传感器阵列对不同样品的响应信号图谱，不同的样品对应的响应图谱也不同，每个图谱均反映出对应样品独有的特征信息，所以电子鼻传感器阵列的响应图谱又称为样品的"气味指纹图谱"。但是，从图谱通过直观观察不能区分各样品，因为同一地区的相同品种的样品的图谱也是有差异的，如图 23-10 中查哈阳的三个品种为'龙粳 31'的样品，而从建三江和五常的大米样品的图谱上也可以看出，相同地域的不同品种的大米样品的图谱，不同地区相同品种的大米样品的图谱，不同地域不同品种的样品的图谱，都是存在差异的，这种差异可能由地域产生，也可能由品种产生，还有可能是由地域和品种共同产生的。

由上述分析可见，利用电子鼻构建的大米和米饭气味指纹图谱能够从宏观整体上反映出不同地域和不同品种样品本身独有的特征信息。通过对各个传感器响应曲线的变化情况进行分析，能够从直观上看出部分样品之间的差异。但是要实现对样品的种类、产地进行正确分类和鉴别，还需要提取样品的气味图谱信息，继而通过某种模式识别算法来对样品进行区分。

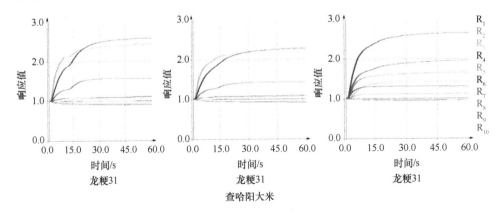

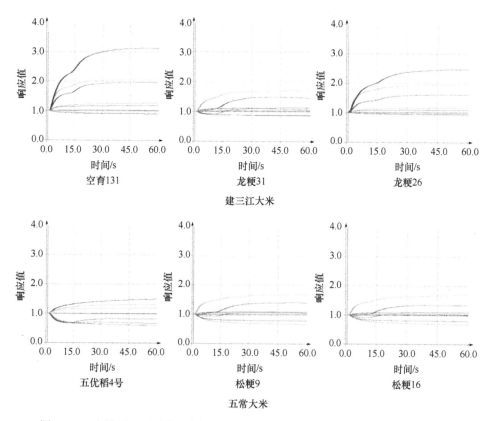

图 23-10　各地域不同品种的米饭状态样品的气味指纹图谱（彩图请扫封底二维码）

23.3　不同地域米饭样品的特征提取与选择

对米饭样品的原始特征参数进行 PCA，得到 10 个变量（传感器）的方差贡献率和累计贡献率，如表 23-7 所示。可见，前两个主成分的累计方差贡献率已经超过 92%，这表明仅用二维数据，就可以综合原始特征参数向量绝大部分的信息。根据前两个主成分的得分值可画出三个不同地域米饭样品的二维分布图，如图 23-11 所示，其中每一个点代表一个米饭样品。可见通过 PCA 查哈阳样品和五常样品完全区分开了，但是，五常样品和建三江样品有重叠的部分，建三江样品和查哈阳样品有重叠的部分。出现重叠同样是由图谱相似造成的。

表 23-7　米饭样品前 10 个主成分的特征值及方差贡献率

主成分	特征值	方差贡献率/%	累计贡献率/%
1	7.257	72.567	72.567
2	1.990	19.898	92.465

主成分	特征值	方差贡献率/%	累计贡献率/%
3	0.563	5.625	98.091
4	0.094	0.941	99.032
5	0.086	0.857	99.889
6	0.007	0.074	99.963
7	0.002	0.023	99.986
8	0.001	0.007	99.993
9	0.000	0.004	99.998
10	0.000	0.002	100.000

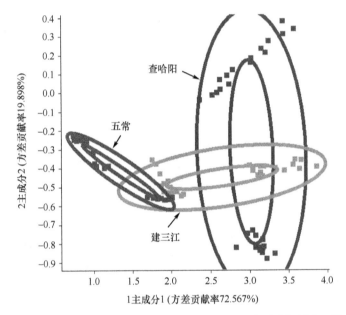

图 23-11 三种不同产地米饭样品特征参数的 PCA (彩图请扫封底二维码)

23.4 基于线性判别分析的米饭样品分类鉴别

对三个不同地域的米饭样品的原始特征参数进行线性判别分析（LDA），其结果如图 23-12 所示。第 1 判别因子的贡献率为 85.68%，第 2 判别因子的贡献率为 5.44%，前两个判别因子累计贡献率占总方差的 91.12%。PCA 分类结果中，对三个地域的大米样品有较好的区分效果，仅仅查哈阳和建三江的样品点有少量的重叠，而在线性判别分析结果中，三个地域的样品完全区分开来，说明三个地域的米饭样品的挥发性成分差异比较大。又因为查哈阳稻米的品种和建三江稻米的品种相同，仍然被区分开，说明地域因素，而非品种因素对米饭中的挥发性成分起作用。但是，五常样品品种与查哈阳和建三江样品品种是不相同的，仅从图 23-12 中不能说明品种和地域哪个因素对样品的挥发性成分起作用，所以还需要对相同地域不同品种的大米样品的电子鼻数据进行分析。

对建三江和五常不同品系的大米样品数据进行线性判别分析，结果如图 23-13 所示，第 1 判别因子的贡献率为 86.16%，第 2 判别因子的贡献率只有为 2.45%。

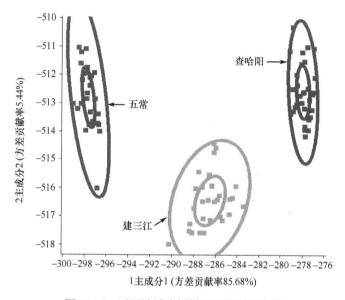

图 23-12　不同地域米饭样品线性判别分析

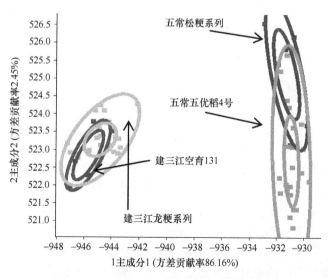

图 23-13　不同品系米饭样品线性判别分析

同一地域内品系之间无法很好分开，但五常地域种植品种和建三江地域种植品种差异很大，说明同一地域种植不同品系大米，其气味中含有相似挥发性成分，这可能与当地的气候与环境有关。以上研究表明，同一地域不同品系大米的挥发性成分中含有相似的成分，运用线性判别分析法不能对品系进行区分，也说明了大米的产地对米饭挥发性成分具有较大的影响。

23.5　模型建立与验证

以米饭的电子鼻信息作为建模数据。将采集的所有米饭状态样品的电子鼻信息输入 SPSS 软件中建立线性判别分析模型。建立的模型如下：

$$Y（查哈阳）= -39\,335.625R_1+3\,111.317R_2+41\,850.103R_3+34\,935.049R_4$$
$$+61\,147.964R_5+13\,395.330R_6+848.127R_7-3\,451.454R_8-57\,491.939$$
$$Y（建三江）= -39\,550.201R_1+2\,980.918R_2+42\,040.139R_3+34\,948.325R_4$$
$$+61\,945.003R_5+14\,084.559R_6+919.321R_7-3\,993.301R_8-58\,280.615$$
$$Y（五常）= -38\,673.859R_1+2\,752.549R_2+40\,483.283R_3+34\,362.550R_4$$
$$+62\,366.171R_5+14\,688.548R_6+975.128R_7-4\,590.177R_8-57\,146.128$$

R_1、R_2、R_3、R_4、R_5、R_6、R_7、R_8 为传感器响应值，产地归属为 Y 值最大的。每个地域随机选出 10 个样品作为预测样品，其他的作为模型建立样品。从表23-8 中可以看出，三个地域的样品正确识别率均为 100%。

表 23-8　三类不同产地的米饭待测样本的线性判别结果

	正确识别数	错误识别数	识别率/%
查哈阳样品	10	0	100
建三江样品	10	0	100
五常样品	10	0	100

23.6　小　　结

本章通过单因素试验对 PEN3 电子鼻在测定样品过程中的重要影响因素进行考察，通过基于统计学的方差分析和多重比较方法，对不同顶空体积、不同顶空生成时间和不同样品质量影响传感器响应特性的因素进行了研究，以使得后续试验中对米饭样品进行测定时，由仪器引起的误差最小。具体研究结论如下。

（1）采用电子鼻 PEN3 对米饭样品进行测定，当环境温度为 25℃、样品上样量为 10g、顶空生成时间为 0.5h，顶空体积为 50mL 时，PEN3 对样品多次独立检测时的响应特性曲线的重复性及稳定性较好，由仪器分析时引起的误差较小，测定的效果较好。

（2）利用电子鼻构建的米饭气味指纹图谱能够从宏观整体上反映出米饭本身独有的特征信息，对不同产地的米饭样品进行检测所得出的图谱也会不同。

（3）运用主成分分析法，米饭样品采用前两个主成分的得分值作为新的特征参数，特征参数由 10 维降为二维，而且也保留了 92%以上的信息。然后进行样品的区分，效果欠佳。

（4）利用线性判别分析方法分析米饭样品的气味指纹图谱来对大米的产地进行分类，分类效果很好。但不能对大米的品种进行区分。地域因素是米饭挥发性成分产生差异的主要因素。

（5）建立米饭样品 LDA 模型，经验证，模型对查哈阳、建三江和五常大米的识别率均为 100%。

第 24 章　本 篇 结 论

本课题选择黑龙江地理标志大米作为研究对象,利用 PEN3 电子鼻系统装置,采集地理标志大米精米和米饭完整的气味信息,然后对数据进行降维处理,结合统计模式识别技术,探索利用电子鼻技术对黑龙江地理标志大米的产地进行快速分类鉴别的实现方法。得出以下结论。

(1)以查哈阳、建三江和五常大米 89 个样品作为本课题的研究对象,提出了按三个阶段进行的试验方案和具体的精米和米饭样品电子鼻技术检测方法,介绍了主要试验仪器 PEN3 电子鼻的工作原理。在数据处理方法上,采用主成分分析方法和线性判别分析方法来进行大米产地的分类鉴别。

(2)通过基于统计学的方差分析和多重比较方法,对不同顶空体积、不同顶空生成时间和不同样品质量影响传感器响应特性的因素进行了研究。通过分析各传感器响应信号的相对标准差,确定了获得较佳响应信号的试验条件。研究表明,不同顶空体积、不同顶空生成时间和不同样品质量对传感器响应信号波动性和离散性影响显著。精米样品上样量为 50g、顶空生成时间为 1h、顶空体积为 50mL 时,PEN3 电子鼻对样品多次独立检测时的响应特性曲线的重复性及稳定性较好,由仪器分析时引起的误差较小,测定的效果较好。米饭样品上样量为 10g、顶空生成时间为 0.5h,顶空体积为 50mL 时,PEN3 电子鼻对样品多次独立检测时的响应特性曲线的重复性及稳定性较好,由仪器分析时引起的误差较小,测定的效果较好。

(3)对不同产地的精米样品和米饭样品进行图谱构建。采用主成分分析方法对高维数据进行了降维,然后进行分类。然后用线性判别分析方法对大米和米饭样品的产地进行了分类,对比了大米样品和米饭样品分类鉴别的效果,结果是,米饭样品分类效果好于大米样品。运用 LDA 法可以有效地对大米产地进行分类。对建模样本集采用 LDA 法进行大米产地溯源模型构建。用预测样本集对模型进行验证,对三个地域米饭的模型识别率均为 100%,预测正确率均为 100%。

参 考 文 献

北京食品学会. 2010. 第 3 届国际食品安全高峰论坛论文集. 内部资料.

陈波, 张巍, 康海宁, 等. 2006. 茶叶的 ^{1}H NMR 指纹图谱研究. 波谱学杂志, 23(2): 169-178.

陈全胜, 赵文杰, 张海东, 等. 2006. SIMCA 模式识别方法在近红外光谱识别茶叶中的应用. 食品科学, 27(4): 186-189.

范文来, 徐岩. 2007. 应用 GC-FID 和聚类分析比较四川地区白酒原酒与江淮流域白酒原酒. 酿酒科技, (11): 75-78.

方炎, 高观, 范新鲁, 等. 2005. 我国食品安全追溯制度研究. 农业质量标准, (2): 37-39.

郭波莉, 魏益民, 潘家荣. 2007. 同位素指纹分析技术在食品产地溯源中的应用进展. 农业工程学报, 23(3): 284-286.

郭波莉, 魏益民, 潘家荣, 等. 2007. 碳、氮同位素在牛肉产地溯源中的应用研究. 中国农业科学, 40(2): 365-372.

郭奇慧, 白雪, 胡新宇, 等. 2008. 应用电子鼻区分不同货架期的酸奶. 食品研究与开发, 29(10): 109-110.

姜天纬, 林然, 陈星, 等. 2007. 电子鼻牛奶质量检测的研究. 传感器技术学报, 20(8): 1727-1731.

康海宁, 杨妙峰, 陈波, 等. 2005. 利用矿质元素的测定数据判别茶叶的产地和品种. 岩矿测试, 25(1): 22-26.

李靖, 王成涛, 刘国荣. 2013. 电子鼻快速检测煎炸油品质的研究. 食品科学, 34(8): 236-239.

刘明, 潘磊庆, 屠康. 2010. 电子鼻检测鸡蛋货架期新鲜度变化. 农业工程学报, 26(4): 317-321.

马冬红, 王锡昌, 刘利平, 等. 2011. 近红外光谱技术在食品产地溯源中的研究进展. 光谱学与光谱分析, 131(14): 877-881.

石杰, 李力, 胡清源, 等. 2006. 烟草中微量元素和重金属检测进展. 烟草科技, (2): 40-42.

王成, 赵多勇, 王贤, 等. 2012. 食品产地溯源及确证技术研究进展. 农产品质量与安全, 27(39): 59-61.

王慧文, 杨曙明, 吴伟. 2007. 用稳定同位素质谱技术检测肉鸡色素的来源. 分析测试学报, 26(5): 608-611.

于慧春, 王俊. 2008. 电子鼻技术在茶叶品质检测中的应用研究. 传感技术学报, 21(5): 748-752.

张军翔, 冯长根, 李华. 2006. 蛇龙珠葡萄酒酒龄花青素高效液相色谱(HPLC)指纹图谱研究. 中国农业科学, 39(7): 1451-1456.

张宁, 张德权, 李淑荣, 等. 2008. 近红外光谱结合 SIMCA 法溯源羊肉产地的初步研究. 农业工程学报, 24(12): 309-311.

张萍, 闫继红, 朱志华, 等. 2006. 近红外光谱技术在食品品质鉴别中的应用研究. 现代科学仪器, 1: 60-62.

赵海燕, 郭波莉, 魏益民. 2011. 谷物原产地溯源技术研究进展. 核农学报, 25(4): 768-772.

Alonso-Salces R M, Serra F, Reniero F, et al. 2009. Botanical and geographical characterization of green coffee (*Coffea arabica* and *Coffea canephora*): chemometric evaluation of phenolic and methylxanthinecontents. Journal of Agricultural and Food Chemistry, 57(10): 4224-4235.

Anja K L, Kaisu R R, Pirjo S K. 2007. Analysis of anthocyanin variation in wild populations of bilberry (*Vaccinium myrtillus* L.) in Finland. Journal of Agricultural and Food Chemistry, 56(1): 190-196.

Ariyama K, Aoyama Y, Mochizuki A, et al. 2007. Determination of the geographic origin of onions between three main production areas in Japan and other countries by mineral composition. Journal of Agricultural and Food Chemistry, 55(2): 347-354.

Buck L, Axel R. 2004. A novel multigene family may encode odorant receptors: A molecular basis for odor recognition. Cell, 116: 175-187.

Coetzee P P, Steffens F E, Eiselen R J, et al. 2005. Multi-element analysis of South African wines by ICP-MS and their classification according to geographical origin. Journal of Agricultural and Food Chemistry, 53(13): 5060-5066.

Conde J E, Estevez D E, Rodriguez-Bencomo J J, et al. 2002. Characterization of bottled wines from the TenerifeIsland (Spain) by their metal ion concentration. Italian journal of food Science, 14(4): 375-386.

Cozzolino D, Murray I. 2004. Identification of animal meat muscles by visible and near infrared reflectance spectroscopy. Food Science and Technology, 37(4): 447-452.

Cozzolino D, Smyth H E, Cynkar W, et al. 2005. Usefulness of chemometrics and mass spectrometry-based electronic nose to classify Australian white wines by their varietal origin. Talanta, 68(2): 382-387.

Dehan L, H-Gholam H, John R S. 2004. Application of ANN with extracted parameters from an electronic nose in cigarette brand identification. Sensors and Actuators B: Chemical, 99(2): 253-257.

Delgado C, Tomas-Barberan F A, Talou T, et al. 1994. Capillary electrophoresis as an alternative to HPLC for determination of honey flavonoids. Chromatographia, 38(1/2): 71-78.

Di-Cagno R, Banks J, Sheehan L, et al. 2003. Comparison of the microbiological, compositional, biochemical, volatile profile and sensory characteristics of three Italian PDO ewes' milk cheeses. International Dairy Journal, 13(12): 961-972.

Di-Giacomo F, Del-Signore A, Giaccio M. 2007. Determining the geographic origin of potatoes using mineral and trace element content. Journal of Agricultural and Food Chemistry, 55(3): 860-866.

Doan D L N, Hanh H N, Dijoux D, et al. 2008. Determination of fish origin by using 16S rDNA fingerprinting of bacterial communities by PCR-DGGE: an application on Pangasius fish from Vietnam. Food Control, 19(5): 454-460.

Dupuy N, Le D Y, Ollivier D, et al. 2005. Origin of French virgin olive oil registered designation of origins predicted by chemometric analysis of synchronous excitation-emission fluorescence spectra. Journal of Agricultural and Food Chemistry, 53(24): 9361-9368.

Francesca S, Claude G G, Fabiano R, et al. 2005. Determination of the geographical origin of green coffee by principal component analysis of carbon, nitrogen and boron stable isotope ratios. Rapid Communications in Mass Spectrometry, 19(15): 2111-2115.

Fu X, Ying Y, Zhou Y, et al. 2007. Application of probabilistic neural networks in qualitative analysis of near infrared spectra: determination of producing area and variety of loquats. Analytica Chemica Acta, 598(1): 27-33.

Galtier O, Dupuy N, Le-Dreau Y, et al. 2007. Geographic origins and compositions of virgin olive oils determinated by chemometric analysis of NIR spectra. Analytica Chimica Acta, 595(1/2): 136-144.

Garcia-Ruiz S, Moldovan M, Fortunato G, et al. 2007. Evaluation of strontium isotope abundance ratios in combination with multi-elemental analysis as a possible tool to study the geographical origin of ciders. Analytica Chemica Acta, 590(1/2): 55-66.

Gholam H, Dehan L, Hongxiu L, et al. 2007. Intelligent processing of E-nose information for fish freshness assessment. Proceedings of the 3rd International Conference on Intelligent Sensors, Sensor Networks and Information Processing ISSNIP07. Melbourne, Australia: 173-177.

Gonzalvez A, Llorens A, Cervera M L, et al. 2009. Elemental fingerprint of wines from the protected designation of origin Valencia. Food Chemistry, 112(1): 26-34.

Hamid G H, Dehan L, Guanggui X, et al. 2008. Intelligent fish freshness assessment. Journal of Sensors, (3): 1-8.

Heberger K, Csomos E, Simon-Sarkadi L. 2003. Principal component and linear discriminant analyses of free amino acids and biogenic amines in hungarian wines. Journal of Agricultural and Food Chemistry, 51(27): 8055-8060.

Herbert S, Riou N M, Devaux M F, et al. 2000. Monitoring the identity and the structure of soft cheeses by fluorescence spectroscopy. Le Lait, 80(6): 621-634.

Iztok J K, Jurkica K, Mitja K, et al. 2001. Use of SNIF-NMR and IRMS in combination with chemometric methods for the determination of chaptalisation and geographical origin of wines (the example of Slovenian wines). Analytica Chimica Acta, 429(2): 195-206.

Karoui R, Martin B, Dufour E. 2005. Potentiality of front-face fluorescence spectroscopy to determine the geographic origin of milks from the Haute-Loire department (France). Le Lait, 85(3): 223-236.

Kaspar R, Werner L, Raphael K, et al. 2006. Authentication of the botanical and geographical origin of honey by mid-infrared spectroscopy. Journal of Agricultural and Food Chemistry, 54(18): 6873-6880.

Liu L, Cozzolino D, Cynkar W U, et al. 2008. Preliminary study on the application of visible-near infrared spectroscopy and chemometrics to classify Riesling wines from different countries. Food Chemistry, 106(2): 781-786.

Luisa M, Maurizio P, Noemi P, et al. 2001. Geographical characterization of Italian extra virgin olive oils using high-field ^{1}H NMR spectroscopy. Journal of Agricultural and Food Chemistry, 49(6): 2687-2696.

Luo D, GholamH H, Stewart J R. 2003. Cigarette Brand Identification Using Intelligent Electronic Noses. Proceedings of the 8th Australian and New Zealand Intelligent Information Systems Conference(ANZIIS-2003). Sydney, Australia: 375-379.

Madejczyk M, Baralkiewicz D. 2008. Characterization of polish rape and honeydew honey according to their mineral contents using ICP-MS and F-AAS/AES. Analytica Chimica Acta, 617(1/2): 11-17.

Nunez M, Herrero C, Garcia-Martin S, et al. 2000. Analysis of some metals in wine by means of capillary electrophoresis. Application to the differentiation of Ribeira Sacra Spanish red wines.

Analusis, 28(5): 432-437.

Ogrinc N, Kosir I J, Kocjancic M, et al. 2001. Determination of authenticity, regional origin, and vintage of Slovenian wines using a combination of IRMS and SNIF-NMR analyses. Journal of Agricultural and Food Chemistry, 49(3): 1432-1440.

Peres C, Begnaud F, Berdague J L, et al. 2002. Fast characterization of Camembert cheeses by static headspace-mass spectrometry. Sensors and Actuators B, 87: 491-497.

Piasentier E, Valusso R, Camin F, et al. 2003. Stable isotope ratio analysis for authentication of lamb meat. Meat Science, 64(3): 239-247.

Pillonel L, Ampuero S, Tabacchi R, et al. 2003. Analytical methods for the determination of the geographic origin of Emmental cheese: volatile compounds by GC/MS-FID and electronic nose. European Food Research and Technology, 216(2): 179-183.

Radovica B S, Carerib M, Mangiab A, et al. 2001. Contribution of dynamic headspace GC-MS analysis of aroma compounds to authenticity testing of honey. Food Chemistry, 72(4): 511-520.

Raspor P, Milek D M, Polanc J, et al. 2006. Yeasts isolated from three varieties of grapes cultivated in different locations of the Dolenjska vine-growing region, Slovenia. International Journal of Food Microbiology, 109(1/2): 97-102.

Renou J P, Deponge C, Gachon P, et al. 2004. Characterization of animal products according to geographic origin and feeding diet using nuclear magnetic resonance and isotope ratio mass spectrometry: cow milk. Food Chemistry, 85(1): 63-66.

Risticevic S, Carasek E, Pawliszyn J. 2008. Headspace solid-phase microextraction-gas chromatographic-time-of-flight mass spectrometric methodology for geographical origin verification of coffee. Analytica Chimica Acta, 617(1/2): 72-84.

Roberto C, Laura R C. 2008. Geographical characterization of polyfloral and acacia honeys by nuclear magnetic resonance and chemometrics. Journal of Agricultural and Food Chemistry, 56(16): 6873-6880.

Rodriguez-Delgado M A, Gonzalez-Hernandez G, Conde-Gonzalez J E, et al. 2002. Principal component analysis of the polyphenol content in young red wines. Food Chemistry, 78(4): 523-532.

Rummel S, Hoelzl S, Horn P, et al. 2010. The combination of stable isotope abundance ratios of H, C, N and S with $^{87}Sr/^{86}Sr$ for geographical origin assignment of orange juices. Food Chemistry, 118(4): 890-900.

Schmidt O, Quilter J M, Bahar B, et al. 2005. Inferring the origin and dietary history of beef from C, N and S stable isotope ratio analysis. Food Chemistry, 91(3): 545-549.

Sindhuja S, Suranjan P. 2006. Olfactory sensing: overview of the biology, mechanism and applications for food safety. Proceedings of 2006 ASABE Section Meeting, Paper No. MBSK 06-21 6. SaintJoseph, Michigan: 1-17.

Stefanoudaki E, Kotsifaki F, Koutsaftakis A. 1997. The potential of HPLC triglyceride profiles for the classification of Cretan olive oils. Food Chemistry, 60(3): 425-432.

Taurino A M, Monaco D D, Capone S, et al. 2003. Analysis of dry salami by means of an electronic nose and corelation with microbiological methods. Sensors and Actuators B, 95: 123-131.

Watson D G, Peyfoon E, Zheng L, et al. 2006. Application of principal components analysis to ^1H NMR data obtained from propolis samples of different geographical origin. Phytochemical Analysis, 17(5): 323-331.

Yin Y, Tian X. 2007. Classification of Chinese drinks by a gas sensors array and combination of the PCA with Wilks distribution. Sensors and Actuators B: Chemical, 124(2): 393-397.

Yin Y, Yu H C, Zhang H S. 2008. A feature extraction method based on wavelet packet analysis for discrimination of Chinese vinegars using a gas sensors array. Sensors and Actuators B, 134(2): 1005-1009.

Yu H C , Wang J. 2007. Discrimination of LongJing green-tea grade by electronic nose. Sensors and Actuators B, 122: 134-140.

Yu H Y, Zhou Y, Fu X P, et al. 2007. Discrimination between Chinese rice wines of different geographical origins by NIRS and AAS. European Food Research and Technology, 225(3/4): 313-320.

Yuta Y, Hiroyuki H, Kazato O, et al. 2012. Stable carbon and nitrogen isotope analysis as a tool for inferring beef cattle feeding systems in Japan. Food Chemistry, (134): 502-506.

Zunin P, Boggia R, Salvadeo P, et al. 2005. Geographical traceability of West Liguria extravirgin olive oils by the analysis of volatile terpenoid hydrocarbons. Journal of Chromatography A, 1089(1/2): 243-249.

第五篇　地理标志大米矿物元素产地溯源技术

第 25 章　地理标志大米原产地保护概述

25.1　研究目的与意义

我国北方独特的地理位置优势，使得北方部分粳米品种因其米饭食味清甜绵软、芳香爽口，深受全国消费者的青睐，在国内市场的销售价格较高。但目前粳米市场鱼龙混杂、良莠不齐，普遍存在假冒优质品种粳米、使用廉价米掺入高价米等现象。如 2010 年报道的五常大米"掺假门"事件，消费者已经很难买到真正的五常'稻花香'香米，取而代之的都是用普通的长粒米来冒充的'稻花香'。此次制售假冒五常大米事件曝光后，给五常的稻米产业带来了沉重打击。该假冒大米风波促使大米加工企业及监管部门产生了一个共识，即通过识别稻米品种进而对稻米产业的掺假现象进行有效的监督和管理。打击假冒、伪劣稻米是保障稻米产业安全的重要措施，而鉴别稻米真伪则是打击假冒、伪劣稻米的重要前提。近年来，为保证粮食安全，世界各国相继出台一系列政策和措施，强调粮食安全要"从农田到餐桌"进行全程关注，建立食品质量安全跟踪（tracking）和追溯（tracing）制度。跟踪是指通过标识项目，从供应链的上游至下游直至销售点，跟随一个特定单元或一批产品运行路径的能力。对于粮食作物来说，跟踪就是种植户或供应链上的节点企业跟踪某一批粮食去向的能力。追溯是指通过记录标识项目或一组项目的源头，从供应链下游至上游识别一个特定单元或一批产品来源的能力，即消费者在 POS 销售点通过记录标识回溯某个实体运输、销售、加工和种植的能力。对于粮食作物单独来说，就是消费者在销售点通过粮食包装上的标识查询产品的运输、加工和种植等信息。但由于这些标识管理属于人为行为，存在信息篡改的可能和漏洞，需要进一步的科技支撑实施保护，健全完善的法规标准，切实找到这些地理标志产品的地域特征属性。矿物元素分析被认为是食品产地溯源比较有效的方法，尤其是在植源性食品的产地判别上有所应用。食品中的微量元素与痕量元素含量与当地的水、土壤密切相关，且不同地区有其各自的元素组成特征，从而形成具有不同产地代表的矿物元素指纹图谱。研究水稻产地溯源信息技术，建立水稻指纹数据库是非常必要的，对粮食安全控制体系和确证体系的发展至关重要。

水稻作为世界主要的粮食作物之一，其品质好坏对于人类的身体健康有极大的影响。水稻中矿物元素的含量及分布规律与其生长的自然环境密切相关，不同产地的产物在矿物元素的分布上存在差异，而这种差异可以反映到农产品中。由于土壤对其母质的继承性，不同成土母岩发育的土壤，其元素含量、元素的生物有效性及土壤特性等均存在很大差异，且不同作物对不同元素的需求量也不同，于是在一些具有特定元素或元素组合的地区形成了众人公认的名特优农产品。地理标志是一种指示性标记，标示着特定的地域、地区或者地点。它由文字、图形或其他可视要素组成，标明原产地的地理位置，对于这种标志的最低要求是达到指示他人识别商品来源的目的。例如，"天津小站稻"地理标志获得保护后，每公斤的收购价格普遍上涨了 15%～20%，极大促进了相关产业发展。然而受经济利益驱动，某些不法商贩以次充好，使用假冒标签，损害了消费者和企业合法的利益，破坏了产品的形象。对大米采取产地溯源技术可以提高政府对农产品生产、储藏和贸易的监管能力，促进农产品优质优价政策的实施，同时帮助消费者辨别真假，免受销售欺诈。因此，为整顿市场秩序，推动地理标志产品的管理工作，迫切需要发展地理标志产品的识别方法和食品产地的溯源技术，以增强相关法规条例的可执行性。

25.2 研究主要内容

目前，国内外利用矿物元素指纹分析技术鉴别农产品原产地的研究，主要是通过从不同地域随机采样，探讨此技术对农产品产地溯源的可行性。用于分析的元素种类在仪器允许测定的范围内，多数研究都尽可能检测较多的元素种类，并未对元素所包含的信息进行筛选。对于同一种农产品，不同的研究者分析的元素种类不同，筛选出的溯源指纹信息不同，判别效果也不尽相同。矿物元素溯源方法还处于初步研究阶段，尚未建立不同地域大米的特征矿物元素数据库或提供系统矿物元素溯源方法研究的理论依据，影响溯源指标的因素很复杂。本研究在黑龙江省粳米中元素含量在地域间存在显著差异的研究基础上，重点研究粳米特征矿物元素溯源技术，从本质上认识地域、品种、加工及交互作用对粳米中矿物元素含量差异的影响规律，筛选与地域直接相关的溯源指标；建立黑龙江水稻主产区产地判别模型并验证。通过这一研究可为建立粳米矿物元素产地溯源指标数据库提供理论依据，为粳米矿物元素产地溯源方法体系的建立提供新方法，从而推动大米产地溯源体系的创新研究。

第 26 章　粳米矿物元素产地溯源技术可行性分析

26.1　试验材料与主要仪器

电感耦合等离子体质谱仪，7700，美国 Agilent 公司。

超纯水机，Milli-Q，美国 Millipore 公司。

微波消解仪，Mara 240/50，美国 CEM 公司。

电热恒温鼓风干燥箱，DHG-9123A 型，上海精宏实验设备有限公司。

砻谷机，FC2K，日本佐竹公司。

碾米机，VP-32，日本佐竹公司。

电子天平，TB-4002，北京赛多利斯科学仪器有限公司。

X 射线光电子能谱仪，K-Alpha，Thermo Fisher 公司。

近红外谷物分析仪，Infratec 1241 Grain Analyzer，瑞典 FOSS 公司。

颗粒判别器，ES-1000 型，静冈制机株式会社。

高速万能粉碎机，LM-3100，北京波通瑞华仪器有限公司。

26.2　试　验　方　案

从五常、建三江和查哈阳采集 2012 年和 2013 年水稻样品。每个市选择主产县，每个县选择主产乡（镇）内种植面积最大的主栽品种。于收获期从田间采集水稻稻穗 5kg 左右，编号。每个市采集约 30 个样品，共采集 164 个样品（表 26-1、表 26-2）。考虑不同生态条件对试验结果的影响，采样同时记录种植地位置经纬度、日照时数、年平均温度、降雨量等情况。

表 26-1　2012 年样品信息表

地域	品种	数量/份	地区
五常	五优稻 4 号	5	二道河子镇、安家镇、杜家镇、民乐乡、常堡、沙河子镇、冲河镇、山河镇、民意乡
	东农 425	5	
	松粳 12	4	
	松粳 16	4	
	松粳香 2 号	4	
	松粳 3 号	4	

续表

地域	品种	数量/份	地区
建三江	龙粳 31	5	创业农场、大兴农场、七星农场、浓江农场、勤得利农场、鸭绿河农场、红卫农场、洪河农场、胜利农场、859 农场、前锋农场、前哨农场、二九一农场
	空育 131	5	
	龙粳 26	4	
	龙粳 25	4	
	龙粳 36	4	
	龙粳 29	4	
	垦 08-191	4	
	垦 08-196	4	
	农大 9129	4	
查哈阳	龙粳 31	10	丰收管理区、海洋管理区、稻花香管理区、金边管理区、金光管理区、太平湖管理区

表 26-2   2013 年样本地域来源

地域	样本数	品种数	地区（样本数）
查哈阳农场	32	1	丰收管理区（6）、海洋管理区（6）、稻花香管理区（6）、金边管理区（6）、金光管理区（4）、太平湖管理区（4）
建三江管理局	30	7	创业（2）、大兴（3）、七星（3）、浓江（2）、勤得利（3）、鸭绿河（3）、红卫（2）、洪河、胜利（4）、859（2）、前锋（2）、前哨（3）
五常	28	7	前兰村（1）、朝阳村（2）、东林村（2）、多欢村（1）、安家镇东南村（2）、安家镇农场地（2）、民乐乡红火村（1）、水稻所（1）、安家中心屯（1）、民意乡（1）、双兴村 13 屯（1）、12 屯（1）、久兴屯（1）、陈乡店兴龙屯（1）、金兴四队（1）、四平村（1）、寒冲河村（1）、四马架、河子镇（1）、北沙河子村（1）、东信屯（1）、四方地村（3）

26.3   样本预处理方法

将稻谷样品晾晒，收获籽粒，装入尼龙网兜置于阴凉通风处。在实验室完成稻米挑选、脱壳、砻谷、碾米获得精米，所有样本采用统一处理方式。将精米用去离子水快速冲洗，除去粳米表面及加工过程引入的外来离子，放入烘箱干燥，超微粉碎处理。

准确称取一定质量的样品，置于消化管中加入一定量的酸，放入微波消解仪中进行消解。消解后得到的样品液用去离子水洗出，定容，用高分辨率电感耦合等离子体质谱仪（ICP-MS）测定样品中的 Na、Mg、Al、K、Ca、V、Cr、Mn、Fe、Co、Ni、Cu、Zn、As、Se、Rb、Sr、Y、Mo、Rh、Ag、Cd、Sb、Te、Ba、

La、Ce、Pr、Nd、Sm、Eu、Gd、Tb、Dy、Ho、Er、Tm、Yb、Pt、Tl、Pb、U 元素含量。采用外标法进行定量分析,选择内标元素,采用内标法保证仪器的稳定性。试验过程每个样本重复测定三次,以 Ge、In、Bi 三种元素作为内标物质,当内标元素的 RSD>3%,重新测定样品。采用 SPSS 17.0 软件对数据进行方差分析(Duncan 多重比较分析)、主成分分析和判别分析(逐步判别分析)。

26.4 不同地域粳米中矿物元素含量的差异分析

对 2012 年来自五常地理标志保护区、建三江地理标志保护区和查哈阳地理标志保护区的 74 个粳米样品的 51 种元素含量进行测定(表 26-3),其中 Be、Sc、Ru 元素含量在超过 1/2 的样本中低于检测限,不予分析;对于 2013 年度水稻样品,定点采集 2012 年相同区域样品 90 个,参考 2012 年元素测定情况,除去在 1/2 样品中低于检测限的元素,测定 Na、Mg、Al、K、Ca、V、Cr、Mn、Fe、Co、Ni、Cu、Zn、As、Se、Rb、Sr、Y、Mo、Rh、Ag、Cd、Sb、Te、Ba、La、Ce、Pr、Nd、Sm、Eu、Gd、Tb、Dy、Ho、Er、Tm、Yb、Pt、Tl、Pb、U 等 42 种元素(表 26-4)。

表 26-3 2012 年黑龙江省不同地域粳米矿物元素含量

元素	建三江	五常	查哈阳
Mg/(mg/kg)	106.99±22.55a	70.229 2±17.56b	89.624 9±15.45c
Mn/(μg/kg)	5 819.86±1 562.43a	11 798.70±3 814.89a	5 739.74±1 198.44b
Co/(μg/kg)	17.59±10.37a	10.04±7.77a	8.18±2.09b
Cu/(μg/kg)	3 151.80±1 194.15a	2 828.63±1 299.17a	2 454.89±195.90a
Zn/(mg/kg)	25.89±13.98a	23.74±19.06a	18.34±4.12a
As/(μg/kg)	2 681.48±4 325.48a	2 696.15±5 204.57a	756.39±490.02a
Rh/(μg/kg)	307.21±274.37a	438.30±214.21ab	216.10±92.71b
Se/(μg/kg)	20.06±12.57a	17.64±11.50ab	9.04±4.70b

注:表中所列为有显著差异的元素

表 26-4 2013 年不同地域粳米中的矿物元素含量统计分析

		平均值±标准差	变异系数/%	变幅
Na[*]	建三江	22.09±6.00Aa	27.1	4.36～37.46
	五常	18.88±3.72Bb	19.7	14.92～28.13
	查哈阳	12.95±2.78Cc	21.5	8.92～21.56
Mg[*]	建三江	399.11±75.30Aa	18.9	106.85～515.59
	五常	188.04±37.71Cc	20.0	121.41～273.46
	查哈阳	345.47±56.64Bb	16.4	224.08～456.85

续表

		平均值±标准差	变异系数/%	变幅
Al*	建三江	8.32±2.21Ab	26.5	2.86～14.55
	五常	17.0±21.24Aa	124.9	4.76～100.46
	查哈阳	12.07±7.00Aab	58.0	3.89～34.32
K*	建三江	1025.89±173.86Aa	16.9	268.68～1247.45
	五常	733.40±91.85Cc	12.5	599.64～976.78
	查哈阳	910.30±104.67Bb	11.5	661.23～1128.87
Ca*	建三江	137.09±50.74Aa	37.0	26.47～296.66
	五常	108.25±30.47Bb	28.2	66.71～171.52
	查哈阳	78.17±16.45Cc	21.0	42.67～110.68
V	建三江	24.91±5.29Bb	21.2	6.01～34.51
	五常	24.43±7.07Bb	28.9	15.48～47.13
	查哈阳	29.95±6.04Aa	20.2	16.85～43.36
Cr	建三江	105.46±127.81Aa	121.2	25.79～766.38
	五常	86.73±92.88Aab	107.1	31.79～467.97
	查哈阳	42.48±31.27Ab	73.6	12.93～155.80
Mn*	建三江	10.33±2.98Bb	28.9	2.28～16.64
	五常	13.15±1.77Aa	13.5	8.78～16.99
	查哈阳	8.72±1.98Cc	22.7	5.23～12.97
Co	建三江	14.89±6.95Aa	46.7	2.91～33.72
	五常	8.18±4.50Bb	55.1	4.66～29.42
	查哈阳	7.76±2.97Bb	38.3	4.16～16.06
Zn*	建三江	16.38±3.31Aa	20.2	3.50～21.50
	五常	11.99±0.96Bc	8.06	9.71～14.15
	查哈阳	13.49±2.11Bb	15.7	9.10～20.20
Se	建三江	11.61±7.66Aa	66.1	0.00～30.57
	五常	7.61±5.94ABb	77.9	0.00～25.06
	查哈阳	4.84±4.55Bb	94.0	0.00～15.01
Rb*	建三江	1.74±0.96Aa	55.6	0.33～4.60
	五常	1.75±0.84Aa	48.3	0.26～3.29
	查哈阳	0.69±0.24Bb	38.3	0.21～1.29
Sr	建三江	234.50±103.70Aa	44.2	41.65～517.10
	五常	152.46±46.93Bb	30.8	89.54～278.59
	查哈阳	152.04±37.60Bb	24.7	80.69～235.96

续表

		平均值±标准差	变异系数/%	变幅
Y	建三江	3.52±1.23Aa	34.9	0.90～6.66
	五常	2.73±0.77Bb	28.1	1.46～4.38
	查哈阳	0.94±0.96Cc	101.8	0.00～2.96
Mo	建三江	1000.37±543.18Aa	54.3	133.16～3013.47
	五常	397.83±98.43Bb	24.7	245.28～610.07
	查哈阳	518.04±150.23Bb	28.9	257.54～937.24
Ag	建三江	2.19±1.19Ab	54.3	0.25～5.10
	五常	2.07±1.40Ab	67.6	0.21～5.14
	查哈阳	2.99±1.65Aa	55.2	0.78～10.43
Te	建三江	6.14±5.71Aa	93.1	0.00～25.14
	五常	5.89±4.37Aa	74.2	0.00～13.85
	查哈阳	1.48±2.62Bb	177.0	0.00～8.96
Ba	建三江	178.66±49.80Aa	27.8	42.39～282.22
	五常	157.09±48.26ABab	30.7	96.42～305.29
	查哈阳	134.56±65.98Bb	48.9	46.65～329.20
La	建三江	7.35±4.83Aa	65.7	1.61～27.70
	五常	6.52±6.05Aab	92.7	2.68～33.86
	查哈阳	4.74±2.34Ab	49.3	1.62～9.77
Ce	建三江	23.57±13.45Aa	57.1	4.60～64.71
	五常	19.11±11.47ABa	60.0	11.30～72.06
	查哈阳	12.93±8.26Bb	64.0	4.54～48.68
Nd	建三江	6.26±3.12Aa	49.8	1.33～15.87
	五常	5.09±4.16ABa	81.7	2.01～24.09
	查哈阳	3.42±2.16Bb	63.1	0.26～7.42
Sm	建三江	1.24±0.54Aa	43.5	0.14～2.72
	五常	0.94±0.60Ab	66.7	0.14～3.11
	查哈阳	0.95±0.50Ab	52.6	0.28～2.24
Eu	建三江	0.25±0.23Aa	92.0	0.00～1.19
	五常	0.14±0.08Ab	60.7	0.00～0.39
	查哈阳	0.18±0.19Aab	109.4	0.00～0.81
Gd	建三江	1.03±0.45Aa	43.7	0.19～2.08
	五常	0.83±0.53ABab	63.1	0.28～3.20
	查哈阳	0.63±0.43Bb	67.2	0.09～1.77

		平均值±标准差	变异系数/%	变幅
Dy	建三江	0.65±0.34Aa	53.0	0.07~1.48
	五常	0.34±0.25Bb	75.8	0.00~1.07
	查哈阳	0.39±0.29Bb	74.3	0.00~1.45
Ho	建三江	0.22±0.22Aa	100.1	0.05~1.13
	五常	0.10±0.07Ab	70.3	0.00~0.31
	查哈阳	0.14±0.21Aab	152.1	0.00~0.80
Er	建三江	0.65±0.26Aa	40.4	0.21~1.54
	五常	0.47±0.17Bb	36.5	0.18~0.78
	查哈阳	0.25±0.19Cc	73.9	0.00~0.75
Tm	建三江	0.10±0.17ABb	179.0	0.00~0.76
	五常	0.02±0.03Bb	136.0	0.00~0.11
	查哈阳	0.20±0.20Aa	98.0	0.00~0.75
Yb	建三江	0.25±0.26ABa	104.0	0.00~1.16
	五常	0.10±0.10Bb	95.3	0.00~0.33
	查哈阳	0.38±0.33Aa	86.8	0.00~1.41
Tl	建三江	0.30±0.23Aa	76.7	0.00~1.15
	五常	0.05±0.08Bb	160.4	0.00~0.37
	查哈阳	0.20±0.29ABa	141.1	0.00~1.01
U	建三江	1.59±1.90Aa	119.4	0.11~8.82
	五常	0.21±0.22Bb	104.8	0.00~0.74
	查哈阳	1.19±1.15Aa	96.6	0.00~4.25

*表示元素单位为 mg/kg，其余均为 μg/kg。同列不同小写字母表示有显著性差异（$P<0.05$），同列不同大写字母表示有极显著性差异（$P<0.01$）

2012 年和 2013 年不同地域水稻样品中矿物元素含量的平均值及标准偏差分别如表 26-3 和表 26-4 所示。对不同地域来源水稻样品中矿物元素含量进行方差分析，结果显示，2012 年水稻样品中 Mg、K、Mn、Co、Se 和 Rh 6 种元素的含量在不同地域之间有显著差异（$P<0.05$），K 受农业施肥管理措施影响，不予分析。2013 年度水稻样品中，通过对不同地域间粳米中 42 种元素进行描述统计量分析和邓肯氏多重比较分析，结果表明，Na、Mg、Al、K、Ca、V、Cr、Mn、Co、Zn、Se、Rb、Sr、Y、Mo、Ag、Te、Ba、La、Ce、Nd、Sm、Eu、Gd、Dy、Ho、Er、Tm、Yb、Tl 和 U 31 种元素的含量在不同地域之间有显著差异。Na、Mg、K、Ca、Mn、Zn、Y、Er 7 种元素含量在三个地域之间均存在显著或极显著差异。

不同地域间粳米样品的元素含量有其各自的特征。2012 年不同地域间粳米中 Mg 元素含量有很大差异，达到显著水平（P<0.05），不同地域 Mg 元素含量平均值依次递减的次序为建三江粳米>查哈阳粳米>五常粳米，在建三江粳米中含量最高，在五常粳米中含量最低。Duncan 多重极差检验分析结果显示，查哈阳粳米中 Mg 元素与其他地区的粳米之间均有极显著性差异。另外元素 Mn、Co、Rh、Se 的含量在地域之间存在显著差异（P<0.05），Cu、Zn、As 在不同地域之间差异不显著。由多重比较结果可知，不同地域来源粳米样本中矿物元素含量有其各自特征。建三江粳米 Mg、Co、Cu、Zn 和 Se 平均含量最高；五常粳米的 Mn、As 和 Rh 平均含量最高；查哈阳粳米的 Mn、Co、Cu、Zn、As、Rh 和 Se 平均含量最低。

2013 年五常样品的 Al、Mn 含量最高，Mg、Zn、Tl 含量最低；查哈阳样品的 V、Ag 含量最高，Er、Ca、Mn、Y、Te、Na 含量最低；建三江样品的 Na、Mg、Y、Ca、Dy、Er、Zn、Mo、Se、Sr 和 Co 含量显著高于其他地区，Al 含量最低。从表 26-4 中还可看出，痕量元素 Cr、Te、Eu、Ho、Tm、Yb、Tl、U 等 8 种元素在三个地域间的变异系数较大，Al、La 元素在五常地区变异系数较大，分别为 124.9% 和 92.7%，Se、Y 元素含量在查哈阳地区变异系数较大，分别为 94.0% 和 101.8%，说明这些元素的含量在地区内部差异也较大。粳米产地的矿物元素与样品的地域来源和溯源范围密切相关。

进一步分析三个地域粳米样品元素的分布情况（表26-5~表26-7），分析了 2013 年元素含量出现频数的分布情况，绘制了不同地域 Na、Mg、Ca、Mn、Zn、Y、Er 元素的频数分布直方图（图 26-1），由其结果可知，三个地域粳米中元素含量出现频数有较大差异。五常样品中 Na 元素含量为 15~20mg/kg 的样品占 70%，而查哈阳样品中 Na 元素含量高于 15mg/kg 的样品仅占 12.9%，建三江样品中高于 20mg/kg 的样品占 66.7%。五常样品 Mg 元素含量均低于 250mg/kg，而建三江和查哈阳样品 96% 以上都高于 250mg/kg；Mg 元素含量为 250~400mg/kg，建三江样品占 33.3%，查哈阳样品占 74.1%。建三江 Ca 元素含量高于 100mg/kg 的样品出现频数百分比为 80%，而五常样品为 50%，查哈阳样品仅为 10%，建三江 70% 以上 Ca 元素含量集中于 100~170mg/kg，而查哈阳 70% 以上 Ca 元素含量集中于 65~90mg/kg。五常样品中 Mn 元素含量高于 11 000μg/kg 的样品占 85.7%，建三江为 33.3%，查哈阳仅为 12.9%。建三江样品中 Zn 元素含量高于 14 000μg/kg 的样品出现频数百分比为 83.3%，而查哈阳为 33.3%，五常仅为 3.6%。建三江样品中 Er 元素含量高于 0.5μg/kg 的样品出现频数百分比为 70%，而查哈阳仅为 9.7%。建三江样品中 Y 元素含量高于 2.5μg/kg 的样品出现频数百分比为 83.3%，而五常为 53.6%，查哈阳仅为 6.5%。

26.5　粳米中矿物元素含量相关性分析

运用 SPSS 20.0 分别对 2013 年三个地域 90 个粳米样品中 30 种微量元素间的相关性进行分析，结果见表 26-8。由表 26-8 可见，Na 元素与绝大多数元素，包

表26-5 2013年查哈阳粳米元素含量频数分析

查哈阳	Na*	Mg*	Al*	Ca*	Co	V	Cr	Mn*	Se	Rb*	Sr	Y	Zn*	Mo	Te	Ba	La	Ce	Ag	Nd	Sm	Eu	Gd	Tl	Dy	Ho	Er	Tm	Yb	U
均值	12.95	345.47	12.07	78.17	7.73	29.95	42.48	8.72	4.84	0.69	152.0	0.94	13.49	518.0	1.48	134.5	4.74	12.93	2.99	3.42	0.95	0.18	0.63	0.20	0.39	0.14	0.25	0.20	0.38	1.19
标准差	2.78	56.64	7.00	16.45	0.57	6.04	31.27	1.98	4.55	0.24	37.60	0.96	2.11	150.2	2.62	65.98	2.34	8.26	1.65	2.16	0.50	0.19	0.43	0.29	0.29	0.21	0.19	0.20	0.33	1.15
范围	12.64	232.77	30.42	68.01	11.90	26.51	142.87	7.73	15.01	1.07	155.2	2.96	11.09	679.7	8.9	282.5	8.5	44.14	9.6	7.16	1.96	0.81	1.68	1.01	1.45	0.80	0.75	0.75	1.41	4.25
最小值	8.92	224.08	3.89	42.67	4.16	16.85	12.93	5.23	0	0.21	80.6	0	9.10	257.5	0.0	46.6	1.6	4.54	0.78	0.26	0.28	0	0.09	0	0	0	0	0	0	0
最大值	21.56	456.85	34.32	110.68	16.06	43.3	155.8	12.97	15.01	1.29	235.9	2.96	20.20	937.2	8.96	329.2	9.7	48.68	10.4	7.42	2.24	0.81	1.77	1.01	1.45	0.80	0.75	0.75	1.41	4.25
频数累计百分比 10	9.3	274.5	5.3	51.5	4.5	21.0	18.9	6.28	0	0.38	107.6	0	11.25	315.0	0	74.0	2.3	6.01	1.5	0.8	0.32	0	0.17	0	0.04	0	0.01	0.00	0.03	0
20	10.6	300.2	6.8	65.1	4.9	25.8	22.0	6.69	0	0.45	121.8	0.0	11.86	383.5	0	87.9	2.6	7.2	2.1	1.2	0.50	0.02	0.25	0	0.11	0	0.08	0.04	0.08	0.26
25	11.1	306.8	6.9	66.1	5.1	26.3	22.9	7.05	0	0.50	122.6	0.0	11.95	401.2	0	90.8	3.1	7.3	2.3	1.3	0.50	0.03	0.31	0	0.19	0	0.09	0.07	0.09	0.38
30	11.6	312.9	7.8	67.6	5.3	26.7	23.6	7.37	0	0.56	125.7	0.0	12.16	431.2	0	93.4	3.2	8.7	2.3	2.0	0.61	0.03	0.40	0	0.25	0	0.12	0.08	0.16	0.50
40	12.3	320.4	10.1	76.4	6.1	28.6	25.1	8.03	3.1	0.62	132.3	.43	12.72	493.7	0	99.9	3.5	9.7	2.4	2.4	0.81	0.06	0.45	0.00	0.33	0.03	0.20	0.11	0.23	0.64
50	12.6	338.1	10.8	79.5	7.0	29.3	29.1	8.35	4.0	0.70	148.9	.77	13.12	512.2	0	110.6	4.0	10.7	2.7	2.8	0.93	0.11	0.50	0.05	0.38	0.03	0.24	0.13	0.24	0.82
60	13.1	360.2	11.7	82.5	8.2	30.2	34.5	9.17	6.8	0.76	158.9	.93	13.95	528.6	0	130.2	4.2	12.0	2.9	3.4	1.0	0.21	0.57	0.13	0.44	0.06	0.26	0.16	0.43	1.03
70	13.7	390.9	13.1	87.3	9.2	33.3	48.7	10.33	7.7	0.78	171.4	1.6	14.12	585.9	1.4	152.9	5.8	13.3	3.2	4.7	1.1	0.25	0.82	0.28	0.47	0.17	0.32	0.23	0.53	1.39
75	14.0	398.7	13.6	88.5	10.5	34.7	51.8	10.40	8.1	0.79	176.6	1.8	14.51	593.9	3.3	172.6	6.5	17.1	3.4	5.2	1.1	0.26	0.92	0.33	0.48	0.20	0.33	0.25	0.57	1.67
80	14.2	402.1	15.2	91.9	10.7	35.0	62.6	11.02	8.5	0.89	182.9	1.9	15.25	624.0	3.6	180.2	7.0	19.2	3.5	6.1	1.2	0.28	0.97	0.37	0.539	0.24	0.37	0.386	0.62	2.21
90	17.2	422.1	20.3	101.1	11.3	38.3	80.0	11.19	10.4	1.03	214.2	2.3	16.05	735.3	6.1	247.0	9.2	20.1	4.4	6.50	1.82	0.53	1.34	0.76	0.63	0.54	0.50	0.57	0.90	3.20

*元素单位为 mg/kg，其余均为 µg/kg

表26-6　2013年五常粳米元素含量量频数分析

五常	Na*	Mg*	Al*	Co	Ca*	Zn*	V	Cr	Mn*	Se	Rb*	Sr	Y	Mo	Ag	Te	Ba	La	Ce	Nd	Sm	Eu	Gd	Tl	Dy	Ho	Er	Tm	Yb	U
均值	18.88	188.04	17.00	8.18	108.25	11.99	24.43	86.73	13.15	7.61	1.75	152.46	2.73	397.83	2.07	5.89	157.09	6.52	19.11	5.09	0.94	0.14	0.83	0.05	0.34	0.10	0.47	0.02	0.10	0.21
标准差	3.72	37.71	21.24	4.50	30.47	0.96	7.07	92.88	1.77	5.94	0.84	46.93	0.77	98.43	1.40	4.37	48.26	6.05	11.47	4.16	0.60	0.08	0.53	0.08	0.25	0.07	0.17	0.03	0.10	0.22
范围	13.20	152.05	95.69	24.76	104.80	4.43	31.66	436.18	8.20	25.06	3.03	189.05	2.93	364.79	4.93	13.85	208.87	31.18	60.76	22.07	2.97	0.37	2.92	0.37	1.07	0.31	0.59	0.11	0.33	0.74
最小值	14.92	121.41	4.76	4.66	66.71	9.71	15.48	31.79	8.78	0.00	0.26	89.54	1.46	245.28	0.21	0.00	96.42	2.68	11.30	2.01	0.14	0.00	0.28	0.00	0.00	0.00	0.00	0.00	0.00	0.00
最大值	28.13	273.46	100.46	29.42	171.52	14.15	47.13	467.97	16.99	25.06	3.29	278.59	4.38	610.07	5.14	13.85	305.29	33.86	72.06	24.09	3.11	0.39	3.20	0.37	1.07	0.31	0.78	0.11	0.33	0.74
频数累计百分比 10	15.20	145.89	6.59	5.62	78.15	11.08	18.61	40.78	10.91	0.91	0.48	100.67	1.82	276.17	0.33	0.00	102.61	3.84	13.38	2.68	0.44	0.05	0.47	0.00	0.07	0.02	0.23	0.00	0.00	0.00
20	15.94	150.76	7.77	6.23	84.43	11.29	19.77	45.07	11.72	2.52	1.07	117.01	2.0	321.30	0.99	2.25	116.01	4.25	14.65	2.95	0.51	0.08	0.52	0.00	0.13	0.03	0.32	0.00	0.001	0.007
25	16.13	154.82	8.09	6.43	84.80	11.32	20.29	48.17	11.96	3.13	1.10	118.54	2.13	324.49	1.03	3.04	125.33	4.32	14.91	3.38	0.61	0.09	0.52	0.00	0.14	0.04	0.36	0.00	0.002	0.01
30	16.50	159.92	8.21	6.65	85.53	11.35	20.59	50.80	12.13	3.89	1.12	127.3	2.22	344.9	1.05	3.06	133.0	4.37	15.21	3.47	0.64	0.10	0.58	0.002	0.19	0.05	0.37	0.002	0.03	0.01
40	17.26	172.10	8.93	6.92	92.13	11.60	21.06	55.25	13.21	6.44	1.30	135.3	2.42	375.8	1.48	5.32	138.7	4.58	15.44	3.73	0.75	0.11	0.63	0.011	0.24	0.07	0.39	0.009	0.05	0.06
50	18.06	183.71	9.27	7.20	95.84	11.84	22.36	57.97	13.37	6.88	1.70	144.6	2.66	401.3	1.84	6.62	151.4	5.15	16.45	4.16	0.82	0.12	0.75	0.02	0.28	0.10	0.50	0.01	0.08	0.17
60	18.35	203.25	9.73	7.5	116.22	12.12	23.03	62.51	13.72	7.67	1.92	150.9	2.74	410.0	2.17	7.15	164.1	5.23	17.01	4.20	0.90	0.15	0.79	0.03	0.33	0.13	0.55	0.02	0.13	0.26
70	19.94	208.8	11.83	8.07	127.60	12.43	25.39	69.24	14.23	9.07	2.28	166.9	3.30	422.5	2.60	7.71	177.7	5.59	17.72	5.01	1.0	0.17	0.88	0.05	0.43	0.13	0.57	0.03	0.16	0.31
75	20.37	210.8	13.177	8.741	130.05	12.53	27.416	76.08	14.33	9.82	2.43	178.4	3.41	455.4	2.871	8.57	181.3	5.81	18.96	5.09	1.20	0.18	0.95	0.07	0.49	0.14	0.59	0.04	0.17	0.35
80	20.64	216.8	15.155	9.31	138.14	12.59	29.35	80.90	14.41	11.42	2.51	182.4	3.60	501.4	3.30	9.53	190.1	6.33	20.04	5.97	1.40	0.19	1.06	0.09	0.54	0.14	0.64	0.04	0.19	0.44
90	25.27	231.0	41.187	9.83	158.1	13.23	32.23	140.1	14.76	15.86	2.85	220.7	3.68	548.7	3.95	12.37	220.6	9.31	23.19	7.93	1.71	0.24	1.18	0.15	0.68	0.17	0.71	0.08	0.25	0.55

*元素单位为 mg/kg，其余均为 μg/kg

表26-7 2013年建三江粳米元素含量频数分析

建三江		Na*	Mg*	Al*	Co	Ca*	V	Cr	Mn*	Zn*	Se	Rb*	Sr	Y	Mo	Ag	Te	Ba	La	Ce	Nd	Sm	Eu	Gd	Dy	Ho	Er	Tm	Yb	Tl	U
均值		22.09	399.11	8.32	14.89	137.09	24.91	105.46	10.33	16.38	11.61	1.74	234.50	3.52	1000.3	2.19	6.14	178.66	7.35	23.57	6.26	1.24	0.25	1.03	0.65	0.22	0.65	0.10	0.25	0.30	1.59
标准差		6.00	75.30	2.21	6.95	50.74	5.29	127.81	2.98	3.31	7.66	0.96	103.70	1.23	543.18	1.19	5.71	49.80	4.83	13.45	3.12	0.54	0.23	0.45	0.34	0.22	0.26	0.17	0.26	0.23	1.90
范围		33.10	408.74	11.68	30.82	270.1	28.50	740.59	14.35	18.00	30.57	4.27	475.45	5.76	2880.31	4.85	25.14	239.83	26.09	60.11	14.53	2.58	1.19	1.89	1.42	1.08	1.33	0.76	1.16	1.15	8.71
最小值		4.36	106.85	2.86	2.91	26.47	6.01	25.79	2.28	3.50	0.00	0.33	41.65	0.90	133.16	0.25	0.00	42.39	1.61	4.60	1.33	0.14	0.00	0.19	0.07	0.05	0.21	0.00	0.00	0.00	0.11
最大值		37.46	515.59	14.55	33.72	296.66	34.51	766.38	16.64	21.50	30.57	4.60	517.10	6.66	3013.47	5.10	25.14	282.22	27.70	64.71	15.87	2.72	1.19	2.08	1.48	1.13	1.54	0.76	1.16	1.15	8.82
频数累计百分比	10	17.57	304.65	6.45	10.10	90.03	20.06	55.44	6.82	12.78	0.91	0.72	158.85	2.09	544.12	1.04	0.00	128.99	3.99	10.68	3.26	0.60	0.043	0.52	0.26	0.07	0.28	0	0	0	0.39
	20	18.84	367.35	6.84	10.56	100.11	21.90	66.47	7.91	14.23	4.25	0.90	173.24	2.59	626.69	1.28	0.31	148.17	4.70	13.90	4.11	0.75	0.08	0.70	0.34	0.11	0.44	0.03	0.12	0.12	0.57
	25	19.25	377.92	6.99	10.75	105.47	23.16	68.71	8.14	14.73	5.83	1.14	175.52	2.64	686.00	1.40	2.52	150.09	4.91	14.99	4.59	0.90	0.11	0.71	0.35	0.11	0.46	0.01	0.05	0.16	0.63
	30	19.78	383.1	7.17	11.08	114.51	23.76	69.94	8.82	15.37	7.671	1.24	185.75	2.73	732.47	1.41	3.14	153.89	5.25	16.25	4.91	1.02	0.14	0.74	0.38	0.12	0.53	0.02	0.06	0.20	0.71
	40	20.51	395.30	7.51	12.30	123.68	24.36	72.06	9.71	16.54	8.68	1.31	191.5	3.11	805.32	1.63	3.39	166.80	5.61	17.78	5.067	1.15	0.18	0.82	0.54	0.13	0.60	0.02	0.10	0.23	0.88
	50	21.57	412.83	7.68	12.77	128.54	24.90	74.61	10.60	17.02	10.30	1.68	202.71	3.29	862.00	1.95	4.69	176.57	5.78	19.44	5.40	1.20	0.21	0.93	0.64	0.15	0.67	0.04	0.16	0.26	0.97
	60	22.30	421.53	8.21	13.423	134.68	26.08	82.05	10.83	17.59	12.71	1.79	229.90	3.83	987.71	2.41	6.55	184.58	6.55	23.15	5.97	1.30	0.24	1.05	0.75	0.19	0.71	0.05	0.22	0.27	1.05
	70	23.85	429.53	9.09	14.51	147.0	26.9	90.241	12.31	18.05	17.01	1.90	240.32	4.10	1084.0	2.57	7.50	200.99	7.35	24.85	6.63	1.40	0.27	1.27	0.84	0.22	0.75	0.07	0.41	0.39	1.34
	75	24.28	433.59	9.88	16.53	148.37	27.47	95.40	12.48	18.24	17.41	2.24	249.82	4.23	1143.7	2.74	9.50	210.55	7.88	31.57	7.07	1.46	0.28	1.43	0.87	0.24	0.77	0.10	0.43	0.41	1.56
	80	24.61	463.1	10.19	20.92	170.6	28.95	104.60	12.59	18.81	17.85	2.35	263.41	4.39	1321.0	2.92	11.03	217.96	9.44	32.54	7.37	1.61	0.33	1.46	0.94	0.25	0.81	0.13	0.45	0.46	1.84
	90	27.93	473.07	11.14	25.21	214.89	32.05	135.29	14.02	19.21	22.39	3.03	427.59	5.38	1403.2	4.29	13.03	250.0	14.22	41.12	11.45	1.98	0.46	1.58	1.20	0.35	0.92	0.24	0.56	0.52	3.69

*元素单位为 mg/kg，其余均为 μg/kg

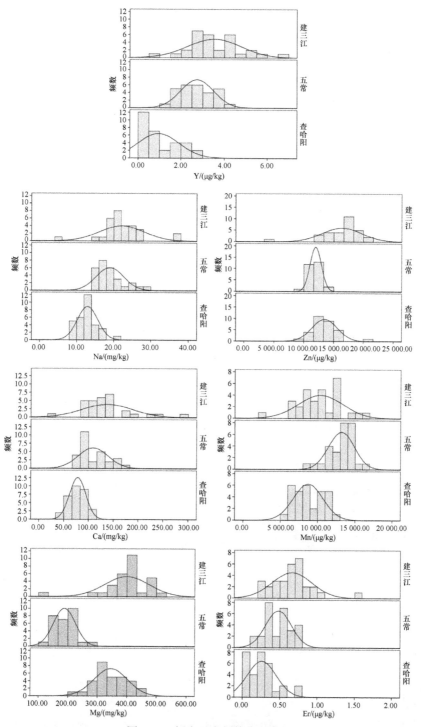

图 26-1 粳米元素频数分布直方图

表26-8 不同地域间粳米样品元素的相关系数

	Na	Mg	Al	Ca	V	Cr	Mn	Co	Zn	Sc	Rb	Sr	Y	Mo	Ag	Te	Ba	La	Ce	Nd	Sm	Eu	Gd	Dy	Ho	Er	Tm	Yb	Tl	U
Na	1	0.161	-0.063	0.863**	-0.015	0.213*	0.366**	0.554**	0.377**	0.346**	0.375**	0.671**	0.753**	0.480**	-0.130	0.354**	0.449**	0.301**	0.418**	0.428**	0.381**	0.302**	0.478**	0.465**	0.357**	0.663**	0.001	-0.047	0.283*	0.329**
Mg		1	-0.193	0.231*	0.300**	0.074	-0.266**	0.417**	0.661**	0.175	0.013	0.456**	0.077	0.542**	0.114	-0.097	0.117	0.068	0.136	0.075	0.268**	0.182	0.115	0.332**	0.202	0.154	0.233*	0.314**	0.360**	0.373**
Al			1	-0.095	0.156	0.127	0.168	-0.144	-0.141	0.024	-0.113	-0.107	-0.047	-0.101	0.129	0.061	-0.010	-0.025	-0.044	-0.023	0.046	0.033	-0.003	0.005	-0.059	-0.058	0.080	-0.031	-0.108	-0.066
Ca				1	0.085	0.157	0.271*	0.477**	0.439**	0.329**	0.240*	0.717**	0.715**	0.404**	-0.174	0.227*	0.454**	2.276**	0.416**	0.395**	0.353**	0.133	0.448**	0.418**	0.196	0.556**	-0.115	-0.033	0.206	0.196
V					1	0.020	-0.025	0.092	0.120	-0.097	-0.235*	0.104	-0.021	0.062	0.075	-0.139	0.135	0.165	0.157	0.102	0.196	0.081	0.147	0.105	0.076	0.045	0.217*	0.255*	0.075	0.080
Cr						1	0.145	0.113	0.167	-0.062	0.227*	0.076	0.212*	0.194	-0.179	0.159	0.280**	0.093	0.125	0.145	0.055	0.057	0.065	0.049	-0.004	0.222*	-0.122	-0.063	-0.007	0.007
Mn							1	-0.083	0.061	0.289**	0.385**	0.045	0.348**	0.049	-0.026	0.143	0.168	0.071	0.087	0.073	0.047	0.081	0.144	-0.028	0.034	0.250*	-0.103	-0.0231*	-0.038	-0.085
Co								1	0.364**	0.251*	0.0250*	0.295**	0.491**	0.231*	-0.077	0.130	0.386**	0.247*	0.357**	0.285**	0.369**	0.137	0.292**	0.394**	0.215*	0.459**	-0.085	0.013	0.207	0.107
Zn									1	0.0351*	0.157	0.548**	0.330**	0.529**	0.111	0.048	0.295**	0.099	0.172	0.190	0.201	0.125	0.252*	0.265*	0.167	0.258*	0.060	0.086	0.285**	0.286**
Sc										1	0.148	0.352*	0.307*	0.334**	-0.028	0.313**	0.302**	0.006	0.052	0.096	0.037	0.050	0.023	0.177	0.068	0.197	-0.096	-0.0213*	0.214*	0.052
Rb											1	0.100	0.398**	0.100	-0.029	0.158	0.115	0.142	0.176	0.180	0.017	0.050	0.235*	-0.015	0.028	0.376**	-0.273*	-0.090	-0.034	-0.104
Sr												1	0.403**	0.696**	0.023	0.202	0.313**	0.238**	0.238**	0.327**	0.299**	0.238*	0.372**	0.473**	0.333**	0.353**	0.198	0.142	0.487**	0.514**
Y													1	0.335**	-0.245*	0.281*	0.486**	0.517**	0.663**	0.646**	0.433**	0.259*	0.679**	0.479**	0.226*	0.707**	-0.180	-0.095	0.087	0.032
Mo														1	0.120	0.256*	0.227*	0.119	0.128	0.230*	0.217	0.368**	0.224*	0.0389*	0.364**	0.336**	0.310*	0.141	0.517**	0.562**
Ag															1	-0.024	-0.221*	-0.104	-0.0236*	-0.139	-0.011	0.171	-0.105	-0.035	0.110	-0.161	0.300*	0.219*	0.265*	0.198
Te																1	0.208	0.061	0.052	0.135	0.107	0.301**	0.103	0.248*	0.344**	0.372**	0.048	-0.020	0.164	0.273**
Ba																	1	0.245*	0.432**	0.397**	0.199	0.037	0.387**	0.330**	-0.009	0.359**	-0.208	-0.198	-0.021	-0.110
La																		1	0.792**	0.911**	0.615**	0.267*	0.742**	0.449**	0.096	0.364**	-0.051	0.060	0.051	0.009
Ce																			1	0.797**	0.535**	0.201	0.732**	0.488**	0.109	0.464**	-0.151	-0.052	-0.038	-0.060
Nd																				1	0.625**	0.268*	0.809**	0.516**	0.148	0.467**	-0.082	0.004	0.071	0.032
Sm																					1	0.345**	0.597**	0.479**	0.419**	0.453**	0.259*	0.310**	0.308**	0.293**

续表

	Na	Mg	Al	Ca	V	Cr	Mn	Co	Zn	Sc	Rb	Sr	Y	Mo	Ag	Tc	Ba	La	Ce	Nd	Sm	Eu	Gd	Dy	Ho	Er	Tm	Yb	Tl	U
Eu																						1	0.380*	0.564**	0.777**	0.518**	0.677**	0.461**	0.576**	0.676**
Gd																							1	0.529**	0.346**	0.564**	0.159	0.196	0.251*	0.166
Dy																								1	0.535**	0.553**	0.375**	0.288**	0.432**	0.472**
Ho																									1	0.547**	0.776**	0.565**	0.747**	0.822**
Er																										1	0.214	0.207	0.329**	0.357**
Tm																											1	0.718**	0.718**	0.796**
Yb																												1	0.507**	0.550**
Tl																													1	0.794**
U																														1

*在置信度（双侧）为 0.05 时，相关性是显著的；**在置信度（双侧）为 0.01 时，相关性是极显著的

括 Ca、Mn、Co、Zn、Se、Rb、Sr、Y、Mo、Te、Ba、La、Ce、Nd、Sm、Eu、Gd、Dy、Ho、Er、Tl 和 U 间都具有极显著正相关性（$P<0.01$），表明 Na 元素与它们具有协同作用，Mg 元素与 V、Co、Zn、Sr、Mo、Dy、Yb、Tl 和 U 元素间都具有极显著正相关性（$P<0.01$），与 Mn 元素有显著负相关性（$P<0.05$）。Ca 元素与 Co、Zn、Se、Sr、Y、Mo、Ba、La、Ce、Nd、Sm、Gd、Dy 和 Er 元素间都具有极显著正相关性（$P<0.01$）。Mn 元素与 Se、Rb、Y 具有极显著正相关性（$P<0.01$）。Zn 元素与 Na、Mg、Ca、Co、Se、Sr、Y、Mo、Ba、Tl 和 U 元素间都具有极显著正相关性（$P<0.01$）。Er 元素与 Na、Ca、Co、Rb、Sr、Y、Mo、Te、Ba、Ce、Nd、Sm、Eu、Gd、Dy、Ho、Tl 和 U 元素间都具有极显著正相关性（$P<0.01$）。粳米中微量元素含量相关性可能取决于生态环境、元素在植物体内的分布及运转状况等原因，导致微量元素本身之间协同或拮抗作用的原因复杂，有待于进一步研究。

26.6　粳米样品中矿物元素含量主成分分析

对 2012 年黑龙江省三个地域间含量存在显著差异的 8 种元素进行主成分分析，见表 26-9，结果表明前两个主成分的累计方差贡献率约为 66.2%。从主成分特征向量（表 26-10）中可看出，第一主成分主要综合了 Cu、Zn、As、Co 4 种元素含量信息；第二主成分主要综合了 Mn、Mg、Rh 3 种元素含量信息。

表 26-9　2012 年大米主成分分析特征向量及方差贡献率

组成	提取平方和			旋转平方和		
	总计	方差贡献率/%	累计/%	总计	方差贡献率/%	累计/%
1	3.641	45.514	45.514	3.63	45.37	45.37
2	1.658	20.719	66.234	1.669	20.864	66.234

表 26-10　主成分特征向量

元素	组成	
	1	2
Cu	0.88	−0.42
Zn	0.87	0.19
As	0.863	0.2
Co	0.805	−0.274
Se	0.39	0.125
Mn	0.162	0.833
Mg	0.541	−0.706
Rh	0.484	0.556

对 2013 年粳米样品在不同地域间含量存在显著差异的 30 种元素进行主成分分析，见表 26-11，结果表明前 7 个主成分的累计方差贡献率为 73.170%。从主成分的特征向量（表 26-12）中可以看出，第 1 主成分主要综合了粳米样品的 Na、Ca、Sr、Cr、Gd、Mo、Ho、Dy、Zn、Co、Y、Ba、Ce、Nd、Sm 和 Er 16 种元素含量信息，第 2 主成分主要综合了样品中 Yb、Tm、Tl、U 的含量信息，第 3 主成分主要综合了 La、Se 的含量信息，第 4 主成分主要表示了 Mn、Mg 的含量信息，第 5 主成分主要表示了 Al、V 的含量信息，第 6 主成分主要表示了 Cr 的含量信息。第 7 主成分主要表示了 Rb、Ag 的含量信息。

表 26-11　2013 年粳米主成分分析特征向量及方差贡献率

组成初始特征值	总计	方差贡献率/%	累计/%	提取平方和		
				总计	方差贡献率/%	累计/%
1	8.725	29.082	29.082	8.725	29.082	29.082
2	4.682	15.607	44.689	4.682	15.607	44.689
3	2.714	9.047	53.736	2.714	9.047	53.736
4	2.108	7.027	60.763	2.108	7.027	60.763
5	1.360	4.532	65.296	1.360	4.532	65.296
6	1.191	3.971	69.267	1.191	3.971	69.267
7	1.171	3.903	73.170	1.171	3.903	73.170

表 26-12　主成分特征向量

元素	组成						
	1	2	3	4	5	6	7
Na	0.784	−0.257	0.318	0.172	−0.013	−0.002	−0.015
Er	0.777	−0.092	−0.018	0.302	−0.125	0.215	−0.006
Dy	0.751	0.133	−0.175	−0.022	−0.018	−0.079	−0.253
Y	0.751	−0.496	0.018	0.152	−0.052	−0.002	0.034
Gd	0.739	−0.228	−0.439	−0.001	0.000	−0.082	0.140
Ca	0.709	−0.315	0.321	−0.049	0.023	−0.038	−0.064
Sr	0.700	0.089	0.380	−0.231	0.073	−0.191	−0.046
Nd	0.671	−0.405	−0.469	−0.085	0.010	−0.161	0.049
Sm	0.653	−0.001	−0.415	−0.107	0.052	−0.050	0.047
Ho	0.622	0.607	−0.084	0.321	−0.123	0.062	−0.069

元素	组成						
	1	2	3	4	5	6	7
Mo	0.615	0.240	0.420	−0.164	0.098	−0.047	0.028
Y	0.751	−0.496	0.018	0.152	−0.052	−0.002	0.034
Gd	0.739	−0.228	−0.439	−0.001	0.000	−0.082	0.140
Ce	0.614	−0.477	−0.444	−0.145	−0.026	−0.047	−0.004
Eu	0.598	0.487	−0.198	0.334	−0.002	0.044	0.005
Co	0.553	−0.194	0.168	−0.251	−0.216	0.170	−0.066
Zn	0.512	0.029	0.441	−0.443	0.095	0.041	0.230
Ba	0.461	−0.449	0.142	−0.110	0.200	0.121	−0.309
Tm	0.319	0.870	−0.188	0.123	0.094	0.018	−0.011
U	0.546	0.742	0.105	0.110	−0.053	0.007	−0.073
Yb	0.284	0.675	−0.291	−0.065	−0.065	0.207	0.134
Tl	0.550	0.657	0.124	0.053	−0.050	−0.090	0.040
La	0.574	−0.350	−0.583	−0.116	0.010	−0.165	0.123
Se	0.316	−0.152	0.537	0.064	0.166	−0.428	−0.107
Mg	0.424	0.288	0.253	−0.671	−0.020	0.160	0.121
Mn	0.176	−0.307	0.206	0.528	0.358	−0.059	0.358
Te	0.348	−0.003	0.232	0.496	0.019	−0.037	−0.335
Al	−0.080	0.000	−0.147	0.240	0.764	0.037	−0.069
V	0.158	0.140	−0.238	−0.404	0.526	0.214	−0.039
Cr	0.199	−0.209	0.132	0.096	0.212	0.738	−0.009
Rb	0.258	−0.355	0.233	0.310	−0.240	0.224	0.594
Ag	−0.048	0.430	0.046	−0.043	0.270	−0.276	0.502

注：提取了 7 个成分

利用第 1、2、3 主成分的标准化得分作图。从图 26-2 中可以看出，虽然不同地域的样品间相互有交叉，但大多数样品可被正确区分。图中样品的分布区域与元素含量差异分析的规律一致。第 1、2 主成分主要综合了粳米样品中 Na、Ca、Sr、Cr、Gd、Mo、Ho、Dy、Zn、Co、Y、Ba、Ce、Nd、Sm、Er、Yb、Tm、Tl 和 U 等的含量信息，建三江样品的 Na、Ca、Cr、Sr 和 Co 含量在三个地域中均表现最高，其 1、2 主成分得分较高；第 3 主成分主要综合了粳米样品中 La、Se 含量信息，查哈阳样品的 La、Se 含量最低，第 3 主成分得分较低。可见，主成分分析可以把样品中多种元素的信息通过综合的方式更直观地表现出来。

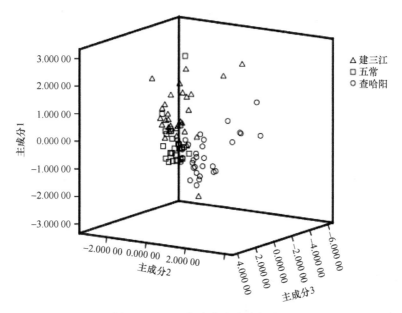

图 26-2　2013 年大米主成分得分图

26.7　不同地域粳米中矿物元素含量判别分析

通过不同地域来源的粳米样品各元素含量的方差分析和主成分分析结果可知，利用矿物元素指纹分析判别粳米产地是可行的。为了进一步了解各元素含量指标对粳米产地的判别结果，对不同地域有显著差异的元素进行 Fisher 判别分析，建立判别模型。样本被随机分成两组，2/3 样本用作训练集建立模型；1/3 的样本用作测试集验证模型有效性。结果显示，对于 2012 年粳米样本，Mg、Co、As、Se、Mn 和 Cu 6 种元素被引入判别模型中，得到判别模型如下：

建三江= 0.297Mg−0.056Co−0.01As+0.125Se−20.275

五常= 0.148Mg+0.02Mn−0.163Co+0.01Cu−0.01As+0.02Se−18.861

查哈阳= 0.247Mg+0.01Mn−0.222Co+0.01Cu−0.01As+0.05Se−16.674

利用此判别模型判别测试样品，结果对建三江、五常、查哈阳粳米正确判别率分别为 96.8%、92.3%、50%（表 26-13），整体判别率 90%，交叉判别率 80%。

对于 2013 年粳米样品，Mg、V、Mn、Y、Mo、Te、Er 和 Tm 8 种元素被引入判别模型中。判别模型如下：

建三江= $0.088X_1$（Mg）$+0.029X_2$（V）$+0.001X_3$（Mn）$+1.502X_4$（Y）
$+0.003X_5$（Mo）$+0.438X_6$（Te）$+9.012X_7$（Er）$-13.268 X_8$（Tm）-32.064

五常= $0.006X_1$（Mg）$+0.312X_2$（V）$+0.002X_3$（Mn）$+0.75X_4$（Y）
$-0.01X_5$（Mo）$+0.551X_6$（Te）$+6.12X_7$（Er）$-15.284X_8$（Tm）-25.265

表 26-13　2012 年大米样品判别分析结果

项目		地域编码	预测组成员			总计
			建三江	五常	齐齐哈尔	
初始	计数	建三江	30	0	1	31
		五常	1	12	0	13
		齐齐哈尔	3	0	3	6
			9	2	1	12
	比例/%	建三江	96.8	0	3.2	100.0
		五常	7.7	92.3	0	100.0
		齐齐哈尔	50.0	0	50.0	100.0
			75.0	16.7	8.3	100.0
交叉验证	计数	建三江	28	0	3	31
		五常	2	10	1	13
		齐齐哈尔	4	0	2	6
	比例/%	建三江	90.3	0	9.7	100.0
		五常	15.4	76.9	7.7	100.0
		齐齐哈尔	66.7	0	33.3	100.0

注：已对初始分组案例中的 90.0% 进行了正确分类；仅对分析中的案例进行交叉验证。在交叉验证中，每个案例都是按照由该案例以外的所有其他案例派生的函数来分类的；已对交叉验证分组案例中的 80.0% 进行了正确分类

$$
查哈阳 = 0.079X_1（Mg）+0.608X_2（V）+0.001X_3（Mn）-0.73X_4（Y）
$$
$$
-0.005X_5（Mo）+0.11X_6（Te）-7.394X_7（Er）+12.567X_8（Tm）-25.568
$$

利用此判别模型对样品进行归类（表 26-14），并结合对交叉验证检验，交叉验证检验产地正确判别率为 84.3%。

表 26-14　2013 年粳米样品判别分析结果

项目		地域编码	预测组成员			合计
			建三江	五常	查哈阳	
初始	计数	建三江	25	2	3	30
		五常	1	25	2	28
		查哈阳	0	3	28	31
	比例/%	建三江	83.3	6.7	10.0	100.0
		五常	3.6	89.3	7.1	100.0
		查哈阳	0.0	9.7	90.3	100.0
交叉验证	计数	建三江	23	4	3	30
		五常	1	25	2	28
		查哈阳	0	4	27	31
	比例/%	建三江	76.7	13.3	10.0	100.0
		五常	3.6	89.3	7.1	100.0
		查哈阳	0.0	12.9	87.1	100.0

注：已对初始分组案例中的 87.6% 进行了正确分类。仅对分析中的案例进行交叉验证。在交叉验证中，每个案例都是按照从该案例以外的所有其他案例派生的函数来分类的。已对交叉验证分组案例中的 84.3% 进行了正确分类

26.8　小　　结

分别利用两年样品判别函数得分作图，由图 26-3、图 26-4 可见，不同地域的样品空间分布不同。说明矿物元素产地溯源技术对粳米产地判别效果较好，是一种可用于地理标志粳米原产地保护的有效方法。

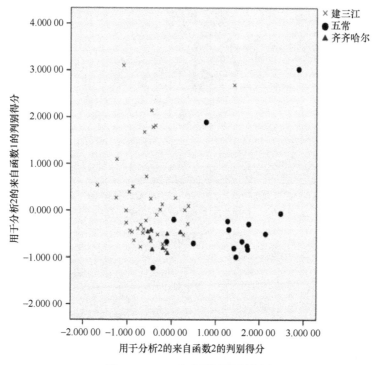

图 26-3　2012 年判别函数得分图

利用矿物元素产地溯源判别技术可以区分黑龙江省不同地域来源的粳米，且不同地域间粳米样品的元素含量有其各自的特征。这些元素含量的差异主要是源于地域的差异还是由品种因素导致的差异，相同地域的特征指纹是否会随着品种的变化而改变尚不清楚。通过对黑龙江省不同地理标志粳米样品的矿物元素含量进行分析，结果可知，溯源指标的筛选不仅与地域有关，还受品种和溯源范围的影响，通过对两年粳米样品中不同地域元素含量差异显著的元素进行逐步判别分析发现，用于建立粳米产地判别模型的指标与分析的元素紧密相关；选择恰当的元素建立判别模型可提高产地的正确判别率。矿物元素产地溯源的关键是筛选与地域密切相关的元素作为产地判别信息。因此在上述理论研究基础上还需进一步研究地域和品种对粳米矿物元素含量变异的影响。

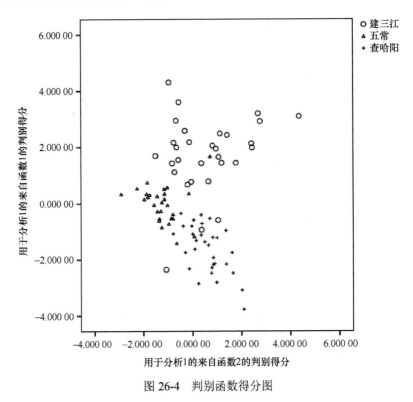

图 26-4 判别函数得分图

第 27 章　地域、品种和加工精度对粳米矿物元素指纹信息的影响

粳米中矿物元素的含量不仅与其生长的环境（如水、大气或土壤）密切相关，矿物元素的含量与植物自身的累积程度也往往呈一定的相关性，这导致不同品种的粳米在矿物元素的含量上会存在差异。并且由于在产业链中，农产品经过不同的加工，矿物元素也会存在差异，因此，分析加工精度和基因型对农产品中矿物元素指纹信息的影响，解析各因素对农产品矿物元素含量变异的贡献率，是阐释农产品矿物元素指纹信息成因及其稳定性的关键研究内容。目前，国内外学者对地域、品种、年际等因素对农产品中矿物元素含量影响研究的主要目的是筛选可以富集营养元素的品种，研究的元素种类有限。以产地溯源为目的，对基因型和加工精度对水稻籽粒农产品矿物元素含量影响的研究尚未见报道；对于农产品矿物元素指纹信息成因及其稳定性尚不清楚；筛选出受品种、加工等因素影响较小的元素，结合筛选与地域密切相关的元素作为产地溯源的指纹信息。

27.1　水稻田间试验模型的构建

2013 年在五常、建三江和查哈阳农场示范园区构建田间试验模型。每个试验站种植我省主栽品种 8 个（'绥粳 4 号''龙粳 21''龙粳 30''农大 9129''垦稻 08-2551''龙粳 31''空育 131''五优稻 4 号'），采用三次重复随机区组设计，小区面积 10m²。考虑不同生态条件对试验结果的影响，种植期间记录种植地理位置经纬度、日照时数、年平均温度、降雨量等。种植过程采用适宜统一农事管理方式，播种时间以当地播种时间为准。

27.2　样品的采集与预处理

在收获期内，对三个试验站的不同品种稻谷采用三点随机取样的方式进行收割，对稻谷样品进行编号，晾晒，收获籽粒，装入尼龙网兜置于阴凉通风处。在实验室统一完成稻米挑选、脱壳、砻谷、碾米过程。

加工试验以同一地域采集的'绥粳 4 号''龙粳 31'和'龙粳 40'为研究对

象，从采集的三种样品中挑出石子、杂草等，将稻谷先用出糙机除去稻壳，将糙米用 117mm×20mm 分样筛进行筛选，除去未成熟粒，再用人工手选出病虫害粒，得到净糙米，将糙米用碾米机参照国标 GB/T 1354—1986 碾白，分别收集预测的特等米、标一米、标二米、标三米共 4 个等级。

不同加工精度等级的判定：参照 GB/T 5502—2008 利用大米各不同组织成分对各染色基团分子的亲和力不同，经染色处理后，米粒各组织呈现不同颜色，从而判定粳米加工精度。将确定的 4 个不同等级的粳米样品经超细粉碎机粉碎后装入自封袋中备用。

27.3　样品的制备及指标的测定

将粳米用去离子水快速冲洗，除去粳米表面及加工过程引入的外来离子，放入烘箱干燥，旋风磨磨粉，待测。剔除土壤样品中的杂物，风干后粉碎分级，备用。准确称取一定质量的样品，置于消化管中加入一定量的酸，放入微波消解仪中进行消解。消解后得到的样品液用去离子水洗出，定容，用高分辨率电感耦合等离子体质谱仪（ICP-MS）测定样品中 Na、Mg、Al、K、Ca、V、Cr、Mn、Fe、Co、Ni、Cu、Zn、As、Se、Rb、Sr、Y、Mo、Rh、Ag、Cd、Sb、Te、Ba、La、Ce、Pr、Nd、Sm、Eu、Gd、Tb、Dy、Ho、Er、Tm、Yb、Pt、Tl、Pb 和 U 元素含量。外标法进行定量分析，选择内标元素，采用内标法保证仪器的稳定性。用 SPSS 20.0 软件对数据进行单因素方差分析、多因素方差分析。

27.4　不同加工精度粳米中矿物元素指纹信息特征分析

三个不同品种 5 个等级粳米样品中矿物元素含量的平均值和标准偏差如表 27-1～表 27-3（不同加工精度矿物元素含量）所示，对不同加工精度的粳米样品中矿物元素含量进行方差分析。结果显示，'绥粳 4 号'粳米样品中元素 Na、Mg、Al、K、Ca、Cr、Mn、Fe、Co、Cu、Zn、Rb 和 Ba 的含量在不同加工精度间存在显著差异（$P<0.05$），元素 Ni、Se、Mo、Ag、Sr、Cs、Lu、Pt 和 U 的含量在不同加工精度间差异不显著；'龙粳 31'粳米样品元素 Na、Mg、Al、K、Ca、Cr、Mn、Fe、Co、Cu、Zn、Rb、Sr 和 Ba 的含量在不同加工精度间存在显著差异（$P<0.05$），元素 V、Ni、Se、Mo、Ag、Lu、Pt 和 U 的含量在不同加工精度间差异不显著；'龙粳 40'粳米样品元素 Na、Mg、Al、K、Ca、V、Cr、Mn、Fe、Co、Cu、Zn、Rb、Sr、Mo、Cs 和 Ba 的含量在不同加工精度间存在显著差异（$P<0.05$），元素 Se、Ni、Ag、Lu、Pt 和 U 的含量在不同加工精度间差异不显著；不同加工

精度粳米样品中元素含量有相同的特征，Na、Mg、K、Ca、Fe、Zn 平均含量最高；Se、Ag、Cs、Pt、U 平均含量最低。通过比较可以看出，加工精度对 Na、Mg、Al、K、Ca、Cr、Mn、Fe、Co、Cu、Zn、Rb、Sr 和 Ba 14 种元素影响显著，在三个品种不同加工精度间均存在显著性差异。此结果说明，加工精度会对粳米中矿物元素指纹信息产生影响。

表 27-1　'绥粳 4 号'不同加工精度矿物元素含量

元素	糙米	四级	三级	二级	一级
Na	1.04±0.13a	0.66±0.007b	0.46±0.007c	0.36±0.03c	0.23±0.035d
Mg	14.44±0.777a	4.855±0.127b	3.32±0.127c	1.805±0.049d	1.345±0.07d
Al*	61.235±1.12a	45.06±1.49b	35.51±2.22c	29.795±0.64d	24.265±1.98e
K	35.03±1.173a	16.17±0.56b	13.34±0.39c	10.035±0.205d	9.36±0.035d
Ca	1.61±0.35a	0.87±0.049b	0.83±0.042b	0.80±0.18b	0.78±0.042b
V*	0.36±0.028a	0.32±0.028ab	0.28±0.028ab	0.265±0.035b	0.265±0.049b
Cr*	11.145±0.403a	9.54±0.007b	7.335±0.19c	5.75±0.056d	4.08±0.02e
Mn*	418.33±11.57a	142.78±3.77b	118.56±2.4c	103.03±2.43d	95.48±2.72d
Fe	0.235±0.02a	0.18±0.007ab	0.15±0.007bc	0.12±0.035bc	0.08±0.042c
Co*	0.19±0.028a	0.075±0.007b	0.07±0.00b	0.07±0.007b	0.065±0.007b
Ni*	4.285±0.516a	4.225±0.021a	4.345±0.27a	4.715±0.968a	4.85±2.093a
Cu*	32.05±0.226a	29.744±0.162b	29.585±0.205b	28.284±0.417c	24.91±0.735d
Zn*	223.91±9.50a	178.39±0.332b	168.05±1.39bc	164.24±2.01cd	153.269±0.82d
Se*	0.075±0.007a	0.07±0.028a	0.125±0.021a	0.055±0.049a	0.04±0.056a
Rb*	47.595±1.12a	22.305±0.53b	17.305±0.43c	15.845±1.54c	13.065±0.07d
Sr*	6.725±0.77a	2.83±0.22b	1.665±0.26c	1.42±0.39c	1.23±0.00c
Mo*	6.19±0.084a	6.58±0.31a	6.55±0.028a	6.27±0.19a	6.51±0.197a
Ag*	0.045±0.007a	0.025±0.007a	0.035±0.007a	0.045±0.02a	0.03±0.014a
Cs*	0.02±0.021a	0.02±0.001a	0.015±0.007a	0.015±0.007a	0.01±0.007a
Ba*	3.21±0.21a	1.045±0.40b	0.865±0.34b	0.774±0.12b	0.645±0.19b
Lu*	13.04±0.26a	13.165±0.14a	12.77±0.16a	6.415±9.07a	6.86±9.701a
Pt*	0.01±0.007a	0.01±0.007a	0.015±0.007a	0.02±0.014a	0.025±0.007a
U*	0.005±0.007a	0.00±0.021a	0.005±0.007a	0.01±0.007a	0.005±0.007a

注：表中的数值用平均值±标准差表示，同行不同小写字母表示有显著性差异（$P < 0.05$），*表示元素单位为 μg/g，其余为 mg/g

表 27-2 '龙粳 31' 不同加工精度矿物元素含量

元素	糙米	四级	三级	二级	一级
Na	0.72±0.127a	0.425±0.007b	0.245±.0495c	0.05±0.007d	0.23±0.014c
Mg	14.625±0.488a	4.965±0.162b	2.845±0.0919c	1.255±0.354d	0.855±0.07d
Al*	59.57±12.841a	40.9±1.371b	17.78±7.071c	11.845±0.12c	9.93±1.301c
K	33.665±.6434a	15.12±0.417b	10.845±0.289c	7.735±0.007d	6.685±.0495e
Ca	1.445±0.134a	1.085±0.148b	0.95±0.028bc	0.795±0.106c	0.465±0.035d
V*	0.27±0.007a	0.265±0.021a	0.265±0.007a	0.265±0.007a	0.245±0.007a
Cr*	9.2±0.042a	8.865±0.049b	7.975±0.162c	7.065±0.134d	5.01±0.07e
Mn*	527.23±0.001a	161.58±0.007b	140.54±0.007c	125.16±0.007d	124.53±2.842d
Fe	0.18±0.035a	0.145±0.035ab	0.95±0.035bc	0.7±0.070c	0.9±0.007bc
Co*	0.15±0.014a	0.085±0.021b	0.075±0.007b	0.075±0.007b	0.075±0.021b
Ni*	3.56±0.523a	2.675±0.162a	2.22±0.113a	2.71±0.933a	2.65±0.466a
Cu*	38.065±0.261a	35.49±0.353b	34.05±0.834c	32.64±0.289d	31.72±0.388d
Zn*	196.625±1.43a	168.95±2.10b	163.105±6.86c	158.125±2.55c	153.345±2.84c
Se*	0.03±0.021a	0.02±0.021a	0.03±0.028a	0.04±0.070a	0.015±0.021a
Rb*	151.27±0.64a	72.00±0.53b	51.95±0.84c	36.94±0.46d	29.81±1.46e
Sr*	4.54±0.12a	3.10±0.43b	1.58±0.226c	1.86±0.49c	1.53±0.45c
Mo*	5.21±0.06a	5.36±0.15a	5.33±0.03a	5.19±0.07a	4.82±0.57a
Ag*	0.02±0.021a	0.01±0.01a	0.01±0.007a	0.01±0.007a	0.02±0.02a
Cs*	0.12±0.042a	0.055±0.021b	0.045±0.007b	0.045±0.007b	0.045±0.007b
Ba*	2.235±0.007a	1.20±0.749b	0.98±0.431b	0.55±0.035b	0.45±0.014b
Lu*	9.51±0.141a	10.26±2.432a	8.17±0.268a	9.65±0.622a	10.45±0.61a
Pt*	0.04±0.014a	0.035±0.035a	0.02±0.021a	0.03±0.035a	0.04±0.056a
U*	0.005±0.007a	0.005±0.007a	0.015±0.021a	0.01±0.014a	0.01±0.014a

注：表中的数值用平均值±标准差表示，同行不同小写字母表示有显著性差异（$P<0.05$），*表示元素单位为 μg/g，其余为 mg/g

表 27-3 '龙粳 40' 不同加工精度矿物元素含量

元素	糙米	四级	三级	二级	一级
Na	0.69±0.063a	0.55±0.077ab	0.415±0.007c	0.31±0.07cd	0.18±0.049d
Mg	12.94±0.57a	4.60±0.26b	2.8±0.14c	2.195±0.12d	1.72±0.09d
Al*	49.26±0.97a	37.71±0.39b	33.68±2.22b	25.29±0.45c	20.32±3.02d
K	35.67±1.513a	16.225±0.954b	12.775±0.77c	11.29±0.63d	10.11±0.69d
Ca	1.68±0.141a	1.145±0.148b	0.915±0.077c	0.765±0.02c	0.679±0.028c
V*	0.315±0.04a	0.31±0.01ab	0.29±0.01ab	0.28±0.007ab	0.25±0.07b
Cr*	12.33±0.56a	9.025±0.162b	8.66±0.056b	8.2±0.028b	5.285±0.007c
Mn*	610.48±22.85a	169.79±7.22b	146.05±5.33bc	138.165±0.53c	126.28±3.12c

续表

元素	糙米	四级	三级	二级	一级
Fe	0.265±0.077a	0.105±0.049b	0.084±0.007b	0.075±0.014b	0.069±0.007b
Co*	0.14±0.01a	0.075±0.007b	0.065±0.007bc	0.065±0.007bc	0.055±0.007c
Ni*	4.24±0.091a	2.54±0.197a	3.67±1.583a	3.3±0.24a	3.84±0.459a
Cu*	33.545±1.56a	29.61±0.11b	28.46±0.49bc	27.45±0.53cd	25.985±0.007d
Zn*	172.38±0.82a	156.12±8.77b	136.55±4.7c	129.7±1.3cd	123.37±1.16d
Se*	0.04±0.056a	0.025±0.021a	0.06±0.07a	0.065±0.049a	0.03±0.042a
Rb*	129.54±3.81a	49.92±1.45b	41.655±1.33c	35.235±0.79d	32.16±0.49d
Sr*	5.39±0.098a	2.52±0.24b	2.37±0.452b	2.145±0.57b	2.005±0.912b
Mo*	5.67±0.22ab	5.50±0.07bc	5.43±0.19b	5.3±0.19bc	5.13±0.01c
Ag*	0.015±0.007a	0.01±0.00a	0.005±0.007a	0.01±0.007a	0.01±0.01a
Cs*	0.045±0.007ab	0.04±0.001bc	0.038±0.007bc	0.035±0.007bc	0.03±0.01c
Ba*	5.76±0.042a	1.965±0.077b	1.744±1.08b	0.915±0.077b	0.845±0.247b
Lu*	13.985±1.251a	12.71±1.32a	14.434±1.27a	12.77±0.12a	11.725±0.586a
Pt*	0.025±0.007a	0.08±0.084a	0.025±0.007a	0.02±0.021a	0.03±0.007a
U*	0.005±0.007a	0.00±0.01a	0.015±0.02a	0.005±0.007a	0.01±0.007a

注：表中的数值用平均值±标准差表示，同行不同小写字母表示有显著性差异（$P<0.05$），*表示元素单位为 µg/g，其余为 mg/g

27.5　不同品种粳米中矿物元素指纹信息特征分析

同一地域的三个品种粳米矿物元素含量的平均值和标准差如表 27-4～表 27-8 所示。结果显示，对于三个品种粳米，Na、Mg、Al、K、Cr、Mn、Cu、Zn、Rb 和 Mo 10 种元素的含量在糙米等级存在显著差异；Na、Mg、Al、K、Cr、Mn、Cu、Zn、Rb 和 Mo 10 种元素的含量在四级粳米中存在显著差异；Na、Mg、Al、K、Ca、Cr、Mn、Cu、Zn、Rb 和 Mo 11 种元素的含量在三级粳米中存在显著差异；Na、Mg、Al、K、Cr、Mn、Cu、Zn、Rb 和 Mo 10 种元素的含量在二级粳米中存在显著差异；Na、Mg、Al、K、Ca、Cr、Mn、Cu、Zn、Rb 和 Mo 11 种元素的含量在一级粳米中存在显著差异；此结果说明，品种对 Na、Mg、Al、K、Cr、Mn、Cu、Zn、Rb 和 Mo 10 种元素的含量影响显著，在同一地区种植的不同品种对一些矿物元素的累积效应有所不同，并且 5 个不同加工等级的粳米样品三个品种存在显著性差异的元素相同。

表 27-4　三个品种糙米矿物元素含量

元素	绥粳 4 号	龙粳 31 号	龙粳 40 号
Na	0.72±0.127a	1.045±0.134b	0.695±0.063a
Mg	14.62±0.487a	14.44±0.777a	12.945±0.572b
Al*	59.57±12.84a	61.235±1.12a	49.26±0.97b
K	33.66±0.643a	35.03±1.173a	39.67±1.513b
Ca	1.445±0.13a	1.61±0.35b	1.68±0.14b
V*	0.27±0.01a	0.36±0.028a	0.315±0.049a
Cr*	9.2±0.07a	11.145±0.403b	12.33±0.565b
Mn*	527.23±0.001a	418.33±11.57b	610.48±22.853c
Fe	0.18±0.007a	0.235±0.021a	0.265±0.07a
Co*	0.15±0.014a	0.19±0.028a	0.14±0.01a
Ni*	3.56±0.523a	4.285±0.516a	4.244±0.091a
Cu*	38.06±0.26a	32.05±0.226b	33.54±1.562b
Zn*	196.62±1.43a	223.9±9.503b	172.38±0.820c
Se*	0.035±0.021a	0.075±0.007a	0.04±0.056a
Rb*	151.2±0.643a	47.595±1.124b	129.54±3.81c
Sr*	4.54±0.12a	6.725±0.77b	5.39±0.09b
Mo*	5.215±0.063a	6.199±0.08b	5.67±0.22a
Ag*	0.02±0.007a	0.045±0.007a	0.015±0.007a
Cs*	0.012±0.042a	0.02±0.007a	0.045±0.007a
Ba*	2.23±0.007a	3.21±0.21a	5.76±0.042a
Lu*	9.51±0.14a	13.04±0.26a	13.985±1.251a
Pt*	0.04±0.014a	0.01±0.02a	0.025±0.007a
U*	0.005±0.007a	0.005±0.007a	0.005±0.007a

注：表中的数值用平均值±标准差表示，同行不同小写字母表示有显著性差异（$P<0.05$），*表示元素单位为 μg/g，其余为 mg/g

表 27-5　三个品种四级米矿物元素含量

元素	绥粳 4 号	龙粳 31	龙粳 40
Na	0.425±0.007a	0.665±0.007b	0.554± 0.077ab
Mg	4.96±0.162a	4.855±0.190b	4.6±0.268b
Al*	40.9±1.37a	45.06±1.49b	37.71±0.39a
K	15.12±0.417a	16.17±0.565b	16.225±0.954b
Ca	1.085±0.148a	0.875±0.049a	1.145±0.148a
V*	0.265±0.021a	0.32±0.028a	0.31±0.007a
Cr*	8.865±0.134a	9.54±0.009b	5.28±0.007c
Mn*	161.58±0.007a	142.78±3.775b	169.79±7.226a

续表

元素	绥粳 4 号	龙粳 31	龙粳 40
Fe	0.145±0.035a	0.18±0.007a	0.105±0.049a
Co*	0.075±0.021a	0.075±0.00a	0.075±0.007a
Ni*	2.675±0.162a	4.225±0.02a	2.54±0.197a
Cu*	35.49±0.35a	29.74±0.162b	29.61±0.113b
Zn*	168.954±2.1ab	178.39±0.332a	156.125±8.775b
Se*	0.025±0.02a	0.07±0.028a	0.025±0.021a
Rb*	72.00±0.53a	22.305±0.530b	49.92±1.456c
Sr*	3.1±0.43a	2.83±0.22a	2.37±0.24a
Mo*	5.35±0.155a	6.58±0.311b	5.5±0.07a
Ag*	0.01±0.014a	0.025±0.007a	0.01±0.007a
Cs*	0.055±0.021a	0.02±0.007a	0.04±0.007a
Ba*	1.2±0.749a	0.774±0.12a	0.965±0.077a
Lu*	10.26±2.43a	13.165±0.148a	12.72±1.32a
Pt*	0.034±0.0353a	0.01±0.007a	0.08±0.084a
U*	0.005±0.007a	0.005±0.007a	0.015±0.0212a

注：表中的数值用平均值±标准差表示，同行不同小写字母表示有显著性差异（$P<0.05$），*表示元素单位为 μg/g，其余为 mg/g

表 27-6　三个品种三级米矿物元素含量

元素	绥粳 4 号	龙粳 31	龙粳 40
Na	0.005±0.007a	0.365±0.035b	0.31±0.07b
Mg	1.25±0.035a	1.80±0.049b	2.195±0.120c
Al*	11.845±0.120a	29.79±0.643b	25.29±0.452c
K	7.73±0.007a	10.03±0.205b	11.29±0.636c
Ca	0.79±0.10a	0.93±0.18b	0.76±0.02b
V*	0.26±0.007a	0.26±0.035a	0.28±0.014a
Cr*	7.06±0.162a	4.08±0.056b	9.02±0.162b
Mn*	124.53±0.001a	103.04±2.432b	138.16±0.53c
Fe	0.07±0.001a	0.085±0.03a	0.06±0.014a
Co*	0.085±0.007a	0.065±0.007a	0.065±0.007a
Ni*	2.71±0.933a	4.715±0.96a	3.3±0.24a
Cu*	32.64±0.28a	28.28±0.417b	27.45±0.537b
Zn*	158.125±2.55a	164.21±2.015a	129.7±1.30b
Se*	0.04±0.021a	0.055±0.049a	0.065±0.049a
Rb*	0.04±0.643a	0.055±0.049b	0.065±0.049a
Sr*	1.86±0.494a	1.42±0.395a	2.005±0.572a
Mo*	5.195±0.07a	6.27±0.19b	5.30±0.19a

续表

元素	绥粳 4 号	龙粳 31	龙粳 40
Ag*	0.01±0.007a	0.045±0.021a	0.015±0.007a
Cs*	0.045±0.007a	0.015±0.07a	0.035±0.007a
Ba*	0.555±0.035a	0.865±0.346a	0.915±0.077a
Lu*	9.65±0.622a	6.41±9.07a	12.77±0.12a
Pt*	0.035±0.014a	0.02±0.014a	0.02±0.007a
U*	0.01±0.014a	0.01±0.007a	0.005±0.007a

注：表中的数值用平均值±标准差表示，同行不同小写字母表示有显著性差异（$P < 0.05$），*表示元素单位为 $\mu g/g$，其余为 mg/g

表 27-7　三个品种二级米矿物元素含量

元素	绥粳 4 号	龙粳 31	龙粳 40
Na	0.245±0.049a	0.465±0.007b	0.415±0.007b
Mg	2.845±0.127a	3.32±0.127b	2.8±0.141a
Al*	17.78±7.071a	35.51±2.22b	33.68±2.220b
K	10.845±0.289a	13.34±0.395b	12.77±0.77b
Ca	0.95±0.028a	0.830±0.042a	0.91±0.07a
V*	0.265±0.007a	0.28±0.028a	0.29±0.007a
Cr*	7.97±0.049a	7.335±0.190b	8.2±0.028a
Mn*	140.54±0.00a	118.56±2.404b	146.055±5.338a
Fe	0.095±0.035a	0.155±0.007a	0.085±0.007a
Co*	0.075±0.007a	0.07±0.00a	0.065±0.007a
Ni*	2.22±0.113a	4.345±0.275a	3.68±1.583a
Cu*	34.05±0.834a	29.58±0.205b	28.46±0.494b
Zn*	163.105±6.86a	168.005±1.393a	136.55±4.702b
Se*	0.03±0.028a	0.125±0.021a	0.07±0.07a
Rb*	51.95±0.84a	17.30±0.431b	41.65±1.336c
Sr*	1.58±0.226a	1.66±0.261b	2.52±0.452b
Mo*	5.33±0.0353a	6.55±0.028b	5.5±0.197a
Ag*	0.015±0.007a	0.035±0.007a	0.005±0.007a
Cs*	0.045±0.007a	0.015±0.007a	0.035±0.007a
Ba*	0.985±0.431a	0.615±0.190a	1.74±1.08a
Lu*	8.17±0.268a	12.77±0.169a	14.435±1.279a
Pt*	0.025±0.021a	0.015±0.007a	0.025±0.007a
U*	0.015±0.021a	0.005±0.007a	0.015±0.0212a

注：表中的数值用平均值±标准差表示，同行不同小写字母表示有显著性差异（$P < 0.05$），*表示元素单位为 $\mu g/g$，其余为 mg/g

表 27-8 三个品种一级米矿物元素含量

元素	绥粳 4 号	龙粳 31	龙粳 40
Na	0.230±0.014a	0.135±0.035b	0.1850±0.0495a
Mg	0.855±0.007a	1.345±0.0353b	1.72±0.098c
Al*	9.93±1.30a	24.26±1.98b	20.32±3.02b
K	6.685±0.049a	9.365±0.035b	10.11±0.692b
Ca	0.4650±0.035a	0.78±0.042b	0.68±0.028b
V*	0.245±0.007a	0.28±0.04a	0.25±0.001a
Cr*	5.01±0.042a	5.755±0.021b	8.66±0.056c
Mn*	125.16±2.842a	95.48±2.729b	126.280±3.125a
Fe	0.09±0.007a	0.12±0.042a	0.075±0.07a
Co*	0.075±0.021a	0.07±0.00a	0.05±0.007a
Ni*	2.65±0.466a	4.85±2.09a	3.845±0.459a
Cu*	31.72±0.38a	24.91±0.735b	25.98±0.007b
Zn*	153.34±2.849a	153.27±0.820a	123.37±1.166b
Se*	0.015±0.021a	0.04±0.056a	0.03±0.042a
Rb*	29.815±1.46a	13.065±0.077b	32.16±0.49a
Sr*	1.53±0.45a	1.23±0.00b	2.045±0.912b
Mo*	4.825±0.57a	6.51±0.19b	5.13±0.02a
Ag*	0.025±0.021a	0.03±0.014a	0.01±0.007a
Cs*	0.045±0.007a	0.021±0.00a	0.003±0.007a
Ba*	0.45±0.014a	1.04±0.403a	0.84±0.247a
Lu*	10.45±0.615a	6.86±9.701a	11.72±0.58a
Pt*	0.04±0.014a	0.02±0.007a	0.03±0.007a
U*	0.01±0.014a	0.005±0.007a	0.01±0.007a

注：表中的数值用平均值±标准差表示，同行不同小写字母表示有显著性差异（$P<0.05$），*表示元素单位为 μg/g，其余为 mg/g

27.6 品种和加工对粳米中矿物元素含量变异的影响

利用多元方差分析解析加工精度、品种及其交互作用对各元素含量变异的影响。结果显示，加工精度对元素 Na、Al、K、V、Mn、Co、Ni、Cu、Zn、As、Rb、Mo、Cs、Ba 含量有显著影响（$P<0.05$）；基因型对元素 Na、Mg、Al、K、Ca、V、Cr、Mn、Fe、Co、Cu、Zn、As、Rb、Mo、Cs、Ba 含量有显著影响（$P<0.05$），加工精度和品种的交互作用对元素 Na、Al、Mn、Ni、Zn、As、Rb、Sr、Cs、Ba 含量有显著影响（$P<0.05$），通过计算各因素对其含量变异的方差与总变异方差的比值，解析各因素对每种矿物元素含量变异的贡献率，品种和加工对元素含量变

异的方差贡献率如表 27-9 所示。品种对元素 Se、Ag、Cs、Pt 含量变异贡献率最大；加工精度对元素 Na、Mg、Al、K、Ca、Mn、Fe、Co、Rb、Sr、Ba、V、Cr、Ni、Cu、Zn、As、Mo、Lu 含量变异贡献率最大；误差对元素 U 含量变异贡献率最大，可能是由于该元素在粳米中的含量较低，或受污染或栽培措施等其他因素的影响。

表 27-9　品种和加工对元素含量变异的方差贡献率（%）

元素	品种	加工精度	加工精度×品种	误差
Na	14.15	61.21	12.63	12.02
Mg	14.55	55.79	16.98	12.68
Al	17.73	53.36	17.87	11.04
K	16.80	48.38	17.43	17.39
Ca	20.12	39.40	21.46	19.02
V	20.33	40.46	20.79	18.42
Cr	25.39	35.65	21.93	17.03
Mn	20.96	47.91	21.03	10.10
Fe	11.53	42.61	22.12	23.74
Co	17.90	53.66	17.62	10.82
Ni	13.56	34.37	21.11	30.96
Cu	27.68	38.49	20.75	13.08
Zn	22.75	40.28	18.30	18.67
As	18.74	38.69	18.54	24.03
Se	47.40	10.13	10.21	32.26
Rb	31.01	48.91	10.03	10.05
Sr	10.21	36.02	22.21	31.57
Mo	22.88	39.09	20.07	18.06
Ag	41.05	8.43	10.00	40.52
Cs	46.59	6.38	12.89	34.14
Ba	14.15	45.92	7.95	31.98
Lu	21.67	29.95	24.19	24.46
Pt	45.36	17.91	16.82	19.91
Pb	24.65	26.71	27.91	20.73
U	0.11	0.08	0.05	99.76

单因素方差分析结果显示，不同加工等级粳米中矿物元素组成是不发生变化的，但矿物元素含量特征是不同的，这可能是由矿物元素在粳米中的分布情况导致，以产地溯源为目的研究加工精度对粳米中矿物元素含量的影响尚未见报道。同一加工精度的三个品种的粳米中矿物元素含量也有其各自的特征，这可能是由

于不同品种的水稻对土壤中矿物元素的吸收及其生理生化代谢存在着差异，稻米中矿物元素也存在着差异，说明粳米的矿物元素指纹信息与样品的加工精度和基因型密切相关。本章筛选出了分别与加工及基因型密切相关的元素，部分结果与前人的研究相似。我国胡树林等（2002）发现同一产地不同品种中矿物元素含量有所不同，'江永香稻'的 Zn、Mn、Cr 含量均比普通稻米及 '香稻 80-66' 的含量高，说明品种对粳米中矿物元素含量差异有作用。也有研究表明，利用不同品种中元素含量差异能够进行品种鉴定研究。这些结果与本研究结果相似。

27.7　粳米样品矿物元素含量的地域特征分析

不同地域粳米样品中矿物元素含量的平均值和标准差如表 27-10 所示。对不同地域来源粳米样品中矿物元素含量进行方差分析。结果显示，元素 Na、Mg、Ca、Cr、Mn、Co、Se、Rb、Sr、Y、Mo、Dy、Ho 和 Er 的含量在不同地域间差异显著（$P<0.05$）；元素 Al、V、Fe、Ni、Zn、Rh、Ag、Cd、Sb、Te、La、Ba、Ce、Cu、Sm、Nd、Pr、Eu、Gd、Tb、Tm、Yb、Pt 和 U 的含量在不同地域间差异不显著。不同地域来源粳米样品中元素含量有其各自的特征。建三江样品的元素 Na、Mg、Al、Ca、V、Cr、Mn、Se、Sr、Y、Mo 平均含量最高。查哈阳样品的元素 Na、Mg、Ca、Cr、Mn、Co、Se、Rb、Sr、Y、Mo、Dy、Ho、Er 平均含量最低；五常样品的元素 Co、Rb、Dy、Ho、Er 平均含量最高。

表 27-10　不同地域来源粳米矿物元素含量

元素	建三江	五常	查哈阳
Na[*]	23.07±6.57a	21.3±5.22b	11.88±1.67b
Mg[*]	407.70±49.59a	386.23±76.56b	301.49±43.40b
Al	9 540.59±2814.11a	8 357.69±1419.71a	9 231.90±4 153.40a
K[*]	1 034.28±64.50a	965.45±109.95b	803.00±54.72b
Ca[*]	160.52±70.47a	140.05±47.56ab	80.38±10.67b
V	28.02±4.19a	24.07±5.76a	26.74±5.75a
Cr	86.07±36.87a	82.07±11.64b	29.03±22.83b
Mn	12 214.96±2815.65a	7 498.10±965.38b	8 133.33±865.48b
Fe[*]	13.04±5.79a	12.24±3.70a	7.40±2.36a
Co	13.74±4.93ab	18.56±9.36a	7.27±2.36b
Ni	304.48±84.68a	322.35±317.70a	423.40±440.24a
Cu	2 532.45±685.91a	2 059.95±757.61a	4 532.93±5 358.25a
Zn	17 360.67±2 632.87a	16 153.68±2 079.09a	14 459.58±3 311.17a
Se	15.21±7.23a	7.51±3.54b	2.64±3.91b
Rb	1 499.94±680.07ab	1 632.48±471.38a	574.95±113.40b

续表

元素	建三江	五常	查哈阳
Sr	252.48±107.85a	184.41±50.90ab	138.84±26.10b
Y	3.87±1.31a	3.76±1.68a	1.33±0.86b
Mo	970.28±293.19a	650.11±114.58b	588.65±103.82b
Rh	1 684.97±373.06a	1 135.47±692.59a	4 285.11±5 465.95a
Ag	2.07±1.09a	2.17±1.79a	4.65±3.32a
Cd	24.90±27.87a	6.67±4.57a	46.95±93.94a
Sb	16.47±27.37a	6.53±2.06a	4.23±2.99a
Te	3.79±3.71a	4.85±4.63a	3.48±4.77a
La	7.32±3.53a	8.04±3.80a	6.24±3.00a
Ba	202.85±43.77a	161.33±45.84a	159.58±66.88a
Ce	23.25±8.78a	31.61±21.43a	14.80±7.40a
Pr	1.43±0.61a	1.94±0.90a	1.45±0.43a
Nd	6.45±2.56a	6.74±4.25a	4.85±2.56a
Sm	1.16±0.34a	1.54±0.66a	1.00±0.76a
Eu	0.24±0.08a	0.13±0.12a	0.17±0.10a
Gd	0.89±0.39a	1.20±0.59a	0.71±0.42a
Tb	1 215.37±751.95a	1 147.84±665.69a	3 466.04±4 688.19a
Dy	0.65±0.26a	0.85±0.25a	0.34±0.19b
Ho	0.11±0.04b	0.23±0.09a	0.05±0.09b
Er	0.64±0.24a	0.73±0.14a	0.16±0.12b
Tm	0.039±0.04a	0.045±0.053a	0.082±0.076a
Yb	0.17±0.21a	0.26±0.18a	0.17±2.03a
Pt	11.38±6.78a	6.53±0.91a	8.98±0.007a
U	1.01±0.49a	0.73±0.41a	0.48±0.53a

注：表中的数值用平均值±标准差表示，同行不同小写字母表示有显著性差异（$P < 0.05$），带*的元素单位为 mg/kg，其余均为 μg/kg

27.8 小　结

粳米中元素 Na、Mg、Al、K、Ca、Cr、Mn、Fe、Co、Cu、Zn、Rb、Sr 和 Ba 含量与加工等级密切相关；元素 Na、Mg、Al、K、Ca、Cr、Mn、Cu、Zn、Rb 和 Mo 含量与品种密切相关；元素 Na、Mg、Ca、Cr、Mn、Co、Se、Rb、Sr、Y、Mo、Dy、Ho 和 Er 含量与地域密切相关。本研究筛选出了分别与品种、加工精度和地域密切相关的元素，这为食品产地鉴定提供了一定的理论数据支持和补充。

第 28 章　黑龙江稻米和土壤矿物元素产区特征的研究

28.1　试验仪器与材料

28.1.1　试验仪器与试剂

电热恒温鼓风干燥箱，DHG-9140A，上海一恒科学仪器有限公司。

超纯水机，Milli-Q，美国 Millipore 公司。

微波消解仪，Mars 240/50，美国 CEM 公司。

精确控温电热消解仪，DV4000，北京安南科技有限公司。

电感耦合等离子体质谱仪（ICP-MS），7700，美国 Agilent 公司。

电子天平，TB-4002，北京赛多利斯科学仪器有限公司。

浓硝酸，优级纯，北京化学试剂研究所。

氢氟酸，优级纯，北京化学试剂研究所。

超纯水，18.2MΩ·cm，实验室自制。

双氧水，优级纯，北京化学试剂研究所。

高氯酸，优级纯，北京化学试剂研究所。

土壤粉碎机，FT1000A，常州市伟嘉仪器制造有限公司。

28.1.2　稻米样品的采集

从五常、建三江和查哈阳采集 2014 年水稻样品。每个市选择主产县，每个县选主产乡（镇）内种植面积最大的主栽品种。于收获期从田间采集水稻稻穗 5kg 左右，编号。每个市采集约 30 个样品，共采集 90 个样品。考虑不同生态条件对试验结果的影响，采样同时记录种植地位置经纬度、日照时数、年平均温度、降雨量等情况。

28.1.3　土壤样品的采集

分别在黑龙江省三个地区采集水稻样品处进行土壤样品的采集，在采样时除去周围作物残渣、石块、杂草等。对采样点 0～20cm 土层及 20～40cm 土层进行采集，不同地区不同深度分别取 20 个样。在采集过程中采用随机性、多点采集与混合样相结合的方法。完成一份样品的采集后贴好标签并注明采集地点及深度等信息。且避免使用金属器具造成样品的污染。

28.2　试验预处理方法

28.2.1　稻米样品预处理

挑出样品中的石子、杂草等杂质，稻米样品采集后在新鲜状态下用水冲洗干净，再用蒸馏水冲洗 1～2 次，于室内晾干后放于 80～90℃烘箱中去除水分，烘干后去除外皮得到籽粒部分，经粉碎后过 100 目筛，装袋后送化验室分析测试。

28.2.2　土壤样品预处理

土壤样品采集完成后，将样品在室内平铺于塑料薄膜上进行风干，当达到半干状态时将土块压碎，除去样品中的砾石、碎石、生物残骸、植物根系等杂物。运用土壤粉碎机将其粉碎，然后过 100 目的尼龙筛，采用四分法称取 100g 左右的土壤、装袋，最后送化验室进行分析测试。

28.2.3　稻米样品矿物元素测定

在微波消解仪中加入约 0.2g 大米粉末，加入 4mL 的 65%浓硝酸和 1mL 70%的高氯酸，200℃消化 4h。将消化溶液定量地转移到一个 25mL 的容量瓶中，用去离子水定容。用高分辨率电感耦合等离子体质谱仪（ICP-MS）测定样品中的 Na、Mg、Al、K、Ca、V、Cr、Mn、Fe、Co、Ni、Cu、Zn、As、Rb、Sr、Ru、Pd、Ag、Cd、Sb、Te、Cs、Ba、La、Pr、Nd、Sm、Gd、Dy、Ho、Er、Yb、Hf、Pt、Pb、Th、U 共 38 种元素的含量。采用外标法进行定量分析，选择内标元素，采用内标法保证仪器的稳定性。试验过程每个样本重复测定三次，以 Ge、In、Bi 三种元素作为内标物质，当内标元素的 RSD>3%，重新测定样品。采用 SPSS 17.0 软件对数据进行方差分析（Duncan 多重比较分析）、相关性分析、主成分分析和判别分析（逐步判别分析）。

28.2.4　土壤样品矿物元素测定

准确称取土壤样品 0.10g，放入 25mL 聚四氟乙烯管中，加入 8mL 浓硝酸、

2mL 氢氟酸，盖上盖子放入微波消解仪进行消解。消解条件为：功率 1600W，消解温度 185℃；升温程序分三步，第一步用 10min 升至 120℃并保持 4min，第二步用 8min 升至 160℃并保持 4min，第三步用 5min 升至 185℃并保持 25min，冷却。将微波消解管取出，在通风橱中旋开盖子，置于精确控温电热消解仪中进行赶酸。赶酸条件：温度 180℃，时间 90min。根据定容体积，将微波消解管中的酸赶至 0.5～1mL，使用超纯水定容至 100mL，用于土壤中 Na、Mg、Al、K、Ca、Sc、V、Cr、Mn、Fe、Co、Ni、Cu、Zn、As、Se、Rb、Sr、Y、Mo、Ru、Rh、Pd、Ag、Cd、Sn、Sb、Te、Cs、Ba、La、Ce、Pr、Nd、Sm、Eu、Gd、Tb、Dy、Ho、Er、Tm、Yb、Hf、Ir、Pt、Au、Tl、Pb、Th、U 共 51 种元素的含量测定。

依据相关标准 NY/T 1377—2007、LY/T 1229—1999、NY/T 1121.7—2014、DB13/T 844—2007、NY/T 1121.6—2006，分别对不同地区不同深度土壤的 pH、碱解氮、有效磷、速效钾、有机质进行测定。土壤标准物质和空白样品使用同样的消解方法。

28.3　大米中矿物元素含量特征分析

利用 ICP-MS 法测定黑龙江省三个地区大米中的 Na、Mg、Al、K、Ca、V、Cr、Mn、Fe、Co、Ni、Cu、Zn、As、Rb、Sr、Ru、Pd、Ag、Cd、Sb、Te、Cs、Ba、La、Pr、Nd、Sm、Gd、Dy、Ho、Er、Yb、Hf、Pt、Pb、Th、U 共 38 种元素的含量，分析结果见表 28-1。结果发现，三个地区 Al、K、Mn、Ni、Cu、Zn、Rb 的含量均较高。不同地域来源的稻米中 Na、Mg、Al、K、V、Mn、Co、Cu、Zn、As、Rb、Pd、Cd、Cs、Hf、Pt 的含量有显著的差异。其中，不同的地区有不同的元素含量差异特点。五常地区的 Mg、K、Cr、Fe、Co、Ni、Zn、Pd、Te、Sm、Er、Yb 的含量最低，Al、Mn、Cu、Rb、Sr、Cd、Sb、Cs、Ba、La、Pr、Nd、Hf、Pb、Th、U 最高。查哈阳地区 Na、Al、Ca、V、As、Rb、Sr、Ru、Ag、Cd、Sb、Hf、Pt、Pb 含量最低，Cr、Fe、Ni、Te、Sm、Gd、Dy、Ho、Er、Yb 含量最高。建三江地区 Mn、Cu、Cs、Ba、La、Pr、Nd、Gd、Dy、Ho、Th、U 的含量最低，Na、Mg、K、Ca、V、Co、Zn、As、Ru、Pd、Ag、Pt 含量最高。从表 28-1 中还可以看出，一些元素的标准差较大，说明这些元素的含量在同一地区不同位置的差异也较大。水稻的矿物元素含量在地区之间的差异特征是矿物元素指纹信息用于鉴别水稻产地的基础。

表 28-1 不同产地大米中元素的含量（mg/kg）

元素	五常	查哈阳	建三江
Na	4.73±2.33a	3.71±1.78b	5.08±1.75a
Mg	216.30±49.05b	319.17±30.00a	324.13±47.84a
Al	38.58±29.04a	14.80±11.66b	20.36±21.43b
K	653.18±96.71b	817.08±55.80a	830.85±79.65a
Ca	84.39±15.50a	70.82±12.59a	85.25±43.18a
V	16.50±7.65a	12.40±3.74b	17.09±6.06a
Cr	64.18±26.44a	73.28±30.75a	67.63±106.15a
Mn	15.46±3.28b	9.21±2.00b	8.17±0.25b
Fe	5.80±4.22a	6.74±3.37a	6.07±2.30a
Co	4.37±2.14b	5.41±1.79b	8.54±2.87a
Ni	182.70±118.37a	254.69±201.21a	196.63±127.28a
Cu	2.43±0.68a	2.19±0.76ab	1.90±0.55b
Zn	13.23±1.42b	13.86±1.68ab	14.25±1.75a
As	127.24±54.39ab	108.39±39.70b	139.80±26.99a
Rb	1.55±0.76a	0.52±0.19b	0.76±0.35b
Sr	150.68±164.83a	113.25±18.54a	142.90±71.36a
Ru	0.05±0.08a	0.04±0.08a	0.08±0.10a
Pd	180.20±21.55b	184.29±34.14ab	195.57±23.48a
Ag	4.16±5.60a	3.24±5.60a	4.27±10.74a
Cd	22.29±21.86a	6.32±2.95b	7.12±5.97b
Sb	3.11±2.95a	1.64±1.49a	2.94±4.59a
Te	0.20±0.37a	0.45±0.64a	0.41±0.45a
Cs	1.85±1.58a	0.51±0.38b	0.49±0.33b
Ba	142.53±69.48a	113.44±65.14a	113.23±48.95a
La	2.28±1.46a	2.02±1.47a	1.85±1.08a
Pr	0.37±0.31a	0.43±0.46a	0.32±0.20a
Nd	1.45±0.92a	1.39±1.62a	1.09±0.78a
Sm	0.23±0.26a	0.31±0.34a	0.30±0.21a
Gd	0.21±0.16a	0.24±0.28a	0.19±0.16a
Dy	0.16±0.15a	0.17±0.18a	0.11±0.15a
Ho	0.01±0.03a	0.01±0.03a	0.01±0.02a
Er	0.01±0.03a	0.03±0.11a	0.01±0.03a
Yb	0.05±0.09a	0.10±0.10a	0.07±0.09a
Hf	8.14±15.69a	2.37±3.70b	2.61±4.80b
Pt	3.05±0.86b	2.93±0.40b	3.53±0.75a
Pb	30.75±44.20a	16.42±10.52a	24.78±30.95a
Th	45.38±79.62a	35.53±72.41a	34.64±63.54a
U	1.00±1.27a	0.86±1.04a	0.78±0.92a

注：表中的数值用平均值±标准差表示，同行不同小写字母表示有显著性差异（$P<0.05$）

28.4　土壤中矿物元素含量特征分析

28.4.1　三个地区表层土壤元素含量特征分析

利用 ICP-MS 法测定黑龙江省三个地区表层土壤中的 Na、Mg、Al、K、Ca、Sc、V、Cr、Mn、Fe、Co、Ni、Cu、Zn、As、Se、Rb、Sr、Y、Mo、Ru、Rh、Pd、Ag、Cd、Sn、Sb、Te、Cs、Ba、La、Ce、Pr、Nd、Sm、Eu、Gd、Tb、Dy、Ho、Er、Tm、Yb、Hf、Ir、Pt、Au、Tl、Pb、Th、U 共 51 种元素的含量，分析结果如表 28-2 所示。结果发现，三个地区的土壤中，Mn、Sr、Ag、Cd、Ba、Tl 的含量较高。不同地区表层土壤 Mg、Zn、Rh、Tb 含量有极显著差异，Ca、Sc、V、Cr、Fe、Co、Ni、Cu、As、Se、Rb、Sr、Mo、Pd、Ag、Cd、Sb、Ba、La、Ce、Pr、Nd、Sm、Eu、Gd、Dy、Hf、Ir、Pt、Au、Tl、Pb、Th 存在显著差异。其中，不同的地区表层土壤有不同的元素含量差异特点。五常地区表层土壤 Na、Al、K、V、Mn、Co、Cu、As、Se、Rb、Sr、Y、Mo、Ru、Sn、Sb、Cs、Ba、La、Ce、Pr、Nd、Sm、Eu、Gd、Tb、Dy、Ho、Er、Tm、Yb、Hf、Pt、Tl、Pb、Th、U 的含量最低，Te 含量最高。查哈阳地区表层土壤 Mg、Al、K、Ca、Sc、V、Cr、Mn、Fe、Co、Ni、Cu、Zn、As、Sr、Y、Ru、Rh、Pd、Ag、Cd、Sn、Sb、Cs、Nd、Tm、Yb、Hf、Au 含量最高。建三江地区表层土壤中 Mg、Ca、Sc、Cr、Fe、Ni、Zn、Rh、Pd、Ag、Cd、Te 含量最低，Na、Se、Rb、Mo、La、Ce、Pr、Sm、Eu、Gd、Tb、Dy、Ho、Er、Ir、Pt、Tl、Pb、Th、U 含量最高。从表 28-2 中还可以看出，一些元素的标准差较大，说明这些元素的含量在同一地区不同位置的差异也较大。土壤的矿物元素含量在地区之间的差异特征是矿物元素指纹信息用于鉴别不同地域的基础。

表 28-2　不同产地表层土壤中元素的含量（mg/kg）

元素名称	五常	查哈阳	建三江
Na	10.79±4.54a	11.00±3.64a	13.05±1.04a
Mg	6.49±2.62b	8.29±1.79a	4.40±0.54c
Al	56.01±18.66a	63.21±14.74a	56.88±4.21a
K	17.04±6.09a	18.98±5.09a	18.36±0.81a
Ca	10.94±7.16b	16.19±10.78a	6.54±1.01b
Sc	6.78±2.82a	7.54±2.51a	4.19±1.34b
V	75.31±29.23b	94.46±23.65a	87.68±4.87ab
Cr	64.23±26.40b	83.46±15.35a	61.78±6.37b
Mn	541.86±260.93a	674.78±176.24a	659.78±409.63a

元素名称	五常	查哈阳	建三江
Fe	29.88±11.68b	37.44±9.38a	29.03±2.81ab
Co	11.25±5.17b	14.87±3.64a	13.03±3.28ab
Ni	33.55±15.48b	42.48±7.25a	26.79±3.99b
Cu	19.58±7.80b	23.65±5.19a	20.49±1.65ab
Zn	64.70±21.02b	76.25±15.56a	50.33±6.39c
As	9.05±3.81b	11.55±3.11a	10.61±1.47a
Se	1.15±0.38b	1.31±0.34ab	1.43±0.09a
Rb	72.08±23.93b	80.88±22.13ab	89.04±3.65a
Sr	139.84±51.52b	172.19±45.67a	146.64±9.05ab
Y	18.26±6.47a	20.68±4.52a	19.67±1.40a
Mo	0.70±0.33b	0.78±0.31b	1.18±0.68a
Ru	0.31±0.50a	0.35±0.44a	0.35±0.40a
Rh	1.28±0.51ab	1.84±0.47a	0.46±0.50c
Pd	32.54±14.01ab	37.05±9.61a	29.19±3.94b
Ag	113.07±32.95ab	127.36±26.36a	108.10±7.41b
Cd	108.08±30.29a	117.73±45.43a	71.00±19.19b
Sn	2.37±0.77a	2.67±0.17a	2.65±0.18a
Sb	1.01±0.43b	1.24±0.26a	1.22±0.07a
Te	70.64±42.86a	64.90±32.26a	64.88±33.64a
Cs	6.14±2.17a	7.26±1.73a	6.46±0.79a
Ba	458.59±159.99b	543.46±142.17a	590.72±24.34a
La	28.88±10.21b	32.76±7.71b	38.42±1.97a
Ce	62.43±22.92b	73.35±17.13ab	81.16±4.29a
Pr	6.93±2.49b	7.94±1.82ab	8.88±0.49a
Nd	2.50±0.60b	2.83±0.40a	2.54±0.29ab
Sm	5.01±1.84b	5.78±1.31ab	6.23±0.36a
Eu	1.02±0.39b	1.19±0.26ab	1.28±0.08a
Gd	4.34±1.60b	4.97±1.12ab	5.32±0.34a
Tb	0.78±0.77c	1.76±0.73b	5.19±1.26a
Dy	3.55±1.31b	4.07±0.94ab	4.23±0.27a
Ho	0.71±0.26a	0.81±0.18a	0.84±0.07a
Er	2.05±0.77a	2.38±0.54a	2.41±0.19a
Tm	310.55±107.99a	334.49±71.92a	318.40±31.25a

续表

元素名称	五常	查哈阳	建三江
Yb	1.96±0.70a	2.19±0.57a	2.04±0.17a
Hf	3.19±1.35b	4.01±0.94a	3.54±0.38ab
Ir	12.66±6.44b	12.65±2.26b	19.77±2.89a
Pt	34.78±16.37b	35.30±6.36b	57.42±9.84a
Au	5.78±3.70ab	6.22±2.31a	4.31±1.61b
Tl	520.16±172.80b	594.87±154.61ab	618.88±36.90a
Pb	20.24±7.01a	23.67±6.20ab	25.69±1.41b
Th	10.68±3.92b	11.60±2.92b	13.74±1.18a
U	2.17±0.78b	2.46±0.83b	3.06±0.17a

注：表中的数值用平均值±标准差表示，同行不同小写字母表示有显著性差异（$P<0.05$）

28.4.2　三个地区母质土壤矿物元素特征分析

利用 ICP-MS 法测定黑龙江省三个地区母质土壤中的 Na、Mg、Al、K、Ca、Sc、V、Cr、Mn、Fe、Co、Ni、Cu、Zn、As、Se、Rb、Sr、Y、Mo、Ru、Rh、Pd、Ag、Cd、Sn、Sb、Te、Cs、Ba、La、Ce、Pr、Nd、Sm、Eu、Gd、Tb、Dy、Ho、Er、Tm、Yb、Hf、Ir、Pt、Au、Tl、Pb、Th、U 共 51 种元素的含量，分析结果如表 28-3 所示。结果发现，三个地区的土壤中，Mn、Sr、Ag、Ba、Tm、Tl 的含量较高。不同地区的母质土壤 Mg、Zn、Rh、Tb 的含量有极显著差异，Ca、Sc、V、Cr、Fe、Co、Ni、Cu、As、Se、Rb、Sr、Mo、Pd、Ag、Cd、Sb、Ba、La、Ce、Pr、Nd、Sm、Eu、Gd、Dy、Hf、Ir、Pt、Au、Tl、Pb、Th、U 的含量有显著差异。其中，不同的地区母质土壤有不同的元素含量差异特点。五常地区母质土壤 Na、Al、K、V、Mn、Co、Se、Rb、Mo、Sn、Sb、Te、Ba、La、Ce、Pr、Sm、Eu、Gd、Tb、Dy、Ho、Er、Tm、Hf、Au、Tl、Pb、Th、U 的含量最低，Ca、Nd 的含量最高。查哈阳地区母质土壤 Ir、Pt 的含量最低，Na、Mg、Al、K、Sc、V、Cr、Mn、Fe、Co、Ni、Cu、Zn、As、Se、Rb、Sr、Y、Ru、Rh、Pd、Ag、Cd、Sn、Sb、Te、Cs、Ba、La、Ce、Pr、Sm、Eu、Gd、Dy、Ho、Er、Tm、Yb、Hf、Tl、Pb、Th 的含量最高。建三江地区母质土壤中 Mg、Ca、Sc、Cr、Fe、Ni、Cu、Zn、Sr、Y、Rh、Pd、Ag、Cd、Cs、Yb 含量最低，Mo、Tb、Ir、Pt、Au、U 含量最高。从表中还可以看出，一些元素的标准差较大，说明这些元素的含量在同一地区不同位置内的差异也较大。土壤的矿物元素含量在地区之间的差异特征是矿物元素指纹信息用于鉴别不同地域的基础。

表 28-3　不同产地母质土壤中元素的含量（mg/kg）

元素名称	五常	查哈阳	建三江
Na	10.89±4.46a	16.32±3.48a	14.69±2.30a
Mg	7.00±2.71b	8.19±2.11a	5.03±1.37c
Al	58.79±17.23a	73.19±17.61a	59.67±8.19a
K	17.20±5.41a	23.66±5.15a	19.88±1.85a
Ca	11.71±7.80b	10.47±2.26a	6.66±1.45b
Sc	7.03±2.62a	8.59±3.35a	7.00±1.47b
V	81.01±27.94b	94.39±28.20a	89.53±5.85ab
Cr	65.43±22.50b	78.67±24.16a	63.27±7.93b
Mn	619.66±302.60a	633.96±193.58a	633.31±341.97a
Fe	32.47±11.27b	36.32±11.41a	30.49±3.67b
Co	12.61±5.12ab	13.20±4.10a	12.93±3.06ab
Ni	34.22±13.83b	36.97±13.43a	25.85±4.74b
Cu	20.25±7.51ab	26.88±9.87a	19.48±2.23ab
Zn	68.48±18.13b	79.22±18.52a	54.08±16.09c
As	10.46±4.15ab	10.75±3.52a	10.46±1.76ab
Se	1.22±0.37b	1.52±0.45ab	1.33±0.15a
Rb	76.07±22.12b	99.70±23.76ab	87.11±7.25a
Sr	147.40±50.75ab	183.53±37.50a	146.77±21.58ab
Y	19.31±6.08a	22.93±6.80a	19.25±3.38a
Mo	0.71±0.29b	0.87±0.25b	1.11±0.63a
Ru	0.23±0.45a	0.26±0.42a	0.23±0.37a
Rh	1.39±0.44b	1.45±0.64a	1.08±0.38c
Pd	34.16±13.28ab	40.05±14.81a	32.90±6.73b
Ag	117.40±32.02ab	141.10±38.62a	108.02±16.17b
Cd	95.43±33.78a	162.01±66.03a	71.62±28.14b
Sn	2.57±0.80a	3.08±0.95a	2.80±0.53a
Sb	1.05±0.38b	1.30±0.40a	1.22±0.09a
Te	66.16±37.23a	85.88±69.62a	68.77±37.98a
Cs	6.69±2.23a	7.97±2.75a	6.34±1.14a
Ba	484.03±146.11b	649.15±155.52a	567.58±29.53a

续表

元素名称	五常	查哈阳	建三江
La	31.03±10.15b	38.38±11.51b	35.67±3.18a
Ce	67.84±22.85b	81.21±22.97ab	78.07±6.52a
Pr	7.45±2.47b	9.08±2.64ab	8.45±0.77a
Nd	2.68±0.60ab	2.12±0.44a	2.19±0.30ab
Sm	5.38±1.79b	6.55±1.95ab	5.93±0.63a
Eu	1.07±0.36b	1.34±0.39ab	1.17±0.09a
Gd	4.64±1.56b	5.60±1.78ab	4.98±0.62a
Tb	0.80±1.04c	2.02±0.68b	2.07±1.38a
Dy	3.78±1.24b	4.58±1.46ab	3.96±0.60a
Ho	0.75±0.25a	0.90±0.29a	0.78±0.13a
Er	2.20±0.74a	2.62±0.85a	2.27±0.37a
Tm	318.51±100.26a	377.10±117.32a	318.94±50.49a
Yb	2.07±0.67a	2.41±0.76a	2.05±0.33a
Hf	3.51±1.24b	4.10±1.10a	3.63±0.35ab
Ir	11.57±4.79b	10.24±2.58b	15.31±3.65a
Pt	38.74±16.23b	31.80±6.84b	47.25±8.92a
Au	5.34±2.68ab	6.96±5.32a	7.74±6.53b
Tl	547.83±160.28b	692.02±183.14ab	607.91±50.17a
Pb	21.09±6.42b	26.56±7.16ab	25.32±1.50a
Th	11.29±3.71b	13.77±4.20b	13.38±1.26a
U	2.50±1.04b	2.92±0.93b	3.19±0.52a

注：表中的数值用平均值±标准差表示，同行不同小写字母表示有显著性差异（$P<0.05$）

28.4.3　不同地区土壤理化分析

依据 NY/T 1377—2007、LY/T 1229—1999、NY/T 1121.7—2014、DB13/T 844—2007、NY/T 1121.6—2006 等相关标准，分别对不同地区不同深度土壤的 pH、碱解氮、有效磷、速效钾、有机质进行测定，分析结果如表 28-4 所示，五常地区土壤的 pH 偏中性，而查哈阳与建三江地区土壤的 pH 偏酸性。表层土壤中，建三江地区碱解氮的含量最多，五常地区最少。有效磷查哈阳地区较少。速效钾五常地区含量最多，有机质五常地区含量最多。不同深度碱解氮、有效磷、速效钾在五常地区和查哈阳与建三江地区分布有明显差别。

表 28-4　不同地区土壤理化分析表

理化指标	五常		查哈阳		建三江	
	20cm	40cm	20cm	40cm	20cm	40cm
pH	7.13±0.86	7.30±0.77	5.93±0.66	6.03±0.71	5.78±0.55	5.86±0.44
碱解氮/（mg/kg）	179.67±37.46	277.50±112.22	196.75±72.72	167.02±39.24	256.19±144.34	182.36±93.10
有效磷/（mg/kg）	16.08±25.94	29.64±16.89	20.60±10.46	15.03±26.50	25.40±19.77	19.39±10.08
速效钾/（mg/kg）	381.28±277.61	130.66±52.34	173.57±85.92	348.13±250.75	122.76±40.79	166.04±90.13
有机质/%	4.10±0.82	4.40±1.84	3.78±1.15	3.78±0.98	3.59±2.00	3.44±1.41

注：表中的数值用平均值±标准差表示

28.4.4　不同深度土壤中矿物元素特征分析

分别对三个地区不同深度土壤进行特征性分析，分析结果如表 28-5 所示。结果表明，五常地区表层与母质土壤矿物元素含量不存在显著差异，说明栽培措施与其他外界原因并没有对当地土壤造成影响。查哈阳地区 Na、K、Nd、Ir 在表层土壤与母质土壤中的含量有极显著差异，Ca、Rb、Rh、Cd、Ba 在表层土壤与母质土壤中的含量有显著差异，说明栽培措施影响到了表层土壤的矿物元素含量，Mg、Al、Sc、V、Cr、Mn、Fe、Co、Ni、Cu、Zn、As、Se、Sr、Y、Mo、Ru、Pd、Ag、Sn、Sb、Te、Cs、La、Ce、Pr、Sm、Eu、Gd、Tb、Dy、Ho、Er、Tm、Yb、Hf、Pt、Au、Tl、Pb、Th、U 不存在显著差异。建三江地区 Na、K、Sc、Rh、La、Pr、Nd、Eu、Tb、Ir、Pt、Au 在表层土壤与母质土壤中的含量有极显著差异，Se、Ba、Gd 在表层土壤与母质土壤中的含量有显著差异，说明栽培措施影响到了表层土壤的矿物元素含量，Mg、Al、Ca、V、Cr、Mn、Fe、Co、Ni、Cu、Zn、As、Rb、Sr、Y、Mo、Ru、Pd、Ag、Cd、Sn、Sb、Te、Cs、Ce、Sm、Dy、Ho、Er、Tm、Yb、Hf、Tl、Pb、Th、U 不存在显著差异。

表 28-5　三地区不同深度土壤中矿物元素含量（mg/kg）

元素名称	五常		查哈阳		建三江	
	20cm	40cm	20cm	40cm	20cm	40cm
Na	10.79±4.54	10.89±4.46	11.00±3.64	16.32±3.48	13.05±1.04	14.69±2.30
Mg	6.49±2.62	7.00±2.71	8.29±1.79	8.19±2.11	4.40±0.54	5.03±1.37
Al	56.01±18.66	58.79±17.23	63.21±14.74	73.19±17.61	56.88±4.21	59.67±8.19
K	17.04±6.09	17.20±5.41	18.98±5.09	23.66±5.15	18.36±0.81	19.88±1.85
Ca	10.94±7.16	11.71±7.80	16.19±10.78	10.47±2.26	6.54±1.01	6.66±1.45

续表

元素名称	五常		查哈阳		建三江	
	20cm	40cm	20cm	40cm	20cm	40cm
Sc	6.78±2.82	7.03±2.62	7.54±2.51	8.59±3.35	4.19±1.34	7.00±1.47
V	75.31±29.23	81.01±27.94	94.46±23.65	94.39±28.20	87.68±4.87	89.53±5.85
Cr	64.23±26.40	65.43±22.50	83.46±15.35	78.67±24.16	61.78±6.37	63.27±7.93
Mn	541.86±260.93	619.66±302.60	674.78±176.24	633.96±193.58	659.78±409.63	633.31±341.97
Fe	29.88±11.68	32.47±11.27	37.44±9.38	36.32±11.41	29.03±2.81	30.49±3.67
Co	11.25±5.17	12.61±5.12	14.87±3.64	13.20±4.10	13.03±3.28	12.93±3.06
Ni	33.55±15.48	34.22±13.83	42.48±7.25	36.97±13.43	26.79±3.99	25.85±4.74
Cu	19.58±7.80	20.25±7.51	23.65±5.19	26.88±9.87	20.49±1.65	19.48±2.23
Zn	64.70±21.02	68.48±18.13	76.25±15.56	79.22±18.52	50.33±6.93	54.08±16.09
As	9.05±3.81	10.46±4.15	11.55±3.11	10.75±3.52	10.61±1.47	10.46±1.76
Se	1.15±0.38	1.22±0.37	1.31±0.34	1.52±0.45	1.43±0.09	1.33±0.15
Rb	72.08±23.93	76.07±22.12	80.88±22.13	99.70±23.76	89.04±3.65	87.11±7.25
Sr	139.84±51.12	147.40±50.75	172.19±45.67	183.53±37.50	146.64±9.05	146.77±21.58
Y	18.26±6.47	19.31±6.08	20.68±4.52	22.93±6.80	19.67±1.40	19.25±3.38
Mo	0.70±0.33	0.71±0.29	0.78±0.31	0.87±0.25	1.18±0.68	1.11±0.63
Ru	0.31±0.50	0.23±0.45	0.35±0.44	0.26±0.42	0.35±0.40	0.23±0.37
Rh	1.28±0.51	1.39±0.44	1.84±0.47	1.45±0.64	0.46±0.50	1.08±0.38
Pd	32.54±14.01	34.16±13.28	37.05±9.61	40.05±14.81	29.19±3.94	32.90±6.73
Ag	113.07±32.95	117.46±32.02	127.36±26.36	141.10±38.62	108.10±7.41	108.02±16.17
Cd	108.08±30.29	95.43±33.78	117.73±45.43	162.01±66.03	71.00±19.19	71.62±28.14
Sn	2.37±0.76	2.57±0.80	2.67±0.71	3.08±0.95	2.65±0.18	2.80±0.53
Sb	1.01±0.43	1.05±0.38	1.24±0.26	1.30±0.40	1.22±0.07	1.22±0.09
Te	70.64±42.86	66.16±37.23	64.90±32.26	85.88±69.62	64.88±33.64	68.77±37.98
Cs	6.14±2.17	6.69±2.23	7.26±1.73	7.97±2.75	6.46±0.79	6.34±1.14
Ba	458.59±159.99	484.03±146.11	543.46±142.17	649.15±155.52	590.72±24.34	567.58±29.53
La	28.88±10.21	31.03±10.05	32.76±7.71	38.38±11.51	38.42±1.97	35.67±3.18
Ce	62.43±22.92	67.84±22.85	73.35±17.13	81.21±22.97	81.16±4.29	78.07±6.52
Pr	6.93±2.49	7.45±2.47	7.94±1.82	9.08±2.64	8.88±0.49	8.45±0.77
Nd	2.50±0.60	2.68±0.60	2.82±0.40	2.12±0.44	2.54±0.29	2.19±0.30
Sm	5.01±1.84	5.38±1.79	5.78±1.31	6.55±1.95	6.23±0.36	5.93±0.63
Eu	1.02±0.39	1.07±0.36	1.19±0.26	1.34±0.39	1.28±0.08	1.17±0.09
Gd	4.34±1.60	4.64±1.56	4.97±1.12	5.60±1.78	5.32±0.34	4.98±0.62

续表

元素名称	五常		查哈阳		建三江	
	20cm	40cm	20cm	40cm	20cm	40cm
Tb	0.78±0.77	0.80±1.04	1.76±0.73	2.02±0.68	5.19±1.26	2.07±1.38
Dy	3.55±1.32	3.78±1.24	4.07±0.94	4.58±1.46	4.23±0.27	3.96±0.60
Ho	0.71±0.26	0.75±0.25	0.81±0.18	0.90±0.29	0.84±0.07	0.78±0.13
Er	2.05±0.77	2.20±0.74	2.38±0.54	2.62±0.85	2.41±0.19	2.27±0.37
Tm	310.55±107.99	318.51±100.26	334.49±71.92	377.10±117.32	318.40±31.25	318.94±50.49
Yb	1.96±0.70	2.07±0.67	2.19±0.57	2.41±0.76	2.04±0.17	2.05±0.33
Hf	3.19±1.35	3.51±1.24	4.01±0.94	4.10±1.10	3.54±0.38	3.63±0.35
Ir	12.66±6.44	11.57±4.79	12.65±2.26	10.24±2.58	19.77±2.89	15.31±3.65
Pt	34.78±16.37	38.74±16.23	35.30±6.36	31.80±6.84	57.42±9.84	47.25±8.92
Au	5.78±3.70	5.34±2.68	6.22±2.31	6.96±5.32	4.31±1.61	7.74±6.53
Tl	520.16±172.80	547.83±160.28	594.87±154.61	692.02±183.14	618.88±36.90	607.91±50.17
Pb	20.24±7.01	21.09±6.42	23.67±6.20	26.56±7.16	25.69±1.41	25.32±1.50
Th	10.68±3.92	11.29±3.71	11.60±2.96	13.77±4.20	13.74±1.18	13.38±1.26
U	2.17±0.78	2.50±1.04	2.46±0.83	2.92±0.93	3.06±0.17	3.19±0.52

注：表中的数值用平均值±标准差表示

28.5 大米与土壤中矿物元素相关性研究

利用 SPSS 19.0 对研究区的大米与土壤中的矿物元素含量进行相关性分析，分析结果如表 28-6 所示。结果表明，大米中 Mg 的含量与土壤中 Mg、Ca、Ni、Zn 的含量，大米中 Ca 的含量与土壤中 Pt 的含量，以上两组数据呈极显著负相关。大米中 Cr 的含量与土壤中 Mn、Co 的含量呈显著正相关。大米中 Al 的含量与土壤中 Mg 的含量，大米中 Pd 的含量与土壤中 Cd 的含量，以上两组数据呈极显著正相关。大米中 Mg 的含量与土壤中 Cr、Fe、As、Sr、Cd 的含量，大米中 K 的含量与土壤中 Mg、Ca 的含量，大米中 Co 的含量与土壤中 Mg、Ca、Cr、Ni、Sr 的含量，大米中 Ni 的含量与土壤中 Mg、Ca、Ni 的含量，大米中 Zn 的含量与土壤中 Mg、Cr、Ni、Cd 的含量，大米中 Te 的含量与土壤中 Te 的含量，大米中 Dy 的含量与土壤中 Mg、Al、Zn、Ag 的含量，大米中 Yb 的含量与土壤中 Mg、Ni、Zn、Cd 的含量，大米中 Pt 的含量与土壤中 Mg、Al、K、Sr、Hf 的含量，以上 9 组数据呈显著负相关。大米中 Al 的含量与土壤中 Ca、Ni、Cu、Zn、Cd 的含量，大米中 Mn 的含量与土壤中 Mg、Nd 的含量，大米中 As 的含量与土壤中 Ru 的含

表 28-6 大米和产地土壤中微量元素之间的相关系数

土壤中矿物质含量	大米中矿物质含量																		
	Na	Mg	Al	K	Ca	V	Cr	Mn	Fe	Co	Ni	Cu	Zn	As	Rb	Sr	Ru	Pd	Ag
Na	−0.016	−0.001	−0.044	0.042	−0.150	−0.117	0.157	−0.203	−0.168	−0.148	−0.079	−0.151	−0.047	−0.093	−0.123	−0.164	−0.089	0.145	−0.198
Mg	0.192	−0.469**	0.360**	−0.311*	0.120	0.114	0.068	0.269*	−0.187	−0.276*	−0.287*	−0.018	−0.272*	−0.161	0.261	0.085	0.061	0.246	−0.157
Al	0.128	−0.226	0.217	−0.107	0.013	0.036	0.098	0.074	−0.194	−0.194	−0.189	−0.050	−0.151	−0.123	0.204	−0.012	0.110	0.228	−0.105
K	0.072	−0.131	0.105	−0.045	−0.099	−0.041	0.126	−0.070	−0.185	−0.207	−0.190	−0.137	−0.158	−0.097	0.076	−0.100	0.010	0.201	−0.178
Ca	0.085	−0.403**	0.277*	−0.299*	0.119	0.119	0.043	0.163	−0.040	−0.313*	−0.279*	0.009	−0.249	−0.107	0.084	0.193	0.023	−0.005	−0.155
V	0.056	−0.095	0.110	−0.011	−0.092	0.042	0.118	0.009	−0.037	−0.164	−0.143	−0.078	−0.115	−0.097	0.167	0.029	0.095	0.091	−0.113
Cr	0.112	−0.270*	0.259	−0.138	−0.039	0.092	0.054	0.032	−0.159	−0.277*	−0.255	−0.093	−0.292*	−0.096	0.239	0.006	0.063	0.180	−0.117
Mn	−0.038	−0.150	−0.066	−0.111	−0.132	−0.044	0.272*	0.035	0.045	−0.186	−0.013	−0.007	−0.068	−0.122	−0.087	0.027	−0.037	−0.129	−0.236
Fe	0.137	−0.286*	0.191	−0.149	0.017	0.079	0.077	0.183	−0.080	−0.172	−0.182	−0.027	−0.179	−0.103	0.267*	0.068	0.107	0.162	−0.104
Co	0.015	−0.227	0.036	−0.135	−0.107	−0.021	0.273*	0.084	−0.019	−0.214	−0.106	−0.033	−0.138	−0.143	0.090	0.043	0.005	−0.049	−0.126
Ni	0.148	−0.406**	0.327*	−0.254	0.061	0.113	0.073	0.183	−0.177	−0.295*	−0.274*	−0.038	−0.333*	−0.082	0.296*	0.084	0.101	0.129	−0.129
Cu	0.146	−0.127	0.279*	−0.034	0.094	0.138	0.036	0.059	−0.136	−0.145	−0.157	−0.041	−0.197	−0.076	0.302*	0.004	0.109	0.164	−0.127
Zn	0.245	−0.391**	.302*	−0.260	0.164	0.061	0.136	0.187	−0.219	−0.201	−0.252	−0.041	−0.215	−0.179	0.235	0.047	0.005	0.277*	−0.179
As	0.030	−0.277*	0.018	−0.190	−0.067	−0.038	0.127	0.166	−0.131	−0.178	−0.129	−0.032	−0.057	−0.088	0.121	0.058	0.076	0.048	−0.108
Rb	0.101	−0.047	0.127	0.037	−0.076	−0.007	0.109	−0.026	−0.138	−0.141	−0.127	−0.078	−0.084	−0.117	0.151	−0.080	0.064	0.216	−0.103
Sr	0.089	−0.295*	0.209	−0.165	0.014	0.040	0.196	0.006	−0.159	−0.315*	−0.222	−0.081	−0.203	−0.172	0.058	0.026	0.002	0.117	−0.243
Ru	0.124	−0.104	−0.146	−0.204	−0.102	−0.150	0.033	0.071	0.011	−0.039	−0.127	−0.070	−0.003	0.289*	0.158	−0.065	−0.057	0.167	0.155
Pd	0.102	−0.230	0.235	−0.142	0.022	0.105	0.115	0.125	−0.157	−0.090	−0.158	−0.097	−0.182	−0.005	0.241	0.004	0.137	0.107	−0.116
Ag	0.198	−0.228	0.232	−0.086	0.210	0.081	0.126	0.149	−0.155	−0.119	−0.168	−0.006	−0.218	−0.044	0.240	−0.007	0.108	0.248	−0.135

续表

土壤中矿物质含量	大米中矿物质含量																		
	Na	Mg	Al	K	Ca	V	Cr	Mn	Fe	Co	Ni	Cu	Zn	As	Rb	Sr	Ru	Pd	Ag
Cd	0.234	-0.267*	0.285*	-0.217	0.198	0.131	0.039	-0.072	-0.250	-0.238	-0.170	-0.099	-0.274*	-0.113	0.207	-0.089	-0.195	0.362**	-0.187
Sb	0.037	-0.109	0.054	-0.042	-0.095	0.016	0.168	-0.057	-0.034	-0.195	-0.109	-0.130	-0.156	-0.114	0.145	0.021	0.035	0.019	-0.177
Te	-0.016	-0.066	-0.050	-0.015	0.036	-0.095	0.052	0.117	-0.005	-0.078	-0.194	-0.049	-0.028	0.026	0.169	-0.133	0.131	-0.024	-0.156
Cs	0.160	-0.186	0.245	-0.078	0.075	0.068	0.039	0.172	-0.142	-0.126	-0.141	0.001	-0.139	-0.085	0.310*	0.012	0.128	0.222	-0.023
Ba	0.060	-0.075	0.086	-0.006	-0.090	-0.001	0.160	-0.097	-0.124	-0.202	-0.127	-0.074	-0.112	-0.122	0.108	-0.068	0.037	0.113	-0.195
La	0.025	-0.015	0.099	0.060	-0.062	-0.009	0.134	-0.007	-0.106	-0.091	-0.056	-0.016	-0.013	-0.116	0.117	-0.028	0.115	0.154	-0.121
Pr	0.024	-0.043	0.121	0.044	-0.063	0.007	0.136	0.009	-0.113	-0.109	-0.071	-0.021	-0.036	-0.122	0.117	-0.018	0.113	0.163	-0.133
Nd	0.048	-0.168	0.226	-0.119	0.095	0.170	-0.097	0.301*	0.056	0.017	-0.047	0.137	-0.068	-0.017	0.303*	0.231	0.234	-0.028	0.063
Sm	0.036	-0.089	0.139	0.006	-0.050	0.011	0.122	0.028	-0.137	-0.123	-0.094	-0.024	-0.078	-0.113	0.141	-0.018	0.098	0.179	-0.140
Gd	0.044	-0.122	0.158	-0.020	-0.044	0.012	0.109	0.056	-0.149	-0.129	-0.106	-0.018	-0.106	-0.105	0.171	-0.009	0.083	0.185	-0.127
Dy	0.075	-0.153	0.179	-0.046	-0.027	0.014	0.103	0.064	-0.165	-0.147	-0.134	-0.031	-0.137	-0.095	0.188	-0.004	0.081	0.205	-0.122
Ho	0.063	-0.176	0.197	-0.058	-0.029	0.022	0.091	0.071	-0.188	-0.162	-0.145	-0.029	-0.170	-0.076	0.200	-0.009	0.087	0.215	-0.094
Er	0.076	-0.184	0.183	-0.072	-0.025	0.007	0.119	0.071	-0.179	-0.162	-0.152	-0.044	-0.159	-0.085	0.206	0.010	0.092	0.202	-0.122
Yb	0.087	-0.211	0.192	-0.100	0.011	0.012	0.095	0.103	-0.194	-0.129	-0.185	-0.065	-0.176	-0.058	0.221	0.003	0.103	0.209	-0.111
Hf	0.099	-0.242	0.117	-0.117	-0.042	-0.014	0.166	0.053	-0.115	-0.213	-0.198	-0.110	-0.190	-0.105	0.145	0.032	0.119	0.093	-0.143
Pt	-0.261	0.085	-0.172	0.075	-0.383**	-0.032	-0.001	-0.154	-0.030	-0.108	-0.029	-0.082	-0.026	-0.009	-0.042	-0.055	-0.060	-0.093	-0.091
Pb	0.050	0.006	0.051	0.086	-0.107	-0.028	0.199	-0.094	-0.067	-0.165	-0.089	-0.104	-0.094	-0.099	0.087	-0.047	0.034	0.093	-0.156
Th	0.028	0.038	0.048	0.111	-0.034	-0.037	0.131	-0.018	-0.064	-0.048	-0.040	-0.039	0.009	-0.070	0.097	-0.017	0.169	0.109	-0.065
U	-0.063	0.193	0.024	0.219	-0.080	-0.073	0.142	-0.004	-0.132	-0.011	0.065	-0.060	0.136	-0.079	0.017	-0.160	0.038	0.165	-0.043

续表

土壤中矿物质含量	大米中矿物质含量																		
---	Cd	Sb	Te	Cs	Ba	La	Pr	Nd	Sm	Gd	Dy	Ho	Er	Yb	Hf	Pt	Pb	Th	U
Na	-0.129	0.091	0.016	-0.136	-0.125	-0.122	-0.143	-0.123	0.025	-0.013	-0.202	-0.009	0.023	-0.088	0.229	-0.226	-0.135	0.065	0.083
Mg	0.109	0.251	-0.206	0.134	-0.143	-0.115	-0.153	-0.141	-0.117	-0.215	-0.316*	-0.177	-0.200	-0.311*	0.178	-0.308*	0.204	-0.087	-0.069
Al	0.029	0.229	-0.110	0.127	-0.191	-0.178	-0.152	-0.143	-0.079	-0.132	-0.270*	-0.105	-0.086	-0.238	0.182	-0.287*	0.105	-0.054	-0.038
K	-0.090	0.176	-0.070	0.018	-0.165	-0.161	-0.130	-0.108	-0.051	-0.073	-0.243	-0.091	-0.053	-0.184	0.227	-0.292*	-0.014	-0.012	0.006
Ca	0.089	0.125	-0.226	0.011	-0.088	-0.048	0.011	0.003	-0.089	-0.208	-0.193	-0.137	-0.134	-0.172	0.082	-0.167	.268*	-0.081	-0.060
V	0.007	0.192	-0.077	0.107	-0.174	-0.071	0.007	-0.018	-0.005	0.024	-0.112	-0.115	-0.016	-0.123	0.093	-0.187	0.109	-0.103	-0.082
Cr	-0.048	0.268*	-0.114	0.119	-0.257	-0.152	-0.071	-0.101	-0.074	-0.155	-0.220	-0.117	-0.102	-0.254	0.152	-0.229	0.117	-0.095	-0.079
Mn	0.063	0.058	0.029	-0.126	-0.085	0.072	0.013	-0.020	0.101	0.112	-0.037	0.072	0.094	0.019	0.152	-0.053	0.058	0.159	0.180
Fe	0.112	0.232	-0.143	0.177	-0.169	-0.075	-0.118	-0.127	-0.073	-0.051	-0.226	-0.134	-0.090	-0.174	0.116	-0.219	0.131	-0.101	-0.083
Co	0.061	0.118	-0.059	0.023	-0.179	-0.067	-0.046	-0.070	-0.009	0.015	-0.092	0.010	0.040	-0.081	0.146	-0.097	0.081	0.072	0.095
Ni	0.057	0.261	-0.184	0.180	-0.219	-0.130	-0.104	-0.099	-0.119	-0.184	-0.215	-0.115	-0.136	-0.287*	0.133	-0.216	0.197	-0.096	-0.071
Cu	0.017	0.297*	-0.153	0.228	-0.163	-0.111	-0.063	-0.065	-0.038	-0.099	-0.164	-0.118	-0.061	-0.258	0.097	-0.150	0.154	-0.123	-0.113
Zn	0.129	0.188	-0.153	0.145	-0.180	-0.160	-0.234	-0.211	-0.136	-0.261	-0.329*	-0.164	-0.219	-0.329*	0.153	-0.260	0.152	-0.077	-0.059
As	0.142	0.159	-0.039	0.043	-0.165	-0.078	-0.069	-0.101	-0.051	-0.005	-0.127	-0.060	-0.036	-0.101	0.111	-0.148	0.043	-0.016	0.012
Rb	-0.043	0.162	-0.087	0.113	-0.184	-0.168	-0.109	-0.110	-0.052	-0.057	-0.229	-0.097	-0.031	-0.192	0.160	-0.248	0.043	-0.060	-0.048
Sr	-0.016	0.241	-0.119	-0.020	-0.161	-0.099	-0.100	-0.088	-0.002	-0.127	-0.262	-0.084	-0.068	-0.186	0.235	-0.282*	0.111	-0.005	0.027
Ru	-0.128	-0.188	-0.143	0.235	-0.179	-0.003	-0.039	-0.077	-0.130	0.045	-0.052	-0.170	-0.060	-0.124	-0.073	0.032	-0.120	-0.213	-0.211
Pd	0.036	0.084	-0.113	0.214	-0.119	-0.099	-0.102	-0.071	-0.082	-0.004	-0.220	-0.114	-0.045	-0.195	0.122	-0.210	0.023	-0.102	-0.090
Ag	0.085	0.257	-0.178	0.200	-0.137	-0.152	-0.136	-0.132	-0.100	-0.132	-0.265*	-0.066	-0.127	-0.222	0.135	-0.182	0.161	-0.018	-0.026
Cd	-0.081	0.197	-0.077	0.134	-0.153	-0.155	-0.159	-0.133	-0.075	-0.252	-0.244	-0.044	-0.113	-0.330*	0.192	-0.105	-0.015	-0.025	-0.030

续表

土壤中矿物质含量	大米中矿物质含量																		
	Cd	Sb	Te	Cs	Ba	La	Pr	Nd	Sm	Gd	Dy	Ho	Er	Yb	Hf	Pt	Pb	Th	U
Sb	-0.071	0.159	-0.041	0.106	-0.147	-0.031	0.078	0.085	0.018	0.067	0.014	-0.056	0.028	-0.090	0.110	-0.232	0.040	-0.074	-0.037
Te	0.136	0.098	-0.267*	0.142	0.061	0.017	-0.018	-0.021	0.082	0.072	-0.088	0.078	-0.003	-0.058	0.217	0.008	0.079	0.199	0.208
Cs	0.101	0.209	-0.178	0.250	-0.178	-0.148	-0.076	-0.070	-0.116	-0.109	-0.204	-0.129	-0.099	-0.247	0.096	-0.245	0.160	-0.115	-0.110
Ba	-0.093	0.229	-0.054	0.067	-0.165	-0.130	-0.060	-0.054	0.031	-0.017	-0.166	-0.047	0.037	-0.157	0.182	-0.212	0.069	-0.014	0.004
La	0.029	0.149	-0.121	0.108	-0.161	-0.106	-0.058	-0.073	0.026	0.009	-0.170	-0.036	0.045	-0.132	0.149	-0.180	0.103	-0.015	-0.003
Pr	0.034	0.167	-0.127	0.091	-0.166	-0.094	-0.048	-0.061	0.026	0.011	-0.166	-0.043	0.038	-0.134	0.157	-0.198	0.109	-0.022	-0.007
Nd	0.194	0.068	-0.191	0.258	-0.014	0.084	0.154	0.118	-0.014	-0.008	0.078	-0.066	-0.016	-0.082	-0.079	-0.033	0.310*	-0.128	-0.132
Sm	0.036	0.176	-0.154	0.106	-0.180	-0.103	-0.059	-0.067	0.005	-0.012	-0.180	-0.059	0.020	-0.169	0.159	-0.212	0.115	-0.041	-0.025
Gd	0.048	0.178	-0.168	0.133	-0.192	-0.105	-0.060	-0.060	-0.014	-0.031	-0.189	-0.067	0.012	-0.188	0.161	-0.210	0.121	-0.053	-0.039
Dy	0.048	0.176	-0.189	0.148	-0.208	-0.124	-0.078	-0.073	-0.039	-0.063	-0.206	-0.083	-0.017	-0.217	0.157	-0.230	0.121	-0.068	-0.053
Ho	0.044	0.204	-0.178	0.151	-0.225	-0.143	-0.092	-0.087	-0.066	-0.085	-0.220	-0.090	-0.031	-0.236	0.161	-0.226	0.113	-0.078	-0.062
Er	0.034	0.167	-0.177	0.154	-0.215	-0.130	-0.076	-0.076	-0.057	-0.070	-0.183	-0.051	-0.030	-0.212	0.160	-0.241	0.109	-0.045	-0.019
Yb	0.075	0.180	-0.182	0.161	-0.199	-0.136	-0.130	-0.123	-0.103	-0.097	-0.234	-0.111	-0.078	-0.237	0.161	-0.237	0.107	-0.079	-0.062
Hf	0.010	0.200	-0.089	0.097	-0.130	-0.115	-0.068	-0.072	-0.054	-0.061	-0.171	-0.088	-0.088	-0.166	0.211	-0.294*	0.100	-0.040	-0.004
Pt	-0.068	0.098	0.202	-0.119	-0.166	0.217	0.285*	0.197	0.228	0.054	0.107	-0.039	0.092	0.138	0.021	0.053	-0.002	-0.070	-0.076
Pb	-0.045	0.132	-0.065	0.064	-0.182	-0.109	-0.031	-0.040	-0.001	0.032	-0.118	-0.053	0.029	-0.107	0.137	-0.168	0.040	-0.034	-0.013
Th	0.056	0.196	-0.079	0.111	-0.142	-0.109	-0.059	-0.079	0.003	0.029	-0.169	-0.053	0.028	-0.093	0.129	-0.163	0.082	-0.041	-0.027
U	0.103	-0.003	-0.121	0.051	-0.158	-0.070	-0.003	-0.013	-0.003	0.077	-0.114	-0.076	0.037	-0.105	0.066	-0.151	-0.014	-0.083	-0.088

量，大米中 Rb 的含量与土壤中 Fe、Ni、Cu、Cs、Nd 的含量，大米中 Pd 的含量与土壤中 Zn 的含量，大米中 Sb 的含量与土壤中 Cr、Cu 的含量，大米中 Pr 的含量与土壤中 Pt 的含量，大米中 Pb 的含量与土壤中 Ca、Nd 的含量，以上 8 组数据呈显著正相关。说明大米中的矿物元素的含量与土壤中矿物元素含量具有相关性，土壤中的矿物元素的含量会影响到当地种植的水稻矿物元素的含量。

28.6 与母质土壤直接相关的矿物元素主成分分析

为了初步检验稻米中与土壤密切相关的矿物元素对产地的鉴别效果，对不同地域来源的稻米样品中与母质土壤密切相关的 Mg、Al、K、Ca、Cr、Mn、Fe、Co、Ni、Cu、Zn、As、Rb、Sr、Ru、Pd、Ag、Cd、Sb、Te、Cs、Pr、Nd、Dy、Yb、Hf、Pt、Pb 28 种元素进行主成分分析，分析结果见表 28-7。结果表明，前 11 个主成分的累计方差贡献率约为 74.6%。由表 28-8 可以看出，第 1 主成分主要综合了水稻样品中 Mg、K、Mn 元素的含量信息；第 2 主成分主要综合了样品中 Pr、Nd 和 Dy 的含量信息；第 3 主成分主要综合了 Cu 和 Ni 的含量信息；第 4 主成分主要代表 Cs、Rb、Ag 含量信息；第 5 主成分主要代表 Sr 和 Fe 含量信息；第 6 主成分主要代表 Ru 含量信息；第 7 主成分主要代表 Al 含量信息；第 8 主成分主要代表 Cr 含量信息；第 9 主成分主要代表 Pt 含量信息；第 10 主成分主要代表 Pd 含量信息；第 11 主成分主要代表 Hf、Sb 含量信息。利用稻米与母质土壤密切相关的元素的第 1、2 个主成分作图（图 28-1、图 28-2）。由图 28-2 可知，不同省份的样品间虽然有交叉，但大多数可被较好地加以区分。

表 28-7 主成分的特征值及贡献率

主成分	特征值	方差贡献率/%	累计方差贡献率/%
1	2.931	10.467	10.467
2	2.893	10.332	20.799
3	2.445	8.731	29.53
4	2.116	7.559	37.089
5	1.829	6.533	43.622
6	1.667	5.955	49.577
7	1.641	5.861	55.438
8	1.379	4.925	60.362
9	1.367	4.883	65.245
10	1.326	4.734	69.979
11	1.299	4.639	74.618

表 28-8 成分得分矩阵

元素名称	1	2	3	4	5	6	7	8	9	10	11
Mg	0.373	0.022	−0.003	0.058	−0.028	−0.109	0.100	−0.078	0.004	−0.048	−0.043
Al	0.047	0.033	−0.043	0.024	−0.038	−0.106	0.569	0.134	−0.094	0.225	−0.023
K	0.356	−0.037	0.049	0.037	0.029	−0.16	0.149	−0.033	0.033	0.025	−0.083
Ca	0.087	0.011	−0.07	−0.05	0.028	0.111	0.363	−0.067	0.121	−0.072	0.105
Cr	−0.05	−0.078	0.068	−0.028	−0.085	0.038	0.08	0.654	0.085	−0.031	0.011
Mn	−0.182	−0.032	0.118	0.038	0.029	−0.081	0.041	−0.051	0.143	0.02	−0.105
Fe	0.053	0.028	0.022	0.031	0.425	−0.085	−0.037	−0.043	0.017	0.075	−0.022
Co	0.159	−0.004	−0.007	0.186	0.043	0.29	−0.131	0.076	0.053	0.038	0.164
Ni	0.086	0.057	0.337	0.003	−0.101	−0.028	−0.044	0.011	−0.014	−0.023	−0.068
Cu	−0.071	−0.016	0.38	−0.011	−0.091	0.047	0.005	0.056	−0.122	0.087	−0.065
Zn	0.075	0.019	0.187	−0.04	−0.117	0.254	−0.095	0.036	0.091	−0.159	0.218
As	−0.042	0.139	−0.3	0.031	−0.19	0.29	0.093	−0.061	0.055	−0.144	−0.165
Rb	0.035	0.016	−0.079	0.37	−0.062	−0.053	0.128	0.01	0.013	−0.068	−0.003
Sr	−0.036	−0.07	−0.126	0.002	0.541	−0.008	0.023	−0.049	0	−0.045	0.019
Ru	−0.11	−0.02	−0.036	−0.074	−0.012	0.472	0.018	0.026	−0.078	0.066	−0.057
Pd	0.005	0.023	0.027	−0.017	−0.015	−0.005	0.106	−0.035	0.039	0.675	0.029
Ag	0.084	−0.034	0.014	0.458	0.09	0.07	−0.27	0.035	−0.109	0.175	0.059
Cd	−0.091	−0.076	0.085	−0.02	0.098	−0.036	−0.027	−0.067	0.399	−0.155	0.063
Sb	0.104	−0.048	−0.005	0.033	−0.008	−0.049	0.114	0.07	−0.118	−0.214	0.507
Te	0.113	−0.067	−0.066	0.083	0.039	−0.216	0.016	0.337	−0.055	−0.005	0.165
Cs	0.064	−0.002	−0.014	0.401	0.01	−0.085	0.052	0	−0.021	−0.08	−0.017
Pr	0.05	0.365	−0.038	−0.018	−0.033	−0.053	0.039	−0.146	0	0.081	0.059
Nd	0.023	0.347	−0.055	−0.042	−0.032	−0.072	0.049	−0.147	0.064	0.016	0.053
Dy	−0.073	0.282	−0.008	0.032	−0.068	0.103	−0.044	0.117	−0.113	0.008	−0.088
Yb	−0.053	0.094	−0.025	0.017	0.17	0.104	−0.081	0.356	−0.038	0.002	−0.038
Hf	−0.125	0.076	−0.025	−0.026	0.01	0.068	−0.115	0.009	0.062	0.285	0.586
Pt	0.008	−0.001	−0.088	−0.032	−0.02	−0.068	−0.024	0.078	0.663	0.102	−0.063
Pb	0	−0.09	0.137	−0.048	0.076	0.234	0.225	0.007	−0.245	−0.116	−0.028

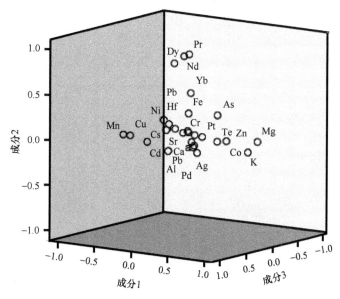

图 28-1　旋转空间的成分图

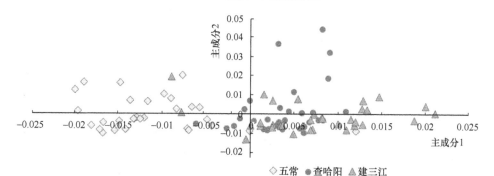

图 28-2　与母质土壤密切相关的元素的前两个主成分得分图

28.7　与母质土壤直接相关的矿物元素判别分析

利用与母质土壤密切相关的元素 Mg、Al、K、Ca、Cr、Mn、Fe、Co、Ni、Cu、Zn、As、Rb、Sr、Ru、Pd、Ag、Cd、Sb、Te、Cs、Pr、Nd、Dy、Yb、Hf、Pt、Pb 采用逐步判别分析法，得到 K、Mn、Co、Ni、Rb、Pt 为典型判别因子，建立的水稻产地判别模型如下：

五常=0.083K+0.002Mn+0.650Co−0.016Ni+0.003Rb+3.913Pt−49.205

查哈阳=0.133K+1.002Co−0.001Ni−0.003Rb+4.470Pt−62.200

建三江=0.137K−0.001Mn+1.608Co−0.005Ni−0.002Rb+5.784Pt−71.277

利用此判别模型判别测试集样品，结果对五常地区、查哈阳地区和建三江地

区水稻样品产地的正确判别率分别为 100%、87.5%、76.8%，整体正确判别率为
87.85%。此模型对各地样品的正确判别率均较高，说明这些溯源指纹信息可以较
好地反映各地稻米中的矿物元素指纹特征。其判别分析图如图 28-3 所示。

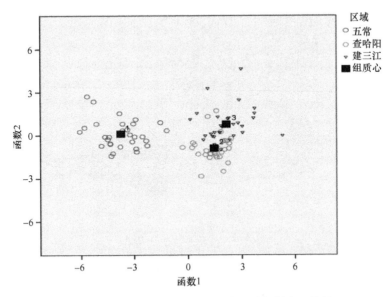

图 28-3　判别函数区域性散点图（彩图请扫封底二维码）

28.8　小　　结

　　根据方差判断，不同地域来源的稻米中 Na、Mg、Al、K、V、Mn、Co、Cu、
Zn、As、Rb、Pd、Cd、Cs、Hf、Pt 的含量有显著的差异。不同地区表层土壤 Mg、
Zn、Rh、Tb 含量有极显著差异，Ca、Sc、V、Cr、Fe、Co、Ni、Cu、As、Se、
Rb、Sr、Mo、Pd、Ag、Cd、Sb、Ba、La、Ce、Pr、Nd、Sm、Eu、Gd、Dy、Hf、
Ir、Pt、Au、Tl、Pb、Th 存在显著差异。不同地区的母质土壤 Mg、Zn、Rh、Tb
的含量有极显著差异，Ca、Sc、V、Cr、Fe、Co、Ni、Cu、As、Se、Rb、Sr、
Mo、Pd、Ag、Cd、Sb、Ba、La、Ce、Pr、Nd、Sm、Eu、Gd、Dy、Hf、Ir、Pt、
Au、Tl、Pb、Th、U 的含量有显著差异。

　　根据相关性分析，得出稻米样品中与母质土壤密切相关的 Mg、Al、K、Ca、
Cr、Mn、Fe、Co、Ni、Cu、Zn、As、Rb、Sr、Ru、Pd、Ag、Cd、Sb、Te、Cs、
Pr、Nd、Dy、Yb、Hf、Pt、Pb 28 种元素。

　　根据主成分分析，可将 28 种与母质土壤密切相关的元素分成 11 个主成分，
其累计方差贡献率约为 74.6%。利用稻米与母质土壤密切相关的元素的第 1 和第
2 个主成分 Mg、K、Mn、Pr、Nd、Dy 得分作图，可较好地区分三个地区的样品。

　　利用逐步判别分析法建立模型，判别测试集样品，结果对五常地区、查哈阳地区和建三江地区水稻样品产地的正确判别率分别为 100%、87.5%、76.8%，整体正确判别率约为 87.9%。得出的判别因子为 K、Mn、Co、Ni、Rb、Pt。此模型对各地样品的正确判别率均较高，说明这些溯源指纹信息可以较好地反映各地稻米中的矿物元素指纹特征。

　　综上所述，黑龙江省三个地区水稻产物有其特定的产区鉴别因子，可根据其因子特点，采取产地溯源技术鉴别产区。

第 29 章 不同地域粳米中与地域密切相关元素验证分析

29.1 不同地域粳米中与地域密切相关元素的主成分分析

为了初步检验与地域密切相关 14 种元素 Na、Mg、Ca、Cr、Mn、Co、Se、Rb、Sr、Y、Mo、Dy、Ho 和 Er 对产地的判别效果，对不同地域来源的粳米样品中这 14 种元素的含量进行主成分分析。前 3 个主成分的载荷图如图 29-1 所示。由图 29-1 可知，主成分 1 主要综合了元素 Na、Ca、Y、Er、Sr、Dy、Mo、Co 的信息；主成分 2 主要综合了元素 Mn、Rb、Cr 和 Mg 的信息；主成分 3 主要代表了元素 Ho 的信息。不同地域来源粳米样品的前 3 个主成分得分图如图 29-2 所示，三个地域的样品分布在不同区域，说明这 14 种与地域密切相关的元素携带有足够的信息可以鉴别水稻的产地。

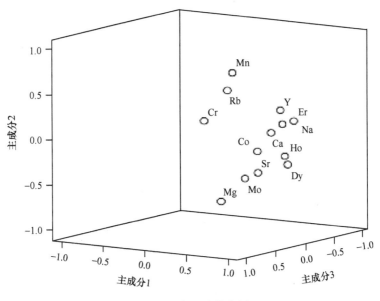

图 29-1 主成分载荷图

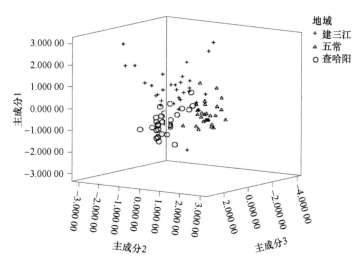

图 29-2　与地域密切相关元素主成分得分图

29.2　不同地域粳米样品中与地域密切相关的矿物元素含量的判别分析

不同地域来源粳米样品主成分分析的结果证明了这 14 种与地域密切相关的元素携带足够的信息，可以鉴别粳米的产地；但仅是视觉上的判别，缺少描述具体差异的指标。因此，进一步对于不同地域的粳米样品 14 种元素 Na、Mg、Ca、Cr、Mn、Co、Se、Rb、Sr、Y、Mo、Dy、Ho 和 Er 进行逐步判别分析，检验已建模型的有效性（表 29-1）。建立的判别模型引入 Na、Mg 和 Y 三种元素，如下所示：

$$建三江 = 0.627Na+0.098Mg+1.164Y-29.707$$
$$五常 = 0.776Na+0.036Mg+0.62Y-12.691$$
$$查哈阳 = 0.408Na+0.093Mg-0.825Y-19.372$$

表 29-1　与地域相关元素对 2013 年粳米样品判别分析分类结果

项目		地域	预测组成员			合计
			建三江	五常	查哈阳	
初始	计数	建三江	29	0	1	30
		五常	0	28	0	28
		查哈阳	0	0	31	31
	比例/%	建三江	96.7	0.0	3.3	100.0
		五常	0.0	100.0	0.0	100.0
		查哈阳	0.0	0.0	100.0	100.0

续表

项目		地域	预测组成员			合计
			建三江	五常	查哈阳	
交叉验证	计数	建三江	28	1	1	30
		五常	0	28	0	28
		查哈阳	0	0	31	31
	比例/%	建三江	93.3	3.3	3.3	100.0
		五常	0.0	100.0	0.0	100.0
		查哈阳	0.0	0.0	100.0	100.0

注：已对初始分组案例中的 98.9% 进行了正确分类；已对交叉验证分组案例中的 97.8%进行了正确分类；仅对分析中的案例进行交叉验证。在交叉验证中，每个案例都是按照从该案例以外的所有其他案例派生的函数来分类的

利用此判别模型对交叉验证分组案例的 97.8%进行了正确分类。利用两个判别函数得分作图。由判别函数得分图可见，不同地域的粳米样品位于不同的空间。说明了这三种与地域密切相关的元素对地域的鉴别力较强。

29.3　小　　结

矿物元素产地溯源技术是对地理标志粳米进行判别的有效手段，品种、加工等级和地域对样品中元素均有影响，研究筛选了与品种、加工和地域密切相关的元素，并验证了与地域密切相关元素的判别效果，结果较为可靠，但影响模型稳定性的因素还很复杂，如年际差异性及种植过程中农药和化肥对样品元素的影响等，今后还需进一步深入研究，以获得更加准确可靠的产地溯源指标。

参 考 文 献

冯寿波. 2008. 论地理标志的国际法律保护——以 TRIPS 协议为视角. 北京: 北京大学出版社.

郭艳坤, 白雪华. 2005. 黑龙江省大米品牌整合的对策. 北方经贸, (10): 44-45.

胡树林, 黄启为, 徐庆国. 2002. 不同产地香米微量元素含量差异及吸收富集特征研究. 作物研究, (1): 14-16.

胡树林, 徐庆国, 黄启为. 2001. 香米品质与微量元素含量特征关系的研究. 作物研究, 4: 12-18.

李军, 梁吉哲, 刘侯俊, 等. 2012. Cd 对不同品种水稻微量元素积累特性及其相关性的影响. 农业环境学学报, 31(3): 441-447.

王树婷, 刘成武, 张敏, 等. 2010. 黑龙江大米类国家地理标志产品保护的思考. 农业系统科学与综合研究, (2): 218-221.

魏益民, 郭波莉, 魏帅. 2010. 食品溯源及确证技术. 2010 年第三届国际食品安全高峰论坛论文集. 北京: 北京食品科学技术学会: 10-12.

Amissah J G N, Ellis W O, Oduro I, et al. 2003. Nutrient composition of bran from new rice varieties under study in Ghana. Food Control, 14(1): 21-24.

Bayer S, McHard J A, Winefordner J D, et al. 1980. Determination of the geographical origins of frozen concentrated orange juice via pattern recognition. Journal of Agricultural and Food Chemistry, 28: 1306-1307.

Fernanda G, Fabio F, Maruso C, et al. 2008. Analysis of trace elements in southern Italian wines and their classification according to provenance. LWT-Food Science and Technology, 41(10): 1808-1815.

Frontela C, García-Alonso F J, Ros Martínez C. 2008. Phytic acid and inositol phosphates in raw flours and infant cereals: The effect of processing. Journal of Food Composition and Analysis, 21: 343-350.

Fujian Bureau of Statistics. 2010. Fujian Statistical Yearbook 2010. Beijing: China Statistics Press.

Fujian Local Chronicle Committee. 2002. Fujian Local Chronicles. Beijing: Chronicle Press.

Gonzalvez A, Armenta S, Guardia S A D L. 2009. Trace element composition and stable-isotope ratio for discrimination of foods with Protected Designation of Origin. Trends in Analytical Chemistry, 28(11): 1295-1311.

Gonzalvez A, Guardia S A D L. 2011. Geographical traceability of "Arròs de Valencia" rice grain based on mineral element composition. Food Chemistry, 126: 1254-1260.

Gonzalvez A, Llorens A, Cervera M L. 2009. Elemental fingerprint of wines from the protected designation of origin Valencia. Food Chemistry, 112(1): 26-34.

Jiang S L, Wu J G, Thang N B. 2008. Genotypic variation of mineral elements contents in rice(*Oryza sativa* L.). European Food Research and Technology, 228(1): 115-122.

Kitta K, Ebihara M, Iizuka T, et al. 2005. Variations in lipid content and fatty acid composition of major non-glutinous rice cultivars in Japan. Journal of Food Composition and Analysis, 18: 269-278.

Laul J C, Weimer W C, Rancitelli L A. 1979. Biogeochemical distribution of rare earths and other trace elements in plants and soils. Physics and Chemistry of the Earth, 11: 819-827.

Li G, Nunes L, Wang Y, et al. Profiling the ionome of rice and its use in discriminating geographical origins at the regional scale, China. Journal of Environmental sciences. Online-DOI: 10. 1016/ S1001-0742(12)60007-2.

Liang J, Han B Z, Han L, et al. 2007. Iron, zinc and phytic acid content of selected rice varieties from China. Journal of the Science of Food and Agriculture, 87(3): 504-510.

Mariani B M, Degidio M G, Novar P. 1995. Durum wheat quality evaluation: influence of genotype and environment. Cereal Chemistry, 72(2): 194-197.

Morgounov A, Gomez-Becerra H F, Abugalieva A, et al. 2007. Iron and zinc grain density in common wheat grown in Central Asia. Euphytica, 155: 193-203.

Oury F X, Leenhardt F, Remesy C, et al. 2006. Genetic variability and stability of grain magnesium, zinc and iron concentrations in bread wheat. European Journal of Agronomy, 25(2): 177-185.

第六篇　北方粳米指纹图谱的构建及品种识别技术研究

第 30 章　水稻种质资源的遗传多样性

30.1　遗传多样性及影响因素

遗传多样性是生物界所有遗传变异的总和，是生物多样性的基础。遗传多样性狭义上是指种内遗传多样性，是种内不同种群及种群内不同个体的遗传变异的总和。植物遗传多样性是生物多样性的重要组成部分，是生物遗传改良的源泉，是物种或种群进化潜力和适应环境能力的基础，是物种能否被可持续利用的重要基础。

通常遗传多样性最直接的表现是变异水平的高低，受多种因素的影响和制约，其根本原因是突变的产生，主要包括繁育系统、遗传漂变、基因流、自然选择，另外，还包括由于环境变化和人为因素造成的物种灭绝、种群隔离等。遗传多样性的研究可以用来指导种质资源的收集、鉴定、评价、保护与利用，也可为拓宽育种亲本的遗传基础提供理论指导，在育种过程中更为有效、合理地利用生物资源。因此，生物遗传多样性的研究具有重要的理论意义和现实意义。

30.2　遗传多样性的研究现状

随着分子生物学的不断发展创新，有关遗传多样性的研究方法也取得了突破性进展，已经从形态学观察鉴定、细胞学鉴定、生理生化水平鉴定发展到目前的分子水平鉴定。其中，以分子标记形式检测遗传变异已经发展成为遗传多样性的主要研究方式，利用分子标记开展遗传多样性的研究更为科学、准确，因此，不断开发出了适合不同物种的分子标记技术。目前，分子标记技术主要有限制性片段长度多态性（RFLP）、简单重复序列（SSR）、序列标签位点（STS）、随机扩增多态性 DNA（RAPD）、扩增片段长度多态性（AFLP）等多种类型。其中，SSR更适用于遗传多样性研究。

30.3　水稻种质资源的遗传多样性

水稻是占我国粮食年总产量约 40%的第一大粮食作物，长期的种植历史及自然和人工选择孕育了丰富的水稻品种资源，使中国拥有世界上最为广泛的水稻遗传资源。中国稻类种质资源丰富，目前中国共有 71 970 份稻种资源被收集并编入国家种质资源库，其中 50 530 份是地方水稻品种，120 份是遗传标记材料，还有 1605 份杂交稻三系资源，4085 份国内培育品种，6944 份野生近缘种资源，8686 份国外引进品种。除从外国引进的稻种和遗传标记材料外，属于我国独有的稻种数为 63 164 份，居世界产稻国之首。虽然我国水稻种质资源遗传多样性丰富，但目前对于水稻种质资源遗传多样性的研究，多集中于野生稻和粳、籼栽培稻及一些选育品种，至今对地方水稻品种资源没有进行系统而广泛的研究。研究发现，我国云南省因其复杂的气候地理条件和丰富的生态多样性形成了当地水稻种质资源丰富的遗传变异类型，云南被认为是中国水稻品种资源遗传多样性最丰富的地区，也是优异水稻种质资源的富集地（Zeng et al.，2007）。

我国在 1956 年发现并利用矮秆基因率先选育出了世界上第一个半矮秆品种'矮脚南特'，实现了我国水稻生产的一次飞跃。到 20 世纪 70 年代发现并利用野生稻的雄性不育基因成功地选育了杂交水稻的恢复系、不育系、保持系三系配套，实现了我国水稻生产的又一次飞跃。近年来，我国发现并有效地利用了水稻广亲和基因和光敏核不育基因育成了两系籼粳亚种间超级杂交稻。现阶段，育种人员开始引进其他地区（包括国内和国外）一些优良的遗传材料配合大量的当地水稻品种作为亲本，从而使外来的优良种质资源开始大规模在当地应用。选育的具有优良综合性状的水稻品种直接用于生产推广或作为优良遗传亲本。例如，我国粳稻产区大面积推广的日本品种'农垦'系列在 20 世纪六七十年代曾是我国种植面积最大的水稻品种。目前我国水稻产区的杂交稻亲本资源多来自于国际水稻研究所，大部分杂交稻品种的恢复系为国际水稻研究所选育的半矮秆、高产或抗病虫性强的品种。

中国普通野生稻遗传多样性丰富且具有明显的地域特征，其遗传多样性要高于亚洲栽培稻。普通野生稻被认为是亚洲栽培稻的祖先，近年来，育种家及水稻科研工作者逐渐认识到，长期利用少数的核心亲本已经导致我国水稻推广品种的遗传基础变得狭窄。研究表明，从 20 世纪 50 年代起，水稻选育品种的遗传多样性一直呈下降趋势，与地方品种相比，选育品种在育种过程中会发生不同数目的等位基因丢失（魏兴华等，2003）。

对国内不同地区的野生稻多样性进行比较，发现水稻的遗传多样性与生态和地理分布密切相关。虽然各种研究结果有些差异，但大数据说明广东、广西和海南等纬度较低地区的野生稻种群间和种群内的遗传多样性都很丰富，等位变异类型比较多；而纬度较高地区的湖南和江西境内的野生稻资源在分子水平上的多样性检验结果表明其遗传多样性水平都较低（Wang et al.，1996；Gao and Hong，2000），但是也有少数的研究结果认为水稻品种与地理位置没有必然联系。普通野生稻遗传多样性沿水流的方向递增，风和生物携带对水稻居群间的遗传多样性影响较小（Ren et al.，2005；Yang et al.，2007）。普通野生稻的遗传多样性不仅受气候和生态环境的影响，而且一些小的生态环境对普通野生稻的生长和遗传变异等也起着关键作用，普通野生稻的遗传多样性也在较大程度上受到栽培稻的基因渗入的影响。国内普通野生稻的栖息地普遍与栽培稻靠近，在自然条件栽培稻基因会逐渐渗入野生稻，这在一定程度上改变了野生稻群体的遗传多样性，同时也提高了野生稻种群对生态环境的适应性。

　　总体来说，在全球范围内，水稻的遗传多样性都有降低的趋势。在未来，大规模高通量的遗传多样性研究方法的发展和深入开展普通野生稻遗传多样性形成机制和濒危机制研究是水稻遗传多样性的研究发展方向。对于海量的已存在和不断更新的普通野生稻种质资源，重测序技术的高通量、大规模、低成本特点使其将可能成为更大规模、更加高效的遗传多样性分析的重要方法。

第31章 指纹图谱技术

以"指纹"（fingerprint）作为个人的鉴定指标，起源于 19 世纪末 20 世纪初的犯罪学和法医学。它是指因生物学上个体间存在差异，每个人的指纹具有唯一性，而这种唯一性并不随时间、环境的变化而改变。随后，"指纹"通过不同方法被引入多个领域，由于其通常以某种图谱的形式呈现，故称为指纹图谱。研究指纹图谱的方法或技术被称为指纹图谱技术，其应用范围和内涵得到不断延伸。

指纹图谱技术产生初期，还没有对其准确地定性。在流行病学中应用的质粒指纹图谱，即通过在细菌中提取的质粒片段，经过限制性核酸内切酶酶切后，用琼脂糖凝胶电泳检测所得到的差异性的图纹，以及作为早期蔬菜农药残留的指纹图谱测试方法，即将蔬菜的切口紧紧压在浸有与农药反应的化学药品的试纸上，在阳光下暴晒，能够在试纸上产生色斑，都被称为指纹图谱。无论检测技术和对象如何不同，其核心内容是用具有唯一性或特征性的图谱来鉴定或区别被检测生物（梅洪娟等，2014）。

随着指纹图谱的应用范围的不断扩大，其相关概念也在不断延伸。早期将指纹图谱分为 DNA 指纹图谱和蛋白质指纹图谱，当时的指纹图谱等同于生物指纹图谱。但随着中药现代化、国际化的发展，对中药研究日益广泛，有人将指纹图谱直接定义为中药指纹图谱，甚至将化学指纹图谱、DNA 指纹图谱、蛋白质指纹图谱等均归到中药指纹图谱中。而根据特征性成分及分析手段的不同，又将指纹图谱分为生物指纹图谱和化学指纹图谱。生物指纹图谱包括 DNA 指纹图谱和蛋白质指纹图谱；化学指纹图谱依据所含化学成分种类及含量，借助光谱和色谱等技术对化学成分进行分析，能较充分反映出复杂混合体系特征性成分种类和含量的整体状况。随着指纹图谱应用范围的延伸及新技术的产生，可能会出现新的指纹图谱（梅洪娟等，2014）。

31.1 化学指纹图谱

化学指纹图谱是指采用一定的提取分离程序获取植物体内特征性的（作为检测目标的）总的化学成分，再采用现代分析手段得到这些特征性化学成分的总图谱。由于各种植物体内特征性的总的化学成分组成、含量各不相同，从而呈现出不同的谱型，根据谱型的差异可以将植物区分开。化学指纹图谱研究采用的方法有光谱法、色谱法、射线衍射法、电泳法、色谱联用技术、热分析法、分子生物学技术、扫描电镜技术、计算机图像分析、化学振荡技术、电化学法等，其中最为常用的是色谱法和光谱法。色谱法包括薄层色谱法、毛细管电泳、顶空气相色谱法、高效液相色谱法和气相色谱法；光谱法包括红外光谱法、紫外光谱法、荧光光谱法、近红外光谱法等；波谱法包括质谱、核磁共振法和联用技术。以上各种方法都有具体的适用范围，可以单独运用也可以联合应用（李妍等，2016）。

解析指纹图谱常结合化学计量学，这种结合分析的方法可以避免人工分析造成的误差，解决了许多研究指纹图谱的困难，使得分析结果更加准确和科学，在数据分析领域获得了越来越多的关注。化学计量学是指使用数学、统计学和计算机学的方法来选择或是设计最佳的测量解决方案，并通过化学分析测量数据获得信息。化学计量学包括化学模式识别、相似度计算、模糊聚类分析法、指纹峰配对识别研究。在中药鉴定和质量控制方面最常用的是相似度计算和化学模式识别研究，相似度计算是指通过量化的方式描述指纹图谱相似性，达到客观的数字化描述。相似度计算常采用相关系数法和夹角余弦法。相关系数法是指测量特征变量在变化过程中相似性状的相似度，忽略特征变量的差异性，常用于鉴别真伪，提供样品相似度信息。夹角余弦法是指在多维空间模式中，计算特征向量与共有模式向量间夹角余弦值的相似程度，常用于提供鉴别样品真伪的相关信息。化学模式识别基于"物以类聚"的原理，是指运用计算机对样本进行辨别和分类，是揭示事物内在联系的一种综合技术。模式识别方法有：模糊聚类分析法（fuzzy clustering analysis，FCA）、系统聚类分析法（hierarchical cluster analysis，HCA）、主成分分析法、簇类独立软模式法（soft independent modeling of class analogy，SIMCA）、非线性映射法（nonlinear mapping，NLM）、贝叶斯（Bayes）判别法和独立多重分类分析模式识别研究（pattern recognition by independent multicategory analysis，PRIMA）、人工神经网络（artificial neural network，ANN）法等。主成分分析（PCA）法就是在一种空间变换方式中，找寻初选的特征量间可能存在的相关性，将原始特征量标化后的变量进行线性组合，形成若干个新的特征矢量，使得信息损失量达到最小，相关性达到最优。其特点是将目标简化，以达到降维的目的。聚类分析是指对没有具体分类的样本，根据样本所对应的变量特征，按相似程度的大小加以分类，在模式空间中找到客观存在的类别，以达到分类的目的。指纹图谱分析中使用最多的就是聚类分析法，聚类分析中最常用的方法是系统聚类法和均值聚类法。当前化学计量学已经广泛地应用于指纹图谱数据信息的处理，化学模式识别技术更是化学计量学中重要的工具（王倩倩，2012）。

利用指纹图谱可以鉴别真伪、控制产品质量的稳定性、保证食品的营养功效，具有一定的现实指导意义。传统的方法是选择性分析一些标志性化合物来进行质量控制，这并不能反映食品中复杂物质的全部信息，同时不能全面考虑到化合物之间的协同作用，而指纹图谱技术具有整体性和模糊性的特点，能够较全面地反映复杂物质多种化合物的内在作用关系并显示特定的化学模式特点，通过与模式识别技术相结合可有效地提取分析有用信息，而这是其他方法所不能完成的。指纹图谱质控技术的使用，能够较好地解决定性定量控制食品的内在质量、有效地保证食品的风味这一复杂问题。指纹图谱质控技术还能够指导农产品的育种、田间生产，促进指纹控制体系的不断发展。

31.2　生物指纹图谱

生物指纹图谱能够鉴别生物个体之间的差异，这种图谱多态性丰富，有利于鉴别品种（品系），具有快速、准确的优点。目前，在品种鉴定过程中运用较多的指纹图谱主要有两种类型：一类是较早开始研究的蛋白质电泳图谱，另一类是 20 世纪 90 年代之后发展起来的 DNA 指纹图谱。DNA 指纹图谱具有高度的个体特异性和环境稳定性，就像人的指纹一样。与形态标记和生化标记相比，分子标记直接以 DNA 的形式体现，其差异体现的是不同品系的基因型差异，因而更加准确、客观。DNA 指纹图谱技术在农作物亲缘关系划分、杂优类群划分、种子质量标准化、品种审定、假种子辨别、产权纠纷上都发挥了相当大的作用。

DNA 指纹图谱是利用生物体内一些高变异性的 DNA 序列（但这些序列能在本类群或个体中稳定遗传）来区分生物类群或个体的一种方法。从分子生物学角度来看，生物类群或个体之间均存在稳定的、可遗传的差异，这些差异的实质是 DNA 序列（基因）的差异。各种基因的差异如同"指纹"一样，具有生物类群或个体的唯一性。但是，由于生物体内 DNA 序列数目巨大，在生物进化过程中，绝大多数 DNA 序列保守性强，很少发生变化，其表达出生物类群或个体之间的共性；极少量的 DNA 序列易受各种因素的影响而具有较大的变异性，从而表达出类群或个体独有的特征。通过 DNA 分子标记技术，利用共同的引物，对多个对象进行检测，即可寻找出这些检测材料中变异性相对较大的特定 DNA 片段，扩增后以电泳图谱的形式展现，即作为该材料特征性的 DNA "指纹"图谱（梅洪娟等，2014）。

DNA 指纹图谱技术是建立在 DNA 分子水平上、通过不同的分子标记技术来构建的。目前，DNA 分子标记技术有限制性片段长度多态性（restriction fragment length polymorphism，RFLP）、随机扩增多态性 DNA（random amplified polymorphic DNA，RAPD）、扩增片段长度多态性（amplified fragment length polymorphism，AFLP）、简单序列长度多态性（simple sequence length polymorphism，SSLP）、随机扩增微卫星多态性（random amplified micro-satellite polymorphism，RAMP）、序列标签位点（sequence-tagged site，STS）、DNA 扩增指纹（DNA amplified fingerprinting，DAF）、扩增子长度多态性（amplicon length polymorphism，ALP）、

特异扩增子多态性（specific amplicon polymorphism，SAP）、单链构象多态性（single strand conformation polymorphism，SSCP）和单核苷酸多态性（single nucleotide polymorphism，SNP）等。DNA 分子标记具有以下多种优点：①直接以遗传物质 DNA 的形式表现，在生物体的不同组织和发育时期均可检测到，受季节和环境的影响较少；②数量多、分布广，遍及整个基因组；③多态性高，自然存在着许多等位变异，不需专门创造特殊的遗传材料；④表现为"中性"，即不影响目标性状的表达，与不良性状无必然的连锁；⑤有许多分子标记表现为共显性（codominance），能够鉴别出作物品种或品系的纯合基因型与杂合基因型，为育种利用提供极大的便利（王忠华，2006）。

DNA 指纹图谱是指能够鉴别生物个体之间差异的 DNA 电泳图谱，它是建立在 DNA 分子标记的基础之上的。这种电泳图谱多态性丰富，具有高度的个体特异性和环境稳定性，就像人的指纹一样，因而被称为"指纹图谱"。指纹图谱是鉴别品种、品系（含杂交亲本、自交系）的有力工具，具有快速、准确等优点。因此指纹图谱技术非常适合于品种资源的鉴定工作。该技术已在各种作物品种资源和纯度鉴定研究中得到应用，并发挥着越来越重要的作用。

蛋白质指纹图谱是以特异性的蛋白质为检测物质，利用电泳技术呈现出不同的蛋白质谱带，从而将不同的检测对象区分开来。蛋白质是基因表达的产物，不同的生物类群、品种、杂交种由于基因水平的差异而产生不同的特征性蛋白质，因而可以用特征性和差异性的蛋白质来区分检测对象。目前蛋白质指纹图谱的特征性蛋白质以同工酶和非酶类蛋白质为代表。同工酶是具有相同催化功能而结构及理化性质不同的功能蛋白质，因而可以根据品种间广泛存在的遗传多样性进行鉴别。但因同工酶的制备困难且制备后酶的活性易受环境影响，从而限制了同工酶蛋白质指纹图谱的发展。非酶类蛋白质如种子蛋白、植物块茎中的蛋白质等，数量丰富，而且与同工酶相比受外界环境的影响较小。

研究表明，全蛋白的电泳图谱不受种植环境等外部因素的影响，而与品种的遗传特性密切相关。有研究是关于马铃薯品种全蛋白电泳图谱的，其认为全蛋白图谱与遗传因子有关，是鉴定品种的可靠手段（梅洪娟等，2014）。蛋白质指纹图谱技术在对临床疾病进行检测时，抓住绝大多数疾病都有特异的生物标志的本质，进行疾病监测和识别，可对生物标志做直接鉴定，故优于酶联免疫吸附试验（ELSIA）、免疫荧光试验等间接测定生物标志的方法。同时，还有一套灵敏的监测系统来检测和识别这些微量生物标志，因而决定了它在临床检测中的敏感性和准确性。从理论上推论，任何有生物标志表达的疾病都应能被检出，并做出及时诊断（许洋，2007）。

第32章　稻米指纹图谱技术

20世纪90年代之前，作物品种鉴定工作中经常用到的是生化指纹图谱。1985年英国科学家 Jeffreys 等报道了用人体基因组高变区的高度保守序列作探针进行Southern 印迹，得到了类似指纹的特异性杂交图谱，他们将其称为 DNA 指纹图谱，引发了将 DNA 指纹图谱广泛用于检测爬行动物、哺乳动物、两栖类、鸟类及昆虫等一些变异性较高的小的核酸序列。1988年 Dallas 用人源小卫星探针 33.6 获得了的 DNA 图谱。在这之后，越来越多的科学家在其他经济作物、真菌及病原菌等建立了指纹图谱（马旭丹，2015）。

DNA 指纹图谱的标记数量丰富，能遍及整个基因组，操作方便可靠、准确快速，不受环境影响，非常适宜用于品种鉴定，也可以用于遗传多样性分析、基因定位、QTL 分析、种植资源研究、分子辅助选择育种等领域。国外如日本、韩国、美国等国早就已经完成了稻米品种 DNA 指纹图谱的构建，而我国近年来也开始对国内各个地区的稻米品种进行 DNA 指纹构建工作。中国农业科学院水稻所等机构对南、北方稻区的国家稻米品种构建了指纹图谱，各个省市水稻研究单位也分别对省区试验稻和历年推广的稻米品种构建了指纹图谱（李溪盛，2014）。稻米分子标记手段也多种多样，包括限制性片段长度多态性（restriction fragment length polymorphism，RFLP）、简单重复序列（simple sequence repeat，SSR）、扩增片段长度多态性（amplified fragment length polymorphism，AFLP）、随机扩增多态性DNA（random amplified polymorphic DNA，RAPD）、相关序列扩增多态性（sequence-related amplified polymorphism，SRAP）等。其中基于 SSR 的稻米的指纹图谱构建文献报道最多，其次为 AFLP 法（李溪盛，2014）。Mackill 等（1996）比较了 RAPD、SSR 和 AFLP 三种分子标记对 14 个稻米品种的多态性，结果表明就检测出的平均多态性的百分率而言，SSR 最高，AFLP 其次，但实验中 AFLP 得到的多态带总数目相当大，因此很适用于稻米遗传图谱的构建。然而关于 DNA 指纹图谱技术用于稻米的真伪鉴定的报道非常有限。李溪盛（2014）采用扩增片段长度多态性（AFLP）分子标记体系，构建了北方粳稻的 DNA 指纹数据库，同时设计了可用于北方粳稻品种查询与识别的数据库系统，构建了北方粳稻品种识别的系统平台，用于稻米品种掺假识别。刘泓采用 SSR 分子标记技术，构建了黑龙江省主栽的普通粳米的 DNA 指纹图谱，用于稻米掺假检测。王倩倩（2012）等采用色谱法构建了不同品种有色稻米的指纹图谱，并对其进行化学模式识别，为有色稻米的质量控制提供更全面的参考。在上述水稻 DNA 指纹图谱的分子标记技术中，基于 SSR 构建水稻 DNA 指纹图谱的文献报道最多，其次为 AFLP。SSR 检出的平均多态性的百分率最高，因此很适用于构建稻米遗传图谱。

32.1　限制性片段长度多态性（RFLP 标记）

限制性片段长度多态性（restriction fragment length polymorphism，RFLP）是最早的第一代 DNA 分子标记方法，其基本原理是：在 DNA 分子中，由于 DNA 序列发生单个核苷酸的突变，利用特定的限制性酶对 DNA 进行酶切，由于特定的酶切位点的突变，会导致酶切后产生的片段大小及数量不同，从而产生限制性片段长度多态性，酶切产物通过 Southern 印迹与特定序列的探针杂交后，显示出 DNA 分子水平上的差异。RFLP 的优点是标记位点数量不受限制，同一个 RFLP 座位的等位基因数多，在不同座位之间，无上位性效应及其他相互作用；RFLP 检测不受外界条件的影响且能检测整个基因组内的变异；不同等位基因在杂合体中呈现共显性，因此能确定分离群体中各个体的基因型。缺点是克隆可表现出不同基因组 DNA 多态性的探针较为困难，多态性检出灵敏度不高；实验操作烦琐、费用高，不适合于育种和品种鉴别的大规模应用等；由于需要使用放射性同位素，这在很大程度上限制了 RFLP 技术的应用。RFLP 标记是最早用于构建遗传图谱的 DNA 分子标记，到目前为止在各种作物的遗传图谱中 RFLP 标记占一半以上。RFLP 标记也是作物研究中最早使用的分子标记，目前已经在各类作物的遗传进化、基因渗透、种质资源遗传多态性鉴定、遗传作图等方面得到广泛应用（Pejic et al.，1998）。

黄益勤等（2006）在利用 RFLP 分子标记划分玉米杂种优势群的基础上，分析了 37 个玉米品种的基于 RFLP 分子标记杂合性与 132 个杂交组合的产量性状 F1 的相关性表现。结果表明，要获得较强的杂种优势必须保证亲本之间有一定的杂合性，但并不是杂合性越高杂种优势就越强。王松文等（2006）利用筛选到的 28 个 RFLP 籼粳特异性探针对多个水稻品种进行分析，生物信息学分析表明，这些标记在基因组水平上存在差异，能对水稻品种进行籼粳稻分子分类。姜延波等用 45 个籼粳特异 RFLP 标记探针对 58 个水稻种系进行分析研究双亲籼粳差异与杂种优势的关系。结果表明，利用 RFLP 标记可将亲本和杂种明显地分为籼粳两群（姜延波和孙传清，1999）。虽然 RFLP 是出现较早的第一代分子标记技术，但迄今为止它的应用仍然比较广泛。

RFLP 分子标记技术在肉类、鱼类、酒类食品真伪鉴定及源头追踪上也有广泛应用。对动物源性食品的鉴定，主要通过对 mtDNA 中 *cyt b*、*COI* 等基因的 PCR 扩增，并从多种限制性内切酶中筛选出适宜的内切酶，以达到区分所有样本的目的。肉制品掺假，不仅关乎经济利益问题（如利用低价肉种代替高价肉种出售），更关系到宗教信仰（如阿拉伯人不食猪肉，印度人不食牛肉），所以对肉品种的鉴定极为重要。

32.2 简单重复序列（SSR 标记）

简单重复序列（simple sequence repeat，SSR）标记又称微卫星（microsatellite），是 1991 年由 Moore 等建立的第二代分子标记。微卫星 DNA，是广泛分布于基因组上的由 2～6 个核苷酸组成的串联重复的一段 DNA 序列，如（CA）$_n$、（AT）$_n$、（GA）$_n$ 等重复，一般长度在 200bp 以下。SSR 产生多态性的原因是 DNA 复制时的滑动、不对称交换等原因造成同一物种相同基因位点上的重复序列，由于重复次数不同从而产生了一些等位基因，尽管在基因组分布的位置不同，但每个 SSR 的两侧一般是相对保守的序列，SSR 引物就是根据这些区域重复数目的差异造成的多态性设计而成的。在高等生物中，SSR 标记极为丰富，平均每隔 10～50kb 就有一个 SSR（吕瑞玲等，2009）。SSR 分子标记技术的优点：数量丰富，揭示的多态性高；呈共显性遗传，可鉴别杂合子和纯合子；谱带扩增稳定，技术成熟；检测时间短，不受环境影响，操作简便，所需 DNA 量少等。缺点：引物开发难，必须知道重复序列两端的 DNA 序列的信息，如不能直接从 DNA 数据库查得则首先必须对其进行测序。

由于 SSR 标记是基于对基因组上特定 SSR 的扩增，这就需要确定目标 SSR 两端的序列信息，因此开发新的 SSR 标记具有一定的困难，需要基于测序技术对引物进行开发。但稻米的 SSR 开发工作已经由来已久，随着水稻全基因组测序工作的完成，这个问题已经解决。SSR 已经被广泛应用于大麦、水稻等谷物的品种鉴定、指纹图谱的构建等方面。

SSR 实际上是一种重复序列，由于重复序列在基因组中是变异最快的成分，且不受或较少受到自然选择的影响，故其变异容易保留下来，所以重复序列区域的多态性远高于基因区域的多态性。尽管 SSR 标记本身存在一定缺点，但是对于水稻的标记却不成问题，首先是因为 SSR 标记广泛、随机、均匀地分布于水稻基因组。在水稻的基因组中，分别含有 1360 个以（GA）$_n$ 和 1230 个以（GT）$_n$ 为主要单位的微卫星，而（GAA）$_n$ 和（GCC）$_n$ 等 SSR 在稻米基因组中的含量也相当丰富，估计在整个稻米基因组中微卫星的总数达到 5700～10 000 个，能完全满足构建稻米基因组微卫星图谱的需要。迄今发表的 SSR 座位已超过 10 000 个（www.gramene.org/microsat/SSR.text）（陈红，2011）。

近年来基于 SSR 对特定地区稻米的 DNA 指纹图谱库的建立有着广泛的应用。2005 年中国水稻研究所对南方稻区国家水稻区域试验品种进行微卫星标记分析，对其中 199 个稻米品种进行了 DNA 指纹鉴定，通过 12 个首选 SSR 标记构建了

199 个稻米试验品种的 DNA 指纹库，2009 年对浙江省稻米共 279 个品种构建了基于 12 个 SSR 标记的 DNA 指纹图谱数据库（程本义等，2007，2009）。2009 年沈阳农业大学水稻研究所北方粳稻育种重点开放实验室从 500 对 SSR 引物中筛选出 10 对核心引物，用于构建东北地区近两年区域试验品种的 DNA 指纹图谱（程本义等，2009）。2016 年哈尔滨工业大学对 61 份黑龙江省主栽的普通粳米品种进行了基于 SSR 的 DNA 指纹图谱构建。从目前的发展趋势看，未来 SSR 分子标记技术将是农作物品种鉴定及构建 DNA 指纹数据库的首选分子标记技术。而将分子标记技术和形态学标记技术相结合，并借助互联网平台实现品种真实性的快速鉴定是农作物品种鉴定的趋势，可以有效地打击农作物假冒伪劣品种，提高农作物品种的质量。

SSR 除能成功地应用于品种鉴别外，在食品掺假鉴定中也有广泛的报道。稻米作为亚洲最主要的粮食之一，掺假现象普遍发生，由于印度香米的价格要高于国际市场的其他米种 2~3 倍，其掺假更为严重。最初多利用长粒非印度香米进行掺假，而后多利用优质稻与印度香米杂交稻进行掺假，分析化学手段很难分辨真伪。早期的研究显示了 12 个 SSR 能将印度香米与其他类型的长粒稻米进行区分，但是不能完全区分杂交的印度香米与纯系的印度香稻。为提高区分度，根据纯系印度香米的染色体特异性区域选取 39 个 SSR 位点，利用这 39 个 SSR 中的三个与最初的 12 个 SSLP 结合，便能容易地识别每一个印度香米品系（Bligh et al.，1999）。此外，Ganopoulos 等（2011）利用 5 对 SSR 标记已区分印度香米和非印度香米，并利用与米香形成有关的 8bp 缺失基因结合高分辨溶解（high resolution melting，HRM）技术来定量分析印度香米中掺入的非印度香米。马铃薯是西方国家饮食中最主要的食物之一，特定的马铃薯品种有其专用的食品方式，优质的品种更因其口味与质地而价格昂贵，这也使得欧盟政府立法要求在马铃薯产品上需标注品种名称。传统的方法是通过对马铃薯块茎及植株进行形态学的鉴定，但面对现在的欺诈手段，这种识别已不再可靠。早期分子标记如 RFLP 的手段复杂，这使得 SSR 成为一种应用最为广泛的标记方法。Corbett 等（2011）仅利用三对微卫星引物采用 SSR 技术区分了 50 个英国马铃薯品种，其高效性及可靠性使得该方法发展成为一种标准的策略。橄榄油被西方誉为"液体黄金"，具有极佳的天然保健美容功效和理想的烹调用途。正规橄榄油都会标注其产区与橄榄果品种，不同的产区、橄榄树品种的橄榄果会产出不同标准的橄榄油，其高价值更取决于油橄榄的鲜果的橄榄树种及树木生长地。这使得橄榄油的假冒现象极为普遍。由于橄榄品种与各自产地具有极强相关性，因此也可以通过鉴定橄榄品种进而确定其产地。Sefc 等（2000）使用 SSR 标记手段对西班牙和意大利多个地区鉴定橄榄品种，使用该方法，他们从 7 个品种中区分了 6 个来自意大利区域的品种，由橄榄树种所建立的 SSR 图谱与直接从橄榄油中提取到的 DNA 的 SSR 图谱也具有一致性，这也为鉴定橄榄油品种及产地提供了方法依据。但对于食品原料产地的鉴定，DNA 分子标记也体现出应用的局限性，因为 DNA 分子标记是以 DNA 为研究对象，对于产地与物种并无关联的食品原料，DNA 分子标记不能进行鉴定。

32.3　扩增片段长度多态性（AFLP）标记

扩增片段长度多态性（amplified fragment length polymorphism，AFLP）标记，也是第二代分子标记中最为常用的一种。其基本原理是基于对限制性片段的选择性扩增。基因组 DNA 经限制性内切酶双酶切后（一般选择一个酶切位点稀少的内切酶与位点丰富的内切酶相组合），形成分子质量大小不等的限制性酶切片段，利用连接酶连接上特定的双链接头，形成特异性的片段作为扩增反应的模板，根据接头序列与筛选碱基的选择设计预扩增与选择性扩增引物，预扩增与选择性扩增后，扩增产物经聚丙烯酰胺凝胶电泳检测后再比较不同样本谱带的差异，进行AFLP 分析。AFLP 技术的特点：既有 RFLP 的重现性，又具有 PCR 的高效性，样品适用性广；与 SSR 不同，AFLP 不需要预先知道 DNA 的序列信息，其检测快速，通量较大，无须知道遗传背景，是目前作图效率最高的一种分子标记，其最适用的范围是鉴定品种纯度与质量，检测品种指纹，辨别真伪，进行遗传多样性分析等。但 AFLP 也具有一些缺点：实验成本较高，为保证酶切完全与充分连接，对 DNA 纯度要求极高，并且要求实验人员的素质高（孙允东和王建民，2002）。

相比 SSR 而言，AFLP 也是一种十分理想的、有效的分子标记技术，其检测效率高，它可以在短时间内提供巨大的信息量。早在 AFLP 刚刚起步阶段，已开始对稻米 AFLP 指纹图谱进行构建，对水稻种质的分类及其中种质的多样性进行了分析。近年来，对稻米的 AFLP 研究仍有报道。例如，对斯里兰卡和泰国东北地区稻米及亚洲栽培稻基于 AFLP 进行了种质遗传多态性的研究（Rajkumar et al.，2011；Na et al.，2012）。除了对特定地区的水稻的遗传多样性直接构建 AFLP 指纹图谱外，AFLP 还对转基因水稻的相关检测起到重要作用，如对转 Bt 稻米群体基因组的改变进行检测（Chandel et al.，2010）及稻米突变株中与盐耐受相关的遗传多态性（Theerawitaya et al.，2011）。Aggarwal 等（2002）利用荧光标记-AFLP对 33 种稻米（包括传统印度香米、杂交印度香米、美国长粒米及非香稻米）进行了指纹分析，结果表明，其基因多样性能显著地区分传统印度香米与其他米，可作为一种在传统印度香米中掺入的杂交品种的鉴定手段。目前针对不同地区的水稻进行 AFLP 法构建 DNA 指纹图谱的报道不及 SSR 方法多，但是在植物的指纹图谱库的建立、品种鉴定、种质资源遗传多样性和亲缘关系的研究方面仍有较大的应用价值。

AFLP 在食品真伪识别中对亲缘关系较近的品种鉴定有着重要的应用。通过对样本构建 AFLP 指纹图谱，计算遗传距离，分析样本间多样性可对天麻、人参、西洋参、甘蓝及动物肉制品进行鉴定（Zhang et al., 011）。Montemurro 等使用 10 种橄榄果在实验室中榨取橄榄油，从油中直接提取 DNA 并优化提取工艺，选用 6 对引物对 10 种 DNA 样品进行分析，结果显示多态率为 16%~95.2%，其中多态性最佳的引物能够区分所有样本，该方法可用于直接从橄榄油中提取 DNA，进而鉴别榨油所使用的橄榄品种（Cinzia et al., 2008）。除了单独使用 AFLP 分析外，AFLP 衍生出的相关技术在食品鉴定上有更为深层次的应用。采用 AFLP-derived SCAR 从 DNA 水平鉴定大西洋鲑鱼中掺入的虹鳟鱼，对于新鲜活鱼提取到的 DNA，可检测到 1% 掺混，对于加工的鱼制品（腌鱼和熏鱼），可检测到 10% 的掺混，其又利用 AFLP 与 DGGE 结合的方法基于 *cyt b* 基因，对两种鱼进行鉴定，并比较两种方法，发现 AFLP-derived SCAR 鉴定效果更佳（Zhang and Cai, 2006；Zhang and Wang, 2007）。另一种传统 AFLP 衍生技术——甲基化敏感 AFLP（MSAP），在食品检测定量中也有应用，利用 MSAP 分析鲑鱼与小牛肉中不同组织的特异性以鉴定食品的来源，结合 STS 表观遗传技术实现对组织混合样品的定量定性检验（López et al., 2012）。

32.4　单核苷酸多态性（SNP 标记）

单核苷酸多态性（single nucleotide polymorphism，SNP）是第三代 DNA 分子标记，是指由单个核苷酸的变异，包括置换、颠换、缺失和插入，而形成的遗传标记，其多态性极其丰富。与 SSR、AFLP 相比，SNP 能稳定遗传，易于辨型，适用于高通量商业自动化监测。SNP 的检测方法很多，传统方法有 PCR-RFLP、单链构象多态性（single-strand conformation polymorphism，PCR-SSCP）、变性梯度凝胶电泳（denaturing gradient gel electrophoresis，DGGE）等，新一代方法中有 DNA 微阵列、DNA 测序技术等。其中结合 PCR-RFLP 方法筛查 SNP 是最经典的 SNP 检测方法之一。主要通过 NCBI 数据库和已有报道，根据遗传多样性分布特点选择 SNP 候选标记位点，设计特异性引物，进行 PCR-RFLP 分析，结果可通过毛细管电泳或者聚丙烯酰胺凝胶电泳进行分离，进而对食品中特定成分进行溯源。SNP 标记作为第三代分子标记，在农作物育种、水稻遗传图谱的构建、基因克隆和功能基因组学研究、物种进化，分子遗传学、药物遗传学、法医学及疾病的诊断和治疗等方面发挥着重要作用。陆静娇等（2014）利用 SNP 标记对南方 104 个籼型两系杂交水稻亲本进行了遗传差异分析，结果表明 104 个籼型两系杂交水稻亲本两两之间的遗传距离变异较大，不育系与父本间的平均遗传距离>不育系>父本。SNP 标记用于分析水稻品种间的遗传差异，与系谱分析结果具有较好的一致性。有报道利用 1041 个 SNP 位点对 51 份玉米自交系进行基因型分析，将其划分为 7 个杂种优势群，群体间遗传距离划分结果和系谱来源基本一致（吴金凤等，2014）。

柯罗纳油和葵花油与橄榄油的化学成分极为相似。但橄榄油的价格是柯罗纳油和葵花油的数十倍。因此橄榄油产业相当赚钱，但也因此成为最大的食品欺诈问题。使用廉价的柯罗纳油和葵花油掺入橄榄油中已成为普遍的现象。Kumar 等（2011）利用 SNP 结合测序技术，对橄榄油中掺有的柯罗纳油和葵花油进行了检测，通过对比掺假 DNA 序列与各自 DNA 条形码会揭露油的掺混情况，再利用分子生物与生物信息学手段来推算橄榄油纯度，研究发现其掺假检测可达 5%的水平，利用 SNP 技术建立了一套基于 DNA 条形码快速筛选出橄榄油中的掺假物的技术，进而对橄榄油进行真伪鉴定。水果果肉制品不仅存在于酸乳中，在果酱、水果派及甜点里其都是不可缺少的成分。食品加工处理后很难直接分辨果肉成分被其他廉价的果肉成分替换（如以黑莓替代覆盆子）。目前叶绿体中的 *rbc L* 基因具有高度保守的特异性，广泛用于物种鉴定。

32.5　随机扩增多态性 DNA（RAPD 标记）

随机扩增多态性 DNA（random amplified polymorphism DNA，RAPD）标记是以非重复序列为基础的第二代分子标记技术，是 Williams 等于 1990 年创立的。优点：简单快捷，只需少量 DNA 样品；不依赖于种属和基因组结构特异性，一套引物可用于不同生物基因组分析，检测效率高。缺点：存在共迁移问题，电泳只能分开长度不同的 DNA 片段，不能分开分子质量相同但碱基序列不同的 DNA 片段；RAPD 标记数量有限，而且在基因组上分布不均匀，这就极大地限制了其在基因定位中的应用；RAPD 不能鉴别杂合子和纯合子，提供的遗传信息不完整；RAPD 技术中的影响因素有很多，所以实验的稳定性和重复性差。

李云海和钱前（2000）用 100 个 RAPD 引物分析了 30 个水稻品种。其中 72 个引物中筛选出 14 个 RAPD 引物，有效区分出所有供试的雄性不育系及恢复系。有报道利用 RAPD 技术，筛选出 13 个能在供试的三系杂交水稻及亲本间扩增出 43 条较稳定的多态性片段的引物。利用这些标记能有效地区分各组合中不育系、保持系、恢复系和 F1，并能得到各组合中不育系与保持系、不育系与恢复系、F1 与亲本间的遗传关系；以及利用筛选出的 13 个 RAPD 引物分析我国 35 个主要的杂交水稻恢复系，检测出重演性较好的多态性片段 93 条，能够有效地区分所有供试的恢复系材料（段世华等，2001；毛加宁等，2002）。早期 RAPD 分子标记技术曾被较广泛地应用于水稻基因定位和遗传变异性分析，但是由于 RAPD 技术不适合于育种和品种鉴别，因而目前水稻 RAPD 分子标记技术的应用已经日渐式微。

第 33 章　北方粳稻指纹图谱数据库的构建

粳稻是水稻的一种，其米质黏度高，营养成分高，口味佳，其市场前景与受欢迎程度远大于籼稻。我国北方地区，尤其东北地区，与江苏地区粳稻面积之和达到全国粳稻种植总面积的69%。由于我国北方地区光热、水土及生态环境等独特优势，就优质粳稻的市场分析而言，我国东北粳米要优于江苏，并且越来越受到全国消费者的喜爱。

尽管粳稻市场前景巨大，但是由于粳稻品种繁多，对于粳稻品种的保护与识别等研究仅限于各个科研机构对其当地的粳稻进行 DNA 指纹图谱的构建工作，对粳稻品种进行识别及对其遗传多样性进行分析。

南京农业大学作物所与江苏淮阴农业科学研究院对江苏省大面积种植的粳稻品种进行了基于 SSR 标记的 DNA 指纹图谱的构建。前者利用 12 对 SSR 引物构建指纹图谱，可以对 35 个粳稻品种进行识别，后者利用 17 对 SSR 引物可对 48 个粳稻品种进行区分。上海市农业科学院对上海近年来主要推广的杂交粳稻进行了 SSR 指纹图谱的构建。安徽农业科学院对杂交粳稻的亲本进行了 SSR 指纹图谱的构建，筛选出 12 对核心引物，对 42 个杂交粳稻亲本建立了 DNA 指纹数据库，并对其进行了遗传分析。河南农业大学对河南主要推广种植的 37 个粳稻品种进行了 SSR 指纹图谱的构建。中国水稻研究所在对浙江省推广种植的水稻进行 SSR 指纹数据库构建时，包含了 55 个粳稻与 32 个杂交粳稻。除了基于 SSR 标记方法外，对粳稻的 DNA 指纹分析还有其他分子标记的报道。沈阳农业大学通过 SRAP-PCR 对辽宁主栽粳稻，共 18 个辽粳系列品种进行了指纹图谱的绘制，发现虽然 SRAP 引物组合在水稻之间显示的多态性不如 RAPD、SSR 高，但还是可以利用该方法更简便、低廉地鉴别所有品种。南京农业大学作物遗传开放实验室对部分太湖流域的 25 个粳稻品种进行了 AFLP 分析。对于北方粳稻的 DNA 指纹图谱构建也有少量报道。辽宁省北方粳稻育种重点开放实验室对东北地区共 79 个水稻区试新品种进行了 SSR 标记的 DNA 指纹图谱的构建，并进行了遗传多样性的分析，说明黑龙江省粳稻的遗传多样性最高，辽宁省最低，聚类分析结果表明，东北地区的种质资源的遗传多样性相对狭窄。东北农业大学水稻研究所也利用 SSR 标记对黑龙江省 80 个主栽水稻品种进行了遗传多样性分析。结果表明，需要利用 42 对 SSR 引物才能够将 80 份供试品种完全区分开来，这也说明了黑龙江粳稻之间的亲缘关系较近，遗传距离小。哈尔滨工业大学利用 AFLP（李溪盛，2014）

和 SSR（刘泓，2016）标记技术构建了黑龙江省主栽的 70 个普通粳米的 DNA 指纹图谱，并进行了遗传多样性分析。

33.1 基于 AFLP 标记技术的粳米 DNA 指纹图谱构建与遗传多样性分析

根据所建立的基于测序仪凝胶电泳的荧光 AFLP 技术体系，以筛选的 8 对多态性引物对 70 个粳稻基因组 DNA 进行了指纹图谱的构建。

研究结果表明：通过对 DNA 指纹数据的分析，8 对多态性引物共扩增出 1451 个条带，且全部为多态性位点，多态性位点的百分率为 100%，不同引物组合的 AFLP 扩增结果不同，每对引物组合产生多态性位点数目不等，其中 E4/M3 最多，为 193 个；E4/M6 最少，为 147 个，平均扩增 181.4 个，详见表 33-1。AFLP 标记产生的多态性条带较多，能够较好地区分本研究中粳稻各个样品，形成的 DNA 指纹条带可以对粳稻品种进行鉴定。

表 33-1　不同引物组合的 AFLP 扩增结果

引物组合	总扩增带数	多态性条带数	多态率/%
E4/M3	193	193	100
E4/M6	147	147	100
E5/M3	182	182	100
E6/M1	192	192	100
E7/M1	189	189	100
E10/M1	175	175	100
E10/M2	192	192	100
E10/M7	181	181	100
总计	1451	1451	—
平均	181.4	181.4	100

"0-1"矩阵数据分析，70 个稻米样品共产生 291 个特异性位点，占总带数的 20%，且均为特异性单态带，并无特异性缺失带。其中有 64 个粳稻样品具有特异性位点，说明 AFLP 标记的特异性位点数极为丰富，利用这些特异性指纹可快速将它们从供试材料中清晰地分辨出来，有助于对粳稻品种的鉴定。

结合粳稻的遗传背景及系谱图，以 AFLP 分子标记产生的聚类结果对 70 个粳稻品种遗传进行相似性分析，结果表明：除部分粳稻样品聚类分析结果与理论的遗传背景信息有一定偏差外，总体上，利用 AFLP 分子标记手段可以揭示不同品种粳稻的亲缘关系，能够区分开不同亲缘关系的粳稻品种（图 33-1）。

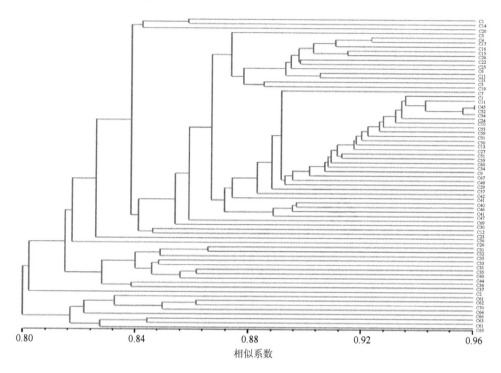

图 33-1　基于 AFLP 的 70 个粳稻品种系统关系树

由图 33-1 可以看出，以相似系数 0.825 为阈值可分为 6 个类群。根据粳稻遗传背景（亲本来源可通过中国水稻数据中心 http://www.ricedata.cn/variety/index.htm 来查询）对聚类结果进行分析，结果如下：第Ⅰ类共 49 个粳稻样品，包括大多数'龙粳'系列、大多数'龙稻'系列，部分'农大'系列及部分'垦稻'系列品种，由系谱图可知，这部分品种大都是由'藤系 138'干系作为亲本，并且互相引种，导致品种之间遗传距离较小，聚为一类。第Ⅱ类与第Ⅲ类，共 11 个粳稻样品，集中为'垦稻'系列与'绥稻'系列粳稻（共 8 个），由系谱图可知，这部分品种大多由'富士光'干系育成或衍生而成，在系统关系树上距离较近；第Ⅳ类、第Ⅴ类、第Ⅵ类共 9 个粳稻样品，主要集中为'五优稻 1 号'干系的 6 个品种，由系谱图可知，这部分品种大多以'五优稻 1 号'作为亲本选育，其品种间遗传距离小，集中在系统关系树上；有部分样品遗传背景不清晰，如'空育 163'与'北稻 3 号'和'莲稻 1 号'距离相近，说明其可能具有较近的亲缘关系；有部分样本按照系谱图本应聚在一起，却分到他类，如'稻花香 2 号'与'东农 425'，由系谱图可知，前者由'五优稻 1 号'自身选育而成，后者由'五优稻 1 号'作为母本杂交而成，但二者均聚到了第Ⅰ类中第二组，分析原因，可能是由于用于分析样品来源本身的遗传背景与系谱图有一定出入，而且由于基于不同的相关系数分析会得到不同的聚类分析结果，会有一定的不一致性。

为方便对本研究中的粳稻品种的 DNA 指纹图谱数据进行有效的管理、查询与维护，根据 70 个北方粳稻的 DNA 指纹图谱数据，建立了基于 Microsoft Office Access 2010 平台的 70 个北方粳稻 DNA 指纹图谱数据库。此数据库包含北方粳稻品种表、北方粳稻基本信息表、基于 AFLP 标记的粳稻 DNA 指纹"0-1"数据表和基于 AFLP 标记的粳稻电泳图表。该数据库可用于数据的管理、查询与维护等功能（图 33-2）。

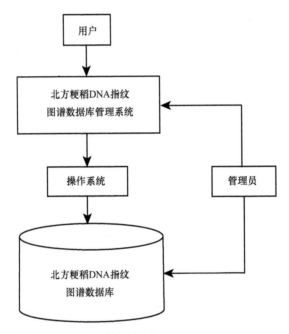

图 33-2　北方粳稻品种食品鉴定数据库系统框架图

但 Access 数据库属于小型关系数据库，不能进行资源共享。为了今后扩大北方粳稻的 DNA 指纹信息，借助 Internet 技术进行数据的共享及开发一套基于 DNA 指纹信息来识别粳稻品种的计算机功能平台，根据 70 个北方粳稻的 AFLP DNA 指纹图谱数据，基于功能需求分析，设计了包括用户管理、北方粳稻 DNA 指纹数据管理、粳稻 DNA 指纹查询与粳稻品种识别分析 4 个功能模块，同时设计了该系统的 UI 界面设计图（图 33-3、图 33-4），用户注册、登录系统后，可进入主页面，并进行进一步信息查询等，此项工作为下一步软件开发人员实现该数据库系统奠定了基础。

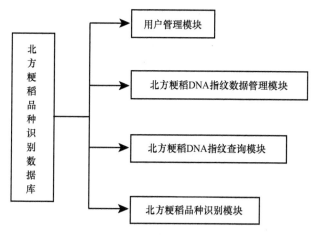

图 33-3　北方粳稻品种识别数据库系统功能

图 33-4　主页面设计

33.2　基于 SSR 标记技术的粳米 DNA 指纹图谱构建与遗传多样性分析

利用本试验优化的 SSR 技术体系，对从已发表的文献及水稻数据库中选取的 100 对分布于水稻 12 条染色体上的引物，通过琼脂糖凝胶电泳进行初步筛选。由于样品较多，根据区域、亲本特点、育种研究单位等信息从 70 份样品中选出 8 份具有代表性的稻米材料，即'松粳 9''五优稻 4 号''绥粳 4 号''龙稻 11''东农 425''龙粳 26''龙粳 31''垦稻 12'。共获得 48 对入选引物，平均分布于水稻 12 条染色体上，每条染色体 3～5 对。

在此基础上，以选出的 8 份具有代表性的稻米材料为研究对象，采用荧光标记毛细管电泳技术进一步进行核心引物筛选实验,最后确定了 15 对引物作为核心引物,引物序列见表 33-2。

表 33-2　筛选出的 SSR 核心引物

引物序号	染色体位置	F 引物	R 引物
RM583	I	AGATCCATCCCTGTGGAGAG	GCGAACTCGCGTTGTAATC
RM48	II	TGTCCCACTGCTTTCAAGC	CGAGAATGAGGGACAAATAACC
RM428	III	AACAGATGGCATCGTCTTCC	CGCTGCATCCACTACTGTTG
RM471	IV	ACGCACAAGCAGATGATGAG	GGGAGAAGACGAATGTTTGC
RM5414	IV	ACCATGGTTCAAGAGTGAAA	ACAGCTCAACCTGTTGAGTG
RM249	V	GGCGTAAAGGTTTTGCATGT	ATGATGCCATGAAGGTCAGC
RM253	VI	TCCTTCAAGAGTGCAAAACC	GCATTGTCATGTCGAAGCC
RM336	VII	CTTACAGAGAAACGGCATCG	GCTGGTTTGTTTCAGGTTCG
RM515	VIII	TAGGACGACCAAAGGGTGAG	TGGCCTGCTCTCTCTCTCTC
RM215	IX	CAAAATGGAGCAGCAAGAGC	TGAGCACCTCCTTCTCTGTAG
RM338	IX	ACACGGTGGACTCCAGCAC	GCACAGTAAGACCCTCCTCAA
RM406	X	GACCGTTCGATCTGCCATCAT	GGCGACTTAGGAGCGTTTG
RM224	XI	ATCGATCGATCTTCACGAGG	TGCTATAAAAGGCATTCGGG
RM21	XI	ACAGTATTCCGTAGGCACGG	GCTCCATGAGGGTGGTAGAG
RM247	XII	AAGGCGAACTGTCCTAGTGAAGC	CAGGATGTTCTTGCCAAGTTGC

对所有样品进行荧光毛细管电泳检测,获得各样品的等位基因数据、峰值及峰面积,其中部分样品等位基因数据、峰值及峰面积结果见表 33-3、图 33-5、图 33-6。挑选出扩增产物峰值高、易辨识的 SSR 引物,并进行 SSR 标记位点的确定和判别。一对 SSR 引物在同一 DH 系标记中,同时扩增出多个片段视为多个位点,即多个 SSR 标记;如果一个位点不表现为大小的变异,而只是有和无的差异,即不符合 SSR 标记为共显性标记的特点,则视为无效位点,在以后的统计中予以去除。

表 33-3　部分样品等位基因数据、峰值及峰面积结果

样品编号	等位基因片段/bp	峰值位置	峰面积/(mV·min)
9-A15	264/264	9 348/9 348	59 950/59 950
9-A2	264/276	616/1 994	3 793/12 395
9-A23	260/260	3 577/3 577	23 403/23 403
9-A27	260/260	4 214/4 214	25 381/25 381
9-A42	264/276	504/1 012	2 946/6 118

续表

样品编号	等位基因片段/bp	峰值位置	峰面积/（mV·min）
9-A51	260/260	861/861	5 214/5 214
9-A63	260/276	1 451/667	9 677/4 349
9-A68	276/276	4 767/4 767	30 202/30 202
13-A15	104/104	10 842/10 842	71 581/71 581
13-A2	102/102	16 882/16 882	105 214/105 214
13-A23	104/104	22 990/22 990	136 703/136 703
13-A27	104/104	8 527/8 527	50 417/50 417
13-A42	104/104	17 310/17 310	105 267/105 267
13-A51	104/104	16 152/16 152	98 633/98 633
13-A63	102/102	25 904/25 904	162 830/162 830
13-A68	104/104	24 771/24 771	143 204/143 204
16-A15	96/96	18 031/18 031	105 102/105 102
16-A2	96/96	20 498/20 498	117 171/117 171
16-A23	96/114	7 931/4 438	46 567/24 834
16-A27	96/114	4 932/3 544	29 214/20 524
16-A42	96/96	17 929/17 929	100 664/100 664
16-A51	96/114	11 703/5 022	69 026/28 198
16-A63	96/114	8 485/4 194	48 200/23 853
16-A68	96/96	15 806/15 806	89 586/89 586
20-A15	125/125	5 425/5 425	31 229/31 229
20-A2	125/125	4 552/4 552	25 988/25 988
20-A23	125/125	7 033/7 033	40 732/40 732
20-A27	125/137	246/226	1 554/1 276
20-A42	125/125	6 960/6 960	38 855/38 855
20-A51	125/135	2 537/1 958	14 806/10 542
20-A63	125/125	3 252/3 252	18 870/18 870
20-A68	125/125	10 351/10 351	59 886/59 886

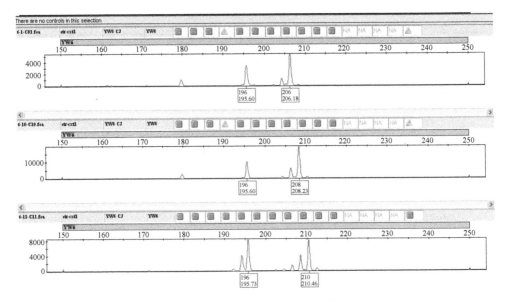

图 33-5 SSR 引物 RM48 在三份材料中的标记结果

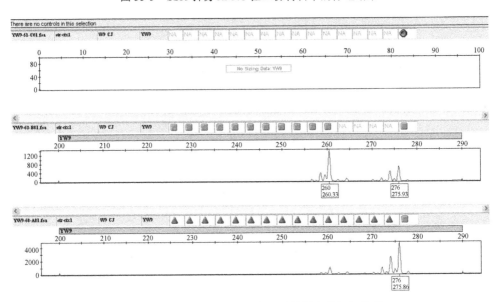

图 33-6 SSR 引物 RM428 在三份材料中的标记结果

以图 33-5 为例,三个样品均为明显的两个峰,分别是 196bp 和 206bp、196bp 和 208bp、196bp 和 210bp,确定该引物有三个有效位点,196 是一个等位变异;而图 33-6 中的三个样品上图没有峰,中图有两个峰,260bp 和 276bp,下图 276bp 位置有一个明显的峰,可以确定该引物有一个有效点。以此对所有的数据进行了分析,确定有效位点的 SSR 引物。与常规凝胶电泳检测方法相比,荧光标记毛细管电泳检测方法可以读出目标 DNA 片段的准确大小，检测数据更为精确，检测效率更高。为了检验荧光标记毛细管电泳检测方法的可靠性，用聚丙烯酰胺凝胶电泳检测方法对部分试验材料在 4 个 SSR 荧光标记座位上的毛细管电泳检测指纹数据进行了验证。结果显示，在所有 4 个 SSR 标记座位上，两种方法检测到的等位基因数目和各试验材料对应的等位基因类型均一致。而且凝胶电泳带型表现与毛细管电泳的峰型表现一致。

通过 Power Marker V3.25 分析 15 对 SSR 引物在所有稻米品种的电泳结果，得到各对引物的 PIC 值，根据引物的多态性信息量 PIC 值、位点数目，结合标记峰的易辨性、重复性和标记所在连锁群等信息综合考虑，最终确定了 8 对引物，共 40 个 Locus，作为稻米 SSR 荧光标记品种鉴定的核心引物。

利用 NTSYS-pc2.1 软件计算所有样品的遗传相似系数。对这些材料的相似系数根据 GS 数据按不加权成对算术平均法（UPGMA）进行遗传相似性聚类，并绘制树状聚类图，结果见图 33-7。

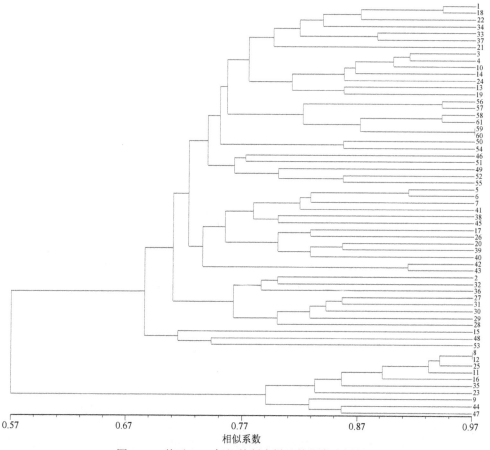

图 33-7　基于 SSR 标记的稻米样品的聚类分析图

从图 33-7 可以看出，在遗传相似系数 0.67 处分为两个类群，第一大类群组分较多，而在 0.756 处，供试品种可分为七大类，总体上能区分开不同亲缘关系的粳稻品种，但黑龙江粳米的遗传差异不大。

目前，利用 DNA 分子标记技术对粳稻 DNA 指纹图谱的构建报道很多，主要是基于 SSR 标记技术与 AFLP 标记技术。SSR 分子标记具有数量丰富、共显性遗传、操作简单等优点，利用 SSR 对粳稻品种指纹的构建较多。但相对于 SSR 标记技术，AFLP 标记技术揭示的样品多态性更强，信息量更大。AFLP 技术更适用于鉴定品种指纹，检测品种质量和纯度，辨别真伪。

参 考 文 献

陈红. 2011. 促进我国水稻育种创新的新品种保护政策研究. 福州: 福建农林大学博士学位论文: 541-544.

程本义, 施勇烽, 沈伟峰, 等. 2007. 南方稻区国家水稻区域试验品种的微卫星标记分析. 中国水稻科学, 21(1): 7-12.

程本义, 吴伟, 夏俊辉, 等. 2009. 浙江省水稻品种 DNA 指纹数据库的初步构建及其应用. 浙江农业学报, 21(6): 555-560.

段世华, 毛加宁, 朱英国. 2001. 利用 RAPD 分子标记对我国杂交水稻主要恢复系的 DNA 多态性研究. 武汉大学学报(理学版), 47(4): 508-512.

黄益勤, 徐尚忠, 李建生. 2006. RFLP 分子标记杂合性与玉米 F1 产量性状相关的研究. 中国农业科学, 39(10): 1962-1966.

姜廷波, 孙传清. 1999. 利用 RFLP 标记对两系杂交水稻及其亲本的分类研究. 中国农业科学, 32(6): 8-15.

李溪盛. 2014. 北方粳稻 DNA 指纹图谱的构建. 哈尔滨: 哈尔滨工业大学硕士学位论文.

李妍, 张霁, 金航, 等. 2016. 化学指纹图谱技术在食(药)用真菌研究中的应用. 食品科学, 37(1): 222-229.

李云海, 钱前. 2000. 我国主要杂交水稻亲本的 RAPD 鉴定及遗传关系研究. 作物学报, 26(2): 171-176.

陆静姣, 杨远柱, 周斌, 等. 2014. 基于 SNP 标记的南方籼型两系杂交水稻亲本遗传差异的分析. 杂交水稻, 29(5): 49-54.

吕瑞玲, 吴小凤, 刘敏超. 2009. 分子标记技术及在水稻遗传研究中的应用. 中国农学通报, 25(4): 65-73.

马旭丹. 2015. 水稻部分骨干亲本的指纹图谱构建和遗传多样性分析. 武汉: 华中农业大学硕士学位论文.

毛加宁, 段世华, 李绍清, 等. 2002. 利用 RAPD 分子标记对三组三系杂交水稻及亲本的遗传分析和鉴定. 遗传, 24(3): 283-287.

梅洪娟, 马瑞君, 庄东红. 2014. 指纹图谱技术及其在植物种质资源中的应用. 广东农业科学, 41(3): 159-164.

孙允东, 王建民. 2002. AFLP 和 SSR 技术简介及比较. 山东畜牧兽医, (2): 32-33.

王倩倩. 2012. 有色稻米指纹图谱研究及鲜地黄水苏糖提取工艺研究. 长春: 吉林农业大学硕士学位论文.

王松文, 刘霞, 王勇, 等. 2006. RFLP 揭示的籼粳基因组多态性. 中国农业科学, 39(5): 1038-1043.

王忠华. 2006. DNA 指纹图谱技术及其在作物品种资源中的应用. 分子植物育种, 4(3): 425-430.

魏兴华, 汤圣祥, 江云珠, 等. 2003. 中国栽培稻选育品种等位酶多样性及其与形态学性状的相关分析. 中国水稻科学, 17(2): 123-128.

吴金凤, 宋伟, 王蕊, 等. 2014. 利用 SNP 标记对 51 份玉米自交系进行类群划分. 玉米科学, 22(5): 29-34.

许洋. 2007. 蛋白质指纹图谱技术在实验诊断与临床医学中的研究进展. 基础医学与临床, 27(2): 134-142.

Aggarwal R, Shenoy V, Ramadevi J, et al. 2002. Molecular characterization of some Indian Basmati and other elite rice genotypes using fluorescent-AFLP. Theoretical and Applied Genetics, 105(5): 680-690.

Bligh H F J, Blackhall N W, Edwards K J, et al. 1999. Using amplified fragment length polymorphisms and simple sequence length polymorphisms to identify cultivars of brown and white milled rice. Crop Science, 39(6): 1715-1721.

Chandel G, Datta K, Datta S K. 2010. Detection of genomic changes in transgenic Bt rice populations through genetic fingerprinting using amplified fragment length polymorphism(AFLP). GM crops, 1(5): 327.

Cinzia M, Antonella P, Rosanna S, et al. 2008. AFLP molecular markers to identify virgin olive oils from single Italian cultivars. European Food Research & Technology, 226(6): 1439-1444.

Corbett G, Lee D, Paolo D, et al. 2001. Identification of potato varieties by DNA profiling. Acta Horticulturae, 546: 387-390.

Ganopoulos I, Argiriou A, Tsaftaris A. 2011. Adulterations in Basmati rice detected quantitatively by combined use of microsatellite and fragrance typing with High Resolution Melting (HRM) analysis. Food Chemistry, 129(129): 652-659.

Gao L Z, Hong S G D. 2000. Allozyme variation and population genetic structure of common wild rice *Oryza rufipogon* Griff. in China. Theoretical and Applied Genetics, 101(3): 494-502.

Hfj B. 2000. Detection of adulteration of Basmati rice with non-premium long-grain rice.International Journal of Food Science & Technology, 35(3): 257-265.

Kumar S. 2011. A rapid screening for adulterants in olive oil using DNA barcodes. Food Chemistry, 127(3): 1335-1341.

López C M R. 2012. Detection and quantification of tissue of origin in salmon and veal products using methylation sensitive AFLPs. Food Chemistry, 131(4): 1493-1498.

Mackill D J. 1996. Level of polymorphism and genetic mapping of AFLP markers in rice. Genomic, 39(5): 969-977.

Na A. 2012. Assessment of the genetic variability among rice cultivars revealed by amplified fragment length polymorphism (AFLP). Current Agricultural Science & Technology, 12: 21-25.

Pejic I. 1998. Comparative analysis of genetic similarity among maize inbred lines detected by RFLPs, RAPDs, SSRs, and AFLPs. Theoretical and Applied Genetics, 97(8): 1248-1255.

Rajkumar G, Weerasena J, Fernando K, et al. 2011. Genetic differentiation among Sri Lankan traditional rice (*Oryza sativa*) varieties and wild rice species by AFLP markers. Nordic Journal of Botany, 29(2): 238-243.

Ren M, Chen C B, Rong T Z, et al. 2005. Genetic Diversity of *Oryza rufipogon* Griff. in Southeast region of Guangxi in China. Journal of Plant Genetic Resources, 6(1): 31-36.

Sefc K M, Lopes M S, Mendonca D, et al. 2000. Identification of microsatellite loci in olive (*Olea europaea*) and their characterization in Italian and Iberian olive trees. Molecular Ecology, 9(8): 1171.

Theerawitaya C, Triwitayakorn K, Kirdmanee C, et al. 2011. Genetic variations associated with salt tolerance detected in mutants of KDML105 (*Oryza sativa* L. spp. *indica*) rice. Australian Journal of Crop Science, 5(11): 1475-1480.

Wang Z, Chen H, Zhu L, et al. 1996. RAPD determinations on the genetic differentiation of Chinese common wild rice. Acta Botanica Sinica, 38: 749-752.

Yang Q W, Yu L, Zhang W, et al. 2007. The genetic differentiation of dongxiang wild rice (*Oryza rufipogon* Griff.) and its implications for in-situ conservation. Scientia Agricultura Sinica, 40(6): 1085-1093.

Zeng Y, Zhang H, Li Z, et al. 2007. Evaluation of genetic diversity of rice landraces (*Oryza sativa* L.) in Yunnan, China.Breeding Science, 57(2): 91-99.

Zhang J B, Wang H J. 2007. The application of DGGE and AFLP-derived SCAR for discrimination between Atlantic salmon (*Salmo salar*) and rainbow trout (*Oncorhynchus mykiss*). Food Control, 18(6): 672-676.

Zhang J, Cai Z. 2006. Differentiation of the rainbow trout (*Oncorhynchus mykiss*) from Atlantic salmon (*Salmon salar*) by the AFLP-derived SCAR.European Food Research and Technology, 223(3): 413-417.

Zhang J.2011. Review of the current application of fingerprinting allowing detection of food adulteration and fraud in China. Food Control, 22(8): 1126-1135.